维纳过程退化建模与分析

翟庆庆 叶志盛 杨 军 著

科学出版社

北 京

内 容 简 介

性能退化是产品使用维护面临的重要挑战之一,既会影响产品使用体验,又会带来维修保障需求。通过对退化数据进行建模分析,量化产品退化过程,掌握产品退化规律,可以更为准确地评价产品可靠性水平。本书围绕退化过程的建模分析,突出个体异质性、动态环境作用、测量误差影响等退化数据实际特点,采用维纳过程进行退化建模与分析,提出了一系列维纳过程退化模型,系统探讨了模型性质、参数估计、可靠性计算,并通过案例分析展示了模型方法的优良效果。

本书可作为可靠性工程、工程统计等专业的教学用书,也可作为相关专业研究人员和工程技术人员的参考用书。

图书在版编目(CIP)数据

维纳过程退化建模与分析/翟庆庆,叶志盛,杨军著. —北京:科学出版社,2024.12
ISBN 978-7-03-077666-2

I.①维… II.①翟… ②叶… ③杨… III.①数据模型-研究 IV.①TP311.13

中国国家版本馆 CIP 数据核字 (2024) 第 016727 号

责任编辑:阚 瑞 / 责任校对:胡小洁
责任印制:师艳茹 / 封面设计:迷底书装

科 学 出 版 社 出版
北京东黄城根北街 16 号
邮政编码:100717
http://www.sciencep.com
北京天宇星印刷厂印刷
科学出版社发行 各地新华书店经销
*
2024 年 12 月第 一 版 开本:720×1000 1/16
2024 年 12 月第一次印刷 印张:11 3/4
字数:237 000
定价:108.00 元
(如有印装质量问题,我社负责调换)

前　　言

对工业产品而言，质量是影响其市场竞争力的一项重要指标。然而，在实际使用过程中，由于磨损、老化、腐蚀等原因，产品的质量特性常常会发生不断的退化。质量特性的退化，轻则影响用户的体验，重则导致产品的故障或失效。为了掌握产品质量在实际使用中的演变规律，需要研究质量特性的退化过程。通过建立质量特性的退化规律，可有效指导产品的设计改进、维修保障措施的设置，以及经济保修策略的制订。

近年来，产品的退化建模受到学术界和工业界的广泛关注。随着试验和使用数据的积累，利用数据驱动方法研究产品退化规律是一个很有前途的方向。由于产品的退化过程受到产品内部与外部环境多种因素的综合作用，其轨迹通常具有随机性。这种随机性是退化过程固有的，因此，随机过程模型是对退化过程建模的一个自然选择。在诸多随机过程模型中，维纳过程是一种具有物理意义的简单易用模型，其构造灵活多样，可作为更多复杂退化模型的基础。因此，近年来维纳过程退化建模研究蓬勃发展。

本书围绕退化过程的建模分析，从数据驱动的角度，突出个体异质性、动态环境作用、测量误差影响等退化数据实际特点，采用维纳过程进行退化建模与分析，提出了一系列维纳过程退化模型，系统探讨了模型性质、参数估计、可靠性计算和案例应用。全书共分 7 章。第 1 章主要介绍退化建模和维纳过程的相关基础，综述近年来维纳过程退化建模的相关研究和进展。第 2 章与第 3 章则考虑产品的个体异质性，介绍异质退化数据的建模分析；其中，第 2 章介绍具有随机漂移率与比例扩散系数的维纳过程退化模型，第 3 章介绍具有随机漂移率与随机扩散系数的维纳过程退化模型。第 4 章 ~ 第 6 章围绕动态环境下的产品退化过程，考虑动态环境变化对退化过程的影响，研究相应的退化建模问题；其中，第 4 章介绍具有动态漂移率的维纳过程退化模型，第 5 章介绍具有随机时间尺度的维纳过程退化模型，第 6 章介绍基于随机时间尺度的多元维纳过程退化模型。第 7 章则考虑测量误差对退化过程的影响，详细介绍带测量误差的维纳过程退化模型。对每一种模型，本书都详细讨论了模型性质和参数估计方法，特别给出了参数估计的详细推导过程，以便读者理解和掌握；同时，通过蒙特卡罗仿真试验与实例应用分析，验证了所提出模型的特点和估计方法的优势，并展示了其优良应用效果。本书第 1 章由翟庆庆、叶志盛、杨军共同撰写，第 2 章、第 3 章、第 4 章和第 7

章由翟庆庆撰写，第 5 章和第 6 章由翟庆庆和叶志盛撰写，全书由杨军统稿。

　　本书需要读者掌握一定的概率论和统计学基础知识，特别是对随机过程、极大似然估计、EM 算法要有一定认知。本书既可以作为相关领域专业技术人员的参考书，也可作为相关专业研究生的学习参考用书。本书在出版过程中，得到了国家自然科学基金（编号：72271154、71901138、72371008 和 71971009）的资助，在此表示衷心感谢。

　　最后，限于作者学识及经验，书中难免存在疏漏和不足之处，诚望广大读者批评指正。

作　者
2024 年 8 月

目　　录

第 1 章　概　　述

1.1　退化建模简介

1.1.1　退化与失效

在产品使用中，在环境因素和工作应力的综合作用下，随着使用程度的加深或使用时间的延长，产品某些关键质量特性会不断地退化。例如，充电电池的容量会随充放电循环而逐渐下降；橡胶密封件等有机制品会随时间逐渐老化，导致弹性、强度等物理性能下降；齿轮和轴承等机械部件会随着工作循环而发生疲劳、点蚀、磨损，使得振动、噪声水平增加。因此，性能退化现象无处不在，表现形式多种多样。

一般地，退化可定义为在规定的时间尺度上，在规定的条件下，产品规定质量特性随时间下降的现象。相应地，在规定的时间尺度上，在规定的条件下，产品规定质量特性相对初始值下降的程度可称为退化量。可见，初始时刻的退化量为 0。质量特性的下降，是指产品某些性能表现的恶化。例如，机械部件的退化表现为振动、噪声的增加，对应的振动幅度、振动加速度等指标增大，表征产品保持平稳运行的能力下降。因此，本书从质量特性的下降趋势入手，进行退化定义；相应地，作为质量特性下降程度的度量，退化量则呈现上升趋势。

退化量在规定时间尺度上的变化过程，称为退化过程。为标记退化量在规定时间尺度上的变化过程，需要定义表示时间的指标集 T。其中，T 可以是连续的，也可以是离散的。例如，对应于日历时间，$T = [0, \infty)$；对应于循环次数，$T = \{0, 1, 2, \cdots\}$。对于任意给定的时刻 $t(t \in T)$，记其退化量为 $X(t)$。若对任意时刻 t，退化量 $X(t)$ 是确定的，可将退化过程看作从指标集 T 到实数集 $\mathbb{R}$ 上的函数，$X : T \to \mathbb{R}$。若对于给定的 t，$X(t)$ 是随机变量，则整个退化过程可以记为 $\{X(t), t \in T\}$；此时，$\{X(t), t \in T\}$ 是一个随机过程。

随着退化量的增加，产品的性能逐渐不能满足其使用要求。例如，随着充电电池容量的下降，其一次充电使用时间会逐渐缩短，充电频率会逐渐增加，影响正常使用；随着有机制品的逐渐老化，其物理性能将逐渐无法满足要求；随着机械结构磨损程度的加剧，其噪声或能耗将逐渐超过容忍水平。在实际中，当退化量 $X(t)$ 达到一定量值 D_f 后，产品性能无法满足规定的功能要求，产品发生失效。因此，D_f 即为产品退化失效的阈值。相应地，对于因退化而失效的产品，其寿命可定义为自产品投入使用至退化量首次超过阈值 D_f 时经历的时间，即 $T_f = \inf\{t : X(t) > D_f\}$，其中，$\inf E$ 表示集合 E 的下确界。

1.1.2　一般路径模型

假设对于某一产品性能，其退化过程 $X(t)$ 是关于时间 t 的确定性函数，不妨将其记为 $X(t) = g(t; \boldsymbol{\beta})$，其中，$g(t; \boldsymbol{\beta})$ 是具有给定形式、包含某些参数 $\boldsymbol{\beta}$ 的确定性函数。$g(t; \boldsymbol{\beta})$ 的形式通常已知，可通过退化机理或工程经验确定。例如，对于某种红外 LED，其光功率随工作时间的退化呈现如下形式 (Yang, 2007)

$$X(t) = \frac{a}{I^b} t^c \tag{1.1}$$

其中，I 表示电流，a, b 和 c 是模型参数。当无法根据退化机理或工程经验确定函数 g 的形式时，也可根据实际观测到的退化轨迹特征来选择恰当的函数作为函数 g。根据退化量的定义，通常假设对 $\boldsymbol{\beta}$ 的所有可能取值，$g(t; \boldsymbol{\beta})$ 是关于 t 的单调递增函数。

对服从规律 $X(t) = g(t; \boldsymbol{\beta})$ 的退化过程，在时刻 $t_1 < t_2 < \cdots < t_m$ 处进行采样，可得到退化观测值 $X_1, X_2, \cdots, X_m$。将 $(t_1, X_1), (t_2, X_2), \cdots, (t_m, X_m)$ 绘制在以时间为横轴、退化量为纵轴的坐标系中，可得到其退化轨迹。尽管已经假设退化过程 $X(t) = g(t; \boldsymbol{\beta})$ 是光滑的曲线，但实际产品的退化轨迹通常不是光滑的，常带有尖峰和毛刺。为解释退化轨迹中的噪声，常假设观测到的退化数据是由真实退化过程与随机测量误差叠加得到的，即

$$X_j = g(t_j; \boldsymbol{\beta}) + \epsilon_j$$

其中，ϵ_j 表示退化观测中的测量误差。在给定函数 g 的形式后，该式便确定了一个回归模型，因而可利用回归分析方法，根据退化观测数据估计未知模型参数 $\boldsymbol{\beta}$。由此，可以依据退化模型，对退化过程进一步分析。

显然，若某一产品的退化规律 $g(t; \boldsymbol{\beta})$ 是确定的，在给定失效阈值 D_f 后，其寿命

$$T_f = g^{-1}(D_f; \boldsymbol{\beta})$$

也是确定的，其中，g^{-1} 表示 g 的反函数。然而，这与人们实际中观察到的事实不符：某一产品的寿命不是固定的常数，不同个体的寿命通常各不相同，且某一个体的寿命也很难事先确定。例如，在同一个房间内同一时间启用的若干灯泡，其亮度的下降乃至失效发生的时间通常是存在差异的，很难看到所有灯泡同时失效。这是因为，产品的实际退化过程是存在不确定性的，与制造过程中的偏差、使用环境的差异、使用强度的不同都有关系。

为了刻画这种现象，可以假设，尽管同种产品具有相同形式的退化规律 g，但不同个体的退化模型参数 $\boldsymbol{\beta}$ 中某些元素的取值可能不同。例如，可以假设每一个体的退化模型中参数 $\boldsymbol{\beta}_1 \subset \boldsymbol{\beta}$ 的取值是随机的，服从参数为 $\boldsymbol{\theta}$ 的某一分布 $F(\boldsymbol{\beta}_1; \boldsymbol{\theta})$；而除 $\boldsymbol{\beta}_1$ 外的其他模型参数 $\boldsymbol{\beta}_2 = \boldsymbol{\beta} \backslash \boldsymbol{\beta}_1$ 是固定值，对所有个体而言均相同。这样，考虑同一种产品的 n 个不同个体，其退化规律可写成

$$X_i(t) = g(t; \boldsymbol{\beta}_{1i}, \boldsymbol{\beta}_2), \quad i = 1, 2, \cdots, n$$

其中，$\boldsymbol{\beta}_{1i}, i = 1, 2, \cdots, n$ 是来自 $F(\boldsymbol{\beta}_1; \boldsymbol{\theta})$ 的独立同分布随机变量。这里，$\boldsymbol{\beta}_{1i}$ 原本是退化模型的参数，此时变成取值随机、因个体而异的变量，被称为随机效应；而固定的 $\boldsymbol{\beta}_2$ 则称为固定效应。包含随机效应和固定效应的回归模型称为混合效应模型。在退化建模领域，Lu 等 (1993) 最早将这种混合效应模型用于退化数据的建模，并称之为一般路径模型。

由于一般路径模型假设 $\boldsymbol{\beta}_1$ 是随机的，是因个体而异的，不同个体的寿命便具有了随机性，因此，该模型可以解释同种产品不同个体寿命间的差异。一般路径模型因其简单直观的特点，在退化建模中得到了广泛应用。例如，Jiang 等 (2008) 利用一般路径模型对产品健康状态的退化过程进行建模，Freitas 等 (2009) 利用一般路径模型对火车车轮的磨损退化数据进行了建模分析。围绕一般路径模型，已有研究主要在以下几个方面进行了细化和扩展。

（1）退化路径的形式 $g(t; \boldsymbol{\beta})$ 可以具有不同形式，以刻画具有不同特点的产品退化规律。例如，Boulanger 等 (1994) 观察到，实际中产品并不总是以一个恒定速率均匀地退化，而是随着时间的推移，退化速率趋于平缓，退化程度达到某一上界，针对性地提出了一种满足 $\lim_{t \to \infty} g(t; \boldsymbol{\beta}) < \infty$ 的一般路径模型。郝旭东 等 (2011) 提出利用基于相关向量机的回归方法对退化进行建模，得到由稀疏核函数表示的退化趋势模型。Bian 等 (2014) 利用具有指数形式的一般路径模型，对滚动轴承的振动退化数据进行建模分析。Zhou 等 (2014) 利用 B 样条对退化轨迹进行建模，研究给出了相应的模型估计方法。

（2）随机系数 $\boldsymbol{\beta}_1$ 可以服从不同的分布类型。在实际应用中，最为常用的假设是 $\boldsymbol{\beta}_1$ 服从（多元）正态分布。这是因为，一方面，当随机效应 $\boldsymbol{\beta}_1$ 是多维向量时，需要利用多元分布对随机变量 $\boldsymbol{\beta}_1$ 进行刻画。多元正态分布是刻画多元随机变量最为重要的模型之一，可以灵活地表达 $\boldsymbol{\beta}_1$ 中各元素间的相关性。另一方面，在大部分应用中，常假设退化观测数据中的测量误差 ϵ_j 服从正态分布，若 $g(t; \boldsymbol{\beta})$ 具有某些特殊形式，例如，$g(t; \boldsymbol{\beta})$ 可表示为某些系数为 $\boldsymbol{\beta}$ 的基函数的线性组合，此时假设 $\boldsymbol{\beta}_1$ 服从多元正态分布，方便模型的统计分析。当然，在 $g(t; \boldsymbol{\beta})$ 具有某些特殊形式时，假设随机系数 $\boldsymbol{\beta}_1$ 服从非正态分布，也可能得到比较容易分析的模型。例如，Yu (2006) 考虑退化轨迹具有幂函数形式 $g(t; \beta) = \beta t^\alpha$，并假设 β

的倒数服从威布尔分布。Oliveira 等 (2018) 考虑线性退化轨迹，$g(t;\beta) = \beta t$，并假设 β 或 β^{-1} 服从尺度混合的偏正态分布或对数尺度混合的偏正态分布。针对一般形式的 $g(t;\beta)$ 和其他类型的随机效应，模型参数的估计通常没有解析方法，此时可以借助蒙特卡罗抽样方法，见徐安察 等 (2010); Yuan 等 (2015)。

（3）退化数据中的测量误差可以服从不同的分布。现有研究通常假设测量误差 ϵ_j 服从独立同分布的正态分布。在实际应用中，测量误差可能是不独立的，也可能服从不同分布。例如，Lu 等 (1997) 注意到相对于中间的平稳退化阶段，退化数据在初始退化阶段和退化后期呈现出更强的不确定性，提出了针对测量误差的方差随时间先下降后上升的新模型。Yuan 等 (2009) 针对重复测量情形下误差分布不同的问题，提出了测量误差具有变化方差的一般路径模型。Guida 等 (2015) 关注由协变量的动态波动引起的测量相关性，利用 q 阶自回归模型，有效刻画了自相关的误差项。

（4）在退化建模时，可以将应力协变量引入到一般路径模型中，以量化环境或载荷对退化的影响。在不同的应力水平下，产品的退化可能具有不同的速率。这是因为，引起退化的物理或化学反应的速率，常常与特定的应力水平有直接关系。例如，在经典的阿伦尼乌斯公式中，化学反应的速率依赖于温度；而大量的工程经验表明，机械结构的磨损与其承受的机械应力有很大关系 (潘尔顺 等, 2015)。因此，在对退化数据进行分析时，需要考虑应力水平的影响。当所有个体的退化过程处于相同的恒定应力水平时，应力作用对所有个体、整个退化过程的影响保持不变，此时可不考虑应力的影响。但当不同个体可能承受不同的应力水平时，例如，加速试验中不同个体将被放置在若干不同应力组合下 (Meeker 等, 1998b)，或者产品实际中可能会在多个不同的应力水平下工作时 (刘学娟 等, 2021)，则需要将应力协变量引入到退化模型中。当然，在实际使用过程中，产品经受的应力可能是时变的。例如，海上风机的工作载荷与风场中的实时风速有关，而风速是实时变化的，这将导致退化速率的变化 (赵洪山 等, 2020)。此时，将环境协变量信息融入一般路径模型中，可显著提高退化模型的精度，见 Hong 等 (2015)、Xu 等 (2016)。

（5）一般路径模型还可以推广到多元退化情形。例如，Lu 等 (2021) 利用一般路径模型对多个指标同时退化的现象进行建模，并用多元正态分布刻画退化模型中的随机效应。

一般路径模型假设每一个体的退化路径都可由一个确定性的函数 $g(t;\beta)$ 刻画，这种假设忽略了退化过程的不确定性，降低了模型的复杂度。在某些情形下，这种确定性假设是合适的。图 1.1 给出了某种电缆在加速试验中电阻随时间的退化过程，见 Whitmore 等 (1997)。可以看到，在该组数据中，个体的退化轨迹很光滑，退化路径的不确定性很小。

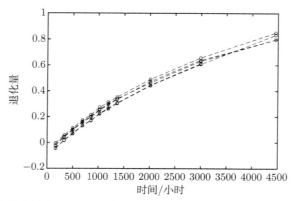

图 1.1 某种电缆在 240°C 下电阻随时间的退化数据（数据见附录表 A.1）

若产品的制造和使用条件是完全已知的，则退化过程不存在不确定性，在给定的失效阈值下，产品的寿命是确定的。但是，实际中很难在退化建模时考虑所有制造、使用条件因素，而仅能将主要影响因素考虑进来。对于建模中考虑到的主要影响因素，它们很多时候存在随机性（如随机效应），而建模中未考虑到的因素的不确定性就更不可知 (庄东辰 等, 2013)。因此，退化过程中普遍存在随机性。例如，图 1.2 给出了某种红外 LED 光功率使用过程的退化数据 (Yang, 2007)。可以看到，其退化轨迹不是光滑的，带有明显的波动。

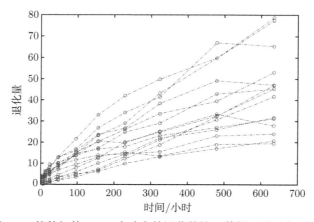

图 1.2 某种红外 LED 光功率的退化轨迹（数据见附录表 A.4）

对于实际中的退化数据，即使测量过程非常精准，测量误差可以忽略，退化轨迹仍可能存在不可控的波动。造成退化过程随机波动的原因通常包含以下几类。

（1）生产中的波动。产品性能的退化特征依赖于具体的功能结构，而由于生产、制造过程中原材料、工艺、装配等环节的波动，使得不同个体的结构在下生产线时就存在差异。这种差异造成使用时初始条件的差异，导致不同个体退化轨迹的波动。

（2）使用中的扰动。对于具有复杂结构和功能的产品，其性能退化过程与材料组成、微观结构、内部微环境等具有复杂的依赖关系；这些因素本身也会存在复杂的交互、耦合作用，其对使用条件异常敏感。在产品使用过程中，使用条件的扰动可能会引起产品内部的复杂反应，并造成退化过程的波动。这时，即使产品所处的宏观环境条件和应力水平是受控的，其退化轨迹依然可能存在不确定性。

（3）使用条件和环境条件的波动。产品性能的退化与使用条件有很强的相关性。使用条件既包括产品所处的环境条件，也包括其运行过程中承受的载荷条件。在实际运行中，产品的使用条件常常是非恒定的。例如，出租车轮胎的磨损既与路况有关，也与车速、载重有关，而这些条件都是在不断变化的。使用条件和环境条件的动态变化，会引起产品退化过程的波动。

因此，一般路径模型忽略了由产品固有随机性和使用条件不确定性引起的退化过程的随机波动，是对实际退化过程的简化。在现实中，这种简化会造成模型与实际退化过程的偏离，影响退化建模的精度和可靠性分析的准确性。

1.1.3　维纳过程模型

考虑到退化过程的不确定性，利用随机过程对其进行建模是很自然的选择。由于退化量通常取连续值，因此，退化建模通常使用取值连续的随机过程。在已有退化建模研究中，维纳过程是应用最为广泛的一类随机过程。

维纳过程与物理学中的布朗运动有密切联系。19 世纪 20 年代，英国植物学家罗伯特·布朗（Robert Brown）利用显微镜观察发现，悬浮在水中的花粉在没有可见外力的作用下，仍会无规则运动。人们把这种现象称为"布朗运动"。现在我们知道这是由分子的运动和撞击导致的，但当时布朗无法解释这种现象。1900 年，法国数学家巴舍利耶（Louis Bachelier）在其博士论文《投机理论》中，首次对布朗运动进行了数学建模，并将布朗运动用于股票期权的定价。1905 年，爱因斯坦在他的经典论文《On the motion of small particles suspended in liquids at rest required by the molecular-kinetic theory of heat》中，根据分子热动力学解释了布朗运动。随后，该理论由法国物理学家让·巴蒂斯特·佩兰（Jean Baptiste Perrin）通过实验验证，并成为原子理论的间接例证。布朗运动的严格数学定义则由美国数学家诺伯特·维纳（Norbert Wiener）于 1923 年给出，维纳证明了存在具有连续路径的布朗运动。因此，布朗运动的数学描述称为维纳过程。

一般来说，一个随机过程 $\{\mathcal{B}(t), t \geqslant 0\}$ 称为维纳过程，需要满足以下三个条件：

（1）对于给定的 t，随机变量 $\mathcal{B}(t)$ 服从均值为 0、方差为 t 的正态分布 $\mathcal{N}(0, t)$；

（2）该过程具有独立、平稳增量；

（3）该过程几乎必然（almost surely, a.s.）连续。

上面第（2）条中，$\mathcal{B}(t)$ 具有独立平稳增量，是指对于任意 $0 \leqslant t_1 < t_2 < \cdots < t_m$，$\mathcal{B}(t_1), \mathcal{B}(t_2) - \mathcal{B}(t_1), \cdots, \mathcal{B}(t_m) - \mathcal{B}(t_{m-1})$ 是独立的，且 $\mathcal{B}(t_j) - \mathcal{B}(t_{j-1})$ 的分布只依赖于 $t_j - t_{j-1}$。由条件（1）可知，$\mathcal{B}(t_j) - \mathcal{B}(t_{j-1}) \sim \mathcal{N}(0, t_j - t_{j-1})$。

一个随机过程 $\{X(t), t \geqslant 0\}$ 是高斯过程，若其满足在任意给定的有限集合 $\{t_1, t_2, \cdots, t_m\}$ 上，$X(t_1), X(t_2), \cdots, X(t_m)$ 的联合分布是多元正态的。根据维纳过程的定义可知，它是一个高斯过程。一个随机过程 $\{X(t), t \geqslant 0\}$ 是马尔可夫过程，若其满足马尔可夫性质，即 $P\{X(t) \in A | \{X(u), 0 \leqslant u \leqslant s\}\} = P\{X(t) \in A | X(s)\}$，其中，$A$ 为状态空间中的任意可测子集，$0 < s < t$。维纳过程具有独立增量，因此，具有马尔可夫性质，是一个马尔可夫过程。维纳过程在随机过程理论中具有重要地位，是构造更复杂随机过程的基础，在随机分析、扩散过程等理论研究中起着核心作用。由于其良好的数学性质和物理解释，维纳过程在经济、金融、控制、工程等领域有广泛应用。特别地，在可靠性工程中，维纳过程可用于刻画产品性能指标随使用而发生的退化现象，近年来逐渐发展成为统计退化建模的一类主要工具。

由于退化过程通常呈现随时间单调递增的趋势，难以使用简单维纳过程直接进行建模。在退化建模领域，最常用的是带漂移的维纳过程模型：

$$X(t) = \mu t + \sigma \mathcal{B}(t) \tag{1.2}$$

其中，$\mu > 0$ 称为漂移率，$\sigma > 0$ 称为扩散系数。这里，退化过程 $X(t)$ 是线性趋势 μt 和布朗运动 $\sigma \mathcal{B}(t)$ 的加和，如图 1.3 所示。这样，该随机过程既能够描述退化的整体趋势，又能够反映其固有随机性，很好地捕捉退化数据的特点。

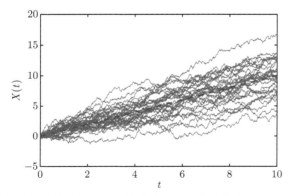

图 1.3　带线性漂移的维纳过程轨迹样本（虚线为趋势项 μt，$\mu = 1, \sigma = 1$）

若产品的退化过程可由式(1.2)描述，则对于给定的失效阈值 D_f，失效时间 $T_f = \inf\{t : X(t) > D_f\}$ 即为 $X(t)$ 的首达时。对于带漂移的维纳过程，其关于恒定阈值 $D_f > 0$ 的首达时服从位置参数为 D_f/μ、形状参数为 D_f^2/σ^2 的逆高斯分布（inverse Gaussian distribution），记作 $\mathcal{IG}(D_f/\mu, D_f^2/\sigma^2)$，证明可见 Ross (2014) 第 10.5 节。$\mathcal{IG}(\eta, \kappa)$ 表示位置参数为 η、形状参数为 κ 的逆高斯分布，具有如下概率密度函数

$$f(z) = \left(\frac{\kappa}{2\pi z^3}\right)^{\frac{1}{2}} \exp\left(-\frac{\kappa(z - \eta)^2}{2\eta^2 z}\right)$$

此时，T_f 的概率密度函数（probability density function, PDF）

$$f_{T_f}(t) = \frac{D_f}{\sqrt{2\pi t^3 \sigma^2}} \exp\left(-\frac{(\mu t - D_f)^2}{2\sigma^2 t}\right) \tag{1.3}$$

而其累积分布函数（cumulative distribution function, CDF）

$$F_{T_f}(t) = \Phi\left(\frac{\mu t - D_f}{\sigma\sqrt{t}}\right) + \mathrm{e}^{2D_f\mu/\sigma^2}\Phi\left(-\frac{\mu t + D_f}{\sigma\sqrt{t}}\right) \tag{1.4}$$

其中，$\Phi(\cdot)$ 表示标准正态分布 $\mathcal{N}(0,1)$ 的累积分布函数

$$\Phi(x) = \int_{-\infty}^{x} \frac{1}{\sqrt{2\pi}} \mathrm{e}^{-z^2/2}\mathrm{d}z \tag{1.5}$$

由于 T_f 服从逆高斯分布 $\mathcal{IG}(D_f/\mu, D_f^2/\sigma^2)$，根据逆高斯分布的性质，容易得到失效时间 T_f 的数字特征。例如，易知 T_f 的期望和方差分别为

$$\mathbb{E}[T_f] = \frac{D_f}{\mu}, \quad \mathrm{Var}[T_f] = \frac{\sigma^2 D_f}{\mu^3} \tag{1.6}$$

因此，应用式(1.2)的维纳过程进行退化建模，可以方便地分析产品的寿命分布和可靠性。

在实际应用中，退化轨迹的形状可能不是线性的。这时，一种处理方法是通过时间尺度变换，将原时间尺度下的非线性退化过程，变换为某种时间尺度下的线性过程，并在变换后的时间尺度下，利用带漂移的维纳过程进行建模分析。具体地，可以假设经过时间尺度变换 $u = \Lambda(t)$，在时间尺度 u 下，退化过程可用式(1.2)的维纳过程刻画。记时间尺度 u 下的退化模型为

$$X^{\Lambda}(u) = \mu u + \sigma \mathcal{B}(u)$$

则在时间尺度 t 下，退化过程模型呈现如下形式

$$X(t) = X^{\Lambda}(\Lambda(t)) = \mu\Lambda(t) + \sigma\mathcal{B}(\Lambda(t)) \tag{1.7}$$

这里，$\Lambda(t)$ 称为时间尺度变换函数，要求满足 $\Lambda(0) = 0$，且 $\Lambda(t)$ 是 t 的单调非减函数。时间尺度变换函数 $\Lambda(t)$ 的形式，可根据退化机理或工程经验确定；若包含未知模型参数，可根据实际的退化数据估计得到。

根据式(1.7)的形式可知，当时间尺度变换函数 $\Lambda(t)$ 非线性时，$X(t)$ 在区间 $(t, t+s]$ 上的退化增量服从正态分布

$$\mathcal{N}(\mu(\Lambda(t+s) - \Lambda(t)), \sigma^2(\Lambda(t+s) - \Lambda(t)))$$

不再具有平稳性。另一方面，当 $\Lambda(t)$ 为 t 的连续函数时，若仍记 $T_f = \inf\{t : X(t) > D_f\}$，则在时间尺度 u 下的首达时可写为

$$U_f = \Lambda(T_f) = \inf\{\Lambda(t) : X(t) > D_f\} = \inf\{u : X^\Lambda(u) > D_f\}$$

由于在时间尺度 $u = \Lambda(t)$ 下，退化过程 $X^\Lambda(u)$ 为带漂移的维纳过程，给定失效阈值 D_f，其首达时仍服从逆高斯分布，即

$$P\{T_f \leqslant t\} = P\{\Lambda(T_f) \leqslant \Lambda(t)\}$$

$$= \Phi\left(\frac{\mu\Lambda(t) - D_f}{\sigma\sqrt{\Lambda(t)}}\right) + e^{2D_f\mu/\sigma^2}\Phi\left(-\frac{\mu\Lambda(t) + D_f}{\sigma\sqrt{\Lambda(t)}}\right)$$

因此，失效时间分布仍具有简单的解析形式，容易得到 T_f 的数字特征，便于实际应用。

由于式(1.2)的维纳过程可以理解为线性的趋势项与布朗运动的加和，因此，直接将线性的趋势项替换为非线性的趋势项，可构造如下非线性维纳过程模型

$$X(t) = \mu\Lambda(t) + \sigma\mathcal{B}(t) \tag{1.8}$$

此时，退化过程仍然是高斯的，但 $X(t)$ 关于 D_f 的首达时分布通常不再具有简单形式，需要利用数值方法或蒙特卡罗仿真等方法得到，使得应用这一模型进行退化建模，寿命和可靠性分析较为麻烦。

1.1.4 其他随机过程模型

在退化建模中，除维纳过程外，另外两种常用的随机过程模型为伽马过程（gamma process）和逆高斯过程（inverse Gaussian process, IG process）。伽马过程是一类具有独立、平稳增量的随机过程，记为 $X(t) = \text{Ga}(t; \alpha, \beta)$。对于伽马过程，其在区间 $(t, t+s]$ 内的增量 $X(t+s) - X(t)$ 服从形状参数为 αs、率参数为 β 的伽马分布，其概率密度函数

$$f(x; \alpha s, \beta) = \frac{\beta^{\alpha s}}{\Gamma(\alpha t)}x^{\alpha s - 1}\exp(-\beta x) \tag{1.9}$$

根据伽马分布的性质，易知

$$\mathbb{E}[X(t)] = \frac{\alpha t}{\beta}, \ \mathrm{Var}[X(t)] = \frac{\alpha t}{\beta^2}$$

根据伽马过程的定义，其增量总是非负的，因此，伽马过程是一类随时间单调递增的随机过程，如图 1.4 所示。伽马过程的另一个特点是该过程是纯跳随机过程，其路径是不连续的，这是其与维纳过程的不同。

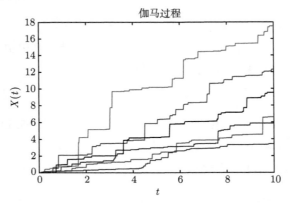

图 1.4　伽马过程轨迹样本（$\alpha = 1, \beta = 1$）

当然，伽马过程也可以扩展到非线性退化过程。例如，应用前述的时间尺度变化方法，一般的伽马过程可记为 $\mathrm{Ga}(t; \Lambda(t), \beta)$，满足任意区间 $(t, t+s]$ 内的增量 $X(t+s) - X(t)$ 服从形状参数为 $\Lambda(t+s) - \Lambda(t)$、率参数为 β 的伽马分布。这里，$\Lambda(t)$ 刻画了伽马过程均值函数的形状，因此，可称之为形状函数。

由伽马过程的特点可知，它尤其适用于具有单调特性退化过程的建模，如机械件的磨损、裂纹扩展过程等 (Lawless 等, 2004)。Bagdonavičius 等 (2001) 讨论了利用伽马过程进行退化建模时，考虑协变量影响的建模方法。Wang (2008) 利用带有随机效应的非齐次伽马过程进行退化建模，研究了伪似然参数估计方法。Wang (2009a) 在利用伽马过程进行退化建模时，利用非参数方法估计形状函数，提出了一种伪似然估计方法。Li 等 (2009) 利用伽马过程对退化过程进行建模时，考虑了退化模型参数估计的实时更新问题，根据贝叶斯方法，利用最新的退化数据实时更新伽马过程模型参数的估计，以得到更精准的退化模型和可靠性估计。Tsai 等 (2011) 基于伽马过程退化模型讨论了老练试验的设计问题。Ye 等 (2014c) 针对形状函数未知的伽马过程，提出了基于期望-最大化（expectation-maximization，EM）算法的估计方法，该方法优于伪似然估计。Wang 等 (2015)、Rodríguez-Picón (2017) 提出基于伽马过程和 Copula 函数的二元退化过程模型。Le Son 等 (2016)、Hazra 等 (2020) 基于伽马过程研究了带测量误差退化数据的建模问题。Chen 等 (2018)、Wang 等 (2021a) 讨论了伽马过程用于退化建模时的模型参数区间估计问题。Giorgio 等 (2018)、Rodríguez-Picón 等 (2018)、Guo 等 (2019) 利用带有随机效应的伽马过程模型,研究了具有个体异质性的退化数据建模问题。此外,伽马过程也被应用于加速退化数据建模,相关研究可见 Park 等 (2005)、Pan 等 (2010)、管强 等 (2013)、Pan 等 (2014)、王浩伟 等 (2016)、Limon 等 (2020)、张立杰 等 (2022)。

逆高斯过程是近年来在退化建模领域得到广泛应用的另一随机过程模型 (Wang 等, 2010)。与伽马过程相似,逆高斯过程也具有独立、平稳增量,而增量服从逆高斯分布。若退化过程服从逆高斯过程 $X(t) = \mathcal{IG}(t; \mu t, \lambda t^2)$,则在任意区间 $(t, t+s]$ 内,退化增量 $X(t+s) - X(t)$ 服从均值为 μs、形状参数为 λs^2 的逆高斯分布,其概率密度函数

$$f(x; \mu s, \lambda s^2) = \sqrt{\frac{\lambda s^2}{2\pi x^3}} \exp\left(-\frac{\lambda(x-\mu s)^2}{2\mu^2 x}\right) \tag{1.10}$$

根据逆高斯分布性质,易知

$$\mathbb{E}[X(t)] = \mu t, \ \mathrm{Var}[X(t)] = \frac{\mu^3 t}{\lambda}$$

与伽马过程类似,逆高斯过程也是单调增加的随机过程,如图 1.5 所示。

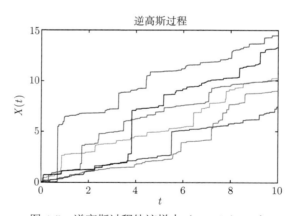

图 1.5 逆高斯过程轨迹样本 ($\mu = 1, \lambda = 1$)

因此,逆高斯过程也适用于单调退化过程建模。特别地,它与伽马过程都可以看作具有无穷大到达速率、无穷小跳跃幅度的复合泊松过程 (Ye 等, 2014a)。所有可以使用伽马过程进行建模的退化过程,均可以考虑使用逆高斯过程进行建模。Peng 等 (2017)、Guan 等 (2019) 从贝叶斯统计的角度,研究利用逆高斯过程进行退化建模时模型参数的估计问题。Hao 等 (2019) 考虑了退化数据的个体异质性,提出了带有偏正态分布随机效应的逆高斯过程模型。Ye 等 (2014b)、Wang 等 (2016b, 2017)、Duan 等 (2018b) 讨论了基于逆高斯过程的加速退化试验设计

问题。Jiang 等 (2022) 重点讨论了在应用逆高斯过程对恒定应力加速试验数据进行建模分析时, 模型参数的区间估计问题。关于利用逆高斯过程进行多元退化建模的研究, 可见 Peng 等 (2016a)、Duan 等 (2018c)、Fang 等 (2022)、许焕卫 等 (2022)。值得一提的是, 维纳过程、伽马过程和逆高斯过程都可以视为指数分散过程 (exponetial-dispersion process) 的特例。近年来, 许多学者利用指数分散过程对退化数据进行建模分析, 相关研究可见 Duan 等 (2018a)、Zhou 等 (2019)、Chen 等 (2022)、Ding 等 (2022)。

1.2　基于维纳过程的退化建模研究综述

与一般路径模型相比, 随机过程模型可以刻画退化过程的固有随机性。如前所述, 在随机过程模型中, 维纳过程、伽马过程和逆高斯过程是物理解释明确、简单易用的三类模型。伽马过程与逆高斯过程均具有单调递增的特性, 且是纯跳的随机过程, 适合描述由连续冲击造成的损伤累积过程。维纳过程是连续的、非单调的随机过程, 适合描述多种复杂机制共同作用下、非单调的退化过程。

从退化建模的角度, 考虑实际中产品退化过程的复杂性, 维纳过程模型具有 4 个方面的优点: ①容易引入随机效应; ②容易处理测量误差; ③容易刻画多元退化; ④容易基于维纳过程构造更复杂模型, 以更精准地刻画退化过程。

首先, 利用维纳过程进行退化建模很容易引入随机效应, 以刻画产品环境的不同引起的退化异质性。由于制造过程波动、使用环境差异, 同种产品的不同个体退化间可能会在退化速率、波动水平方面表现出相当的分散性。此时, 为刻画这种异质性, 可以假设退化模型的某些参数变动服从某个分布。例如, 考虑退化速率的异质性, 可以假设式(1.2)漂移率 μ 服从某一分布 $F(\mu)$。这样, 每个个体漂移率的实现值可看作来自 $F(\mu)$ 的样本, 不同个体漂移率的实现值不同, 由此刻画个体退化速率的差异。这种模型称为带随机效应的维纳过程模型。已有研究中, 最为常用的一类带随机效应的维纳过程模型, 仅考虑漂移率的异质性, 并假设随机漂移率服从正态分布。相关研究和应用可见 Whitmore 等 (1997)、厉海涛 等 (2011)、Ye 等 (2013)、Si 等 (2014)、张鹏 等 (2019)、Wang 等 (2020)。此外, Wang (2010)、王小林 等 (2011) 同时考虑漂移率和扩散系数的异质性, 假设扩散系数的平方服从逆伽马分布、漂移率服从方差依赖于扩散系数的正态分布。Peng 等 (2013) 考虑漂移率的分布可能是偏态的, 利用非对称正态分布对漂移率进行建模。Tang 等 (2014)、Pan 等 (2017) 考虑到漂移率的物理含义, 指出随机漂移率的分布应该具有非负支撑集, 并提出利用截断正态分布刻画随机漂移率。Ye 等 (2015) 假设扩散系数与漂移率成正比, 而漂移率的倒数服从正态分布。Zhai 等 (2018b) 从加速失效时间原理出发, 得到扩散系数的平方与漂移率成正比的维纳过程模型，并利用逆高斯分布刻画随机漂移率。Wang 等 (2021b) 在 Zhai 等 (2018b) 所提模型基础上，提出了利用广义逆高斯分布刻画随机漂移率的维纳过程模型。这些模型丰富了维纳过程退化建模工具，数学处理方便。得益于维纳过程是高斯过程这一性质，维纳过程退化过程模型能够允许不同类别的随机效应，以适应不同情形下的退化建模。与维纳过程种类繁多的随机效应模型相比，伽马过程和逆高斯过程尽管也可以引入随机效应，但他们的随机效应模型简便易用的较少。

其次，利用维纳过程进行退化建模很容易处理测量误差。对于实际退化数据，由于测量工具、测量过程或存储记录的不稳定，收集到的数据常常会受到测量误差的干扰。此时，记任意时刻 t 的真实退化量为 $X(t)$，测量误差记为 ϵ_t，则叠加了误差的测量值可以表示为

$$Y(t) = X(t) + \epsilon_t$$

通常认为每次测量的误差独立，且测量误差不会累积，因此，一般假设误差服从独立同分布、均值为 0 的正态分布。维纳过程是高斯过程这一事实，使得叠加了正态测量误差的退化观测值也是正态的。因此，带误差的退化观测值的分布形式简单，在给定退化观测数据时，很容易估计模型未知参数。这种模型在实际中得到了广泛研究和应用，可见 Whitmore (1995)、Ye 等 (2013)、Si 等 (2013)、Zhai 等 (2016)、王泽洲 等 (2019)、齐琦 等 (2020)。与之对比，若使用伽马过程或逆高斯过程对退化过程进行建模，则在处理测量误差时不可避免地遇到积分问题，导致模型参数估计复杂 (Kallen 等, 2005)。在利用维纳过程对带误差退化数据进行建模时，除了使用正态分布刻画误差外，还可以考虑使用其他类型的对称分布刻画测量误差。例如，为了降低测量异常值的影响，也可以利用具有厚尾特性的对称分布来刻画测量误差。特别地，正态尺度混合分布（scale mixtures of normal distributions）是一个具有厚尾分布的分布族，可表示为具有随机方差（尺度）的正态分布的混合分布 (Andrews 等, 1974)。这一分布族包括常用的 t 分布、拉普拉斯（Laplace）分布等，其主要特点是尾部概率比正态分布大，均值的估计不易受异常值影响。因此，当实际退化数据受到异常的测量误差影响时，使用厚尾分布刻画误差，可减少由测量误差带来的不确定性，提高对真实退化过程 $X(t)$ 估计的稳健性。另一方面，正态尺度混合分布可以表示为正态分布的尺度混合，在给定混合系数的条件下误差是正态的。因此，给定混合系数的条件下，若退化过程 $X(t)$ 为维纳过程，则带误差的退化测量值 $Y(t)$ 也是正态的。根据这一性质，容易构造模型参数估计方法，相关研究可见 Zhai 等 (2017)、Ge 等 (2022)。这进一步扩展了维纳过程的适用范围。

再次，由于多元正态分布可以从独立的正态分布经线性变换得到，因此，容

易根据一维维纳过程构造具有相关性的多元维纳过程。特别地，假如某一产品具有 K 个性能同时退化，则可以用如下的 K 元维纳过程来刻画该退化过程

$$
\begin{aligned}
&(X_1(t), X_2(t), \cdots, X_K(t))\\
&=(\mu_1, \mu_2, \cdots, \mu_K)t + (\mathcal{B}_1(t), \mathcal{B}_2(t), \cdots, \mathcal{B}_K(t))\mathbf{A}
\end{aligned}
\tag{1.11}
$$

其中，$\mathbf{A}$ 为 $K \times K$ 矩阵，$\mathcal{B}_1(t), \mathcal{B}_2(t), \cdots, \mathcal{B}_K(t)$ 为独立的标准布朗运动。这样，K 元维纳过程为刻画相依的多元退化过程提供了一种灵活工具，相关研究和应用可见 Jin 等 (2014)、Liu 等 (2017)、Dong 等 (2020)、Sun 等 (2020)。另外，通过引入从属过程，也可以构造相依的多元退化过程。一个从属过程 $H(t)$ 是具有平稳独立增量的单调递增非负随机过程，如伽马过程。它可以用于表示某种随机的 "时间"，如变速运动中汽车行驶的里程。假如 K 元维纳过程的所有元素受到同一从属过程的调节，则得到的 K 维随机过程会因共同的从属过程产生相依性（即使原 K 元维纳过程的各元素是独立的）。具体地，令 $(X_1(t), X_2(t), \cdots, X_K(t))$ 为式(1.11)的 K 元维纳过程，$H(t)$ 是某一从属过程，记 $Y_k(t) = X_k(H(t)), k = 1, 2, \cdots, K$，则

$$
(Y_1(t), Y_2(t), \cdots, Y_K(t)) = (X_1(H(t)), X_2(H(t)), \cdots, X_K(H(t)))
$$

可以表示由同一从属过程调节的 K 维退化过程 (Zhai 等, 2018a)。由于从属过程可以表示随机的时间流逝过程，引入从属过程可以表示由共同的随机环境或工作应力导致的非均匀退化。此时，即使 $\mathbf{A}$ 是单位阵，各个 $X_k(t), k = 1, 2, \cdots, K$ 相互独立，$Y_k(t), k = 1, 2, \cdots, K$ 也会因为共同的 $H(t)$ 存在相依性。这类模型也是维纳过程用于多元退化建模的一种有力工具。当然，对高维退化过程进行建模，也可以采用 Copula 方法 (Nelsen, 2006)。在 Copula 方法中，可以先对单个性能退化过程进行建模，并用 Copula 函数将不同性能退化过程连接起来，以刻画各个性能退化过程间的相依性。相关研究和应用可见 Pan 等 (2013)、Wang 等 (2014)、Sun 等 (2016)、Xu 等 (2017)、翟科达 等 (2022)。不过，由于 Copula 函数是建立在累积分布函数上的，与随机变量的分布类型无关，因此，各性能退化过程可根据单独的退化特征，合理选择模型，如前面提到的伽马过程或逆高斯过程，而不必要求所有性能退化过程均使用维纳过程建模。甚至不同性能退化过程可使用不同类别的模型，如 Peng 等 (2016b)、Wang 等 (2016a)、Rodríguez-Picón 等 (2017)。

最后，根据简单维纳过程（布朗运动），通过某些变换可以得到更为复杂的随机过程，如几何布朗运动、积分布朗运动等，这些随机过程也可用于退化建模。例如，Park 等 (2005, 2006) 考虑退化量非负的情形，指出可用几何布朗运动进行退化建模。Hu 等 (2011) 针对具有单调特性的退化过程，提出利用维纳过程的

最大值过程（即 $M(t) = \max\{X(s), 0 \leqslant s \leqslant t\}$）进行退化建模，其中，$X(t)$ 为式(1.2)给出的简单维纳过程。另外，布朗运动与许多更一般的随机过程联系紧密，如分数布朗运动、扩散过程、连续鞅、随机微分方程等。这使得进行退化建模时，可以从简单维纳过程自然地过渡到更为复杂的随机过程，以刻画实际的复杂退化现象。例如，式(1.2)的简单维纳过程可以写成如下微分形式

$$\mathrm{d}X_t = \mu\mathrm{d}t + \sigma\mathrm{d}\mathcal{B}_t$$

其中，记 $X_t = X(t)$，$\mathcal{B}_t = \mathcal{B}(t)$。这里，漂移率 μ 与扩散系数 σ 都是常数。自然地，可以考虑 μ 和 σ 是随时变化的，甚至是依赖于当前状态 X_t 的，即

$$\mathrm{d}X_t = \mu(X_t, t)\mathrm{d}t + \sigma(X_t, t)\mathrm{d}\mathcal{B}_t$$

这就得到了一般扩散过程。已有研究中，Zhang 等 (2015) 考虑退化过程漂移率和扩散系数可能依赖于瞬时退化状态和寿命，提出利用一般扩散过程进行退化建模。Deng 等 (2016) 提出可以利用 Ornstein-Uhlenbeck 过程进行退化建模，并研究了相关的剩余寿命预测问题。Zhang 等 (2019) 指出对具有非马尔可夫特征的退化过程，可以利用分数布朗运动来建模。此外，如前所述，可以通过对维纳过程引入从属过程来构造更为复杂的随机过程。例如，应用逆高斯过程作为从属过程，可得到正态-逆高斯过程（normal-IG process），其退化建模应用可见 Wang (2009b)；应用伽马过程作为从属过程，可得到方差伽马过程（variance gamma process），其退化建模应用可见 Salem 等 (2022)。

1.3 本书结构安排

在退化建模中，随机过程模型的优点在于方便刻画退化过程中的固有随机性。这种不确定性表现为退化轨迹的不光滑，而很多时候，将这种不光滑解释为数据的测量误差，并不恰当。使用随机过程进行退化建模，需要考虑模型的复杂程度、物理解释和数学性质。从这一角度来看，维纳过程模型比较简洁，具有很好的物理解释和良好的数学性质。另一方面，维纳过程模型具有足够的灵活性，可以从多个方面拓展，以适应不同情形下的退化特点和建模需求。因此，维纳过程是退化建模的一种有力工具，在实际退化建模分析中已经得到了广泛应用。

面对实际的退化建模问题，需要对退化数据的不确定性进行全面分析，以厘清不确定性的来源，更为准确地刻画退化过程。实际中，除了退化过程的固有随机性，退化数据不确定性的来源还有很多。首先，由于原材料品质的波动或制造过程的波动，同种产品不同个体的品质会存在差异。此时，即使处于相同的工作条件，不同个体的退化轨迹仍可能呈现明显差异。对于外场使用产品，外场使用环境条

件的多样性则会加剧这种差异。这种差异不同于退化过程的固有随机性，但也增加了退化过程的不确定性。这种差异可以称为个体异质性，造成了因个体而异的退化轨迹。其次，产品的退化过程与其工作环境有紧密联系。从宏观上讲，不同使用环境下的退化特征不同，会造成产品退化过程的个体异质性。从微观上看，使用环境常常是动态变化的，动态环境会使得退化过程在时间上也存在异质性。后一点在分析外场产品退化数据时，需要特别注意。最后，受到数据收集、记录过程中随机因素的影响，退化数据中常常会出现多种误差叠加，这会进一步增加数据的不确定性，需要在退化建模时小心处理。

　　综上，在退化数据建模分析过程中，个体异质性、动态环境作用及测量误差影响，是退化数据中不确定性的重要来源，需要在退化建模中着重关注。在已有研究中，这三个方面也是关注的重点。本书围绕这些方面的退化问题，探讨了退化数据的建模分析方法，并从维纳过程模型出发，提出和发展了一系列的建模分析工具。具体地，考虑个体异质性，本书第 2、3 章讨论了异质退化数据的建模问题。考虑动态环境作用，本书第 4、5、6 章分别讨论了独立个体的单一性能退化过程建模、成组个体的共同退化建模，以及独立个体的多元退化建模。考虑测量误差影响，本书最后一章讨论了带测量误差的退化数据建模与分析问题。全书的结构安排如图 1.6 所示。

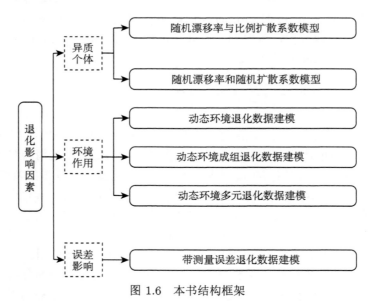

图 1.6　本书结构框架

第 2 章　异质退化数据建模——随机漂移率与比例扩散系数模型

　　当产品的原材料品质波动较大、生产过程控制水平不足时，同一种产品的不同批次个体的质量可能存在显著差异，甚至同一批次的不同个体的质量也有明显不同。反映到产品性能的退化，人们常常会观测到不同个体的退化速率或者退化轨迹的波动水平有显著差异：有的个体退化快，有的个体退化慢；有的个体退化轨迹的波动很小，而有的个体退化轨迹的波动性很大。这种存在个体差异的退化数据是非均质的，称为具有个体异质性的退化数据。

　　关于异质性退化数据，一个经典的例子可见 Meeker 等 (1998a) 中给出的激光器退化数据。该数据集包含 15 个试样的退化数据，具体数据见附录 A.2。退化轨迹如图 2.1 所示。

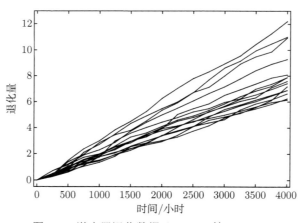

图 2.1　激光器退化数据 (Meeker 等, 1998a)

可以看到，不同个体的退化轨迹具有显著的分散性，此时假设所有个体具有相同的退化速率显然是不恰当的。针对这样的退化数据，在建模时必须考虑个体退化速率和波动水平的异质性。因此，异质退化数据的建模，既需要考虑每一个体退化过程中固有的随机性，还需要考虑个体异质性所对应的不确定性。否则，建模时可能会错误地将异质性带来的不确定性归因到退化过程固有的不确定性，使得模型估计和可靠性分析出现偏差。

　　已有研究中，在利用维纳过程进行退化建模时，考虑不同个体退化特征的差异，常常利用随机效应刻画个体的异质性。具体地，假设总体的退化可以由一个线性维纳过程进行刻画

$$X(t) = vt + \sigma \mathcal{B}(t) \tag{2.1}$$

其中，$v > 0$ 为退化漂移率，$\sigma > 0$ 为扩散系数，$\mathcal{B}(\cdot)$ 表示标准布朗运动。当不同个体的退化速率不同时，一个直观的处理方法是假设漂移率 v 不再是一个常数，而是服从某一个分布。从总体上看，所有个体的漂移率是独立同分布的随机变量。不同个体的漂移率是因个体而异的，每个个体的实际漂移率都是来自同一分布的独立样本。

　　由于维纳过程本身是正态的，假设 v 服从正态分布是一种很方便的模型。具体地，假设 $v \sim \mathcal{N}(\mu, \kappa^2)$。由于给定 v 的条件下，$X(t)$ 具有独立正态增量，即

$$(X(t+s) - X(t))|v \sim \mathcal{N}(vs, \sigma^2 s),\ t > 0, s > 0$$

易知在任意区间 $(t, t+s]$ 上增量的无条件分布为

$$X(t+s) - X(t) \sim \mathcal{N}(\mu s, \kappa^2 s^2 + \sigma^2 s)$$

也是正态的。由于此时退化过程仍是正态的，很容易研究模型性质和统计分析方法。但是，漂移率对应于期望的退化速率，从其物理含义出发，应当取非负值，而正态分布的支撑集为整个实数轴，与退化速率的物理含义存在偏差。有些学者考虑到这一点，通常采用两种处理方法。一种是假设漂移率 v 所服从的正态分布满足 $P\{v \leqslant 0\} \approx 0$，$v$ 取到负值的概率可以忽略不计。当 $v \sim \mathcal{N}(\mu, \kappa^2)$ 时，

$$P\{v \leqslant 0\} = \Phi\left(-\frac{\mu}{\kappa}\right)$$

其中，$\Phi(\cdot)$ 为标准正态分布的累积分布函数，见式 (1.5)。可见，当 μ/κ 较大时，即随机漂移率的均值 μ 显著大于标准差 κ 时，$P\{v \leqslant 0\}$ 接近于 0。例如，当 $\mu > 3\kappa$ 时，$P\{v \leqslant 0\} < 0.135\%$，此时正态分布假设是一个较好的近似。但是，当退化中异质性较为显著时，κ 较大，μ/κ 较小，这种假设就不太合适。另一种处理方法是假设 v 服从在 0 处截断的截断正态分布。这种处理方法的好处是截断正态分布假设与退化速率非负的物理含义相符，但缺点是截断正态分布相对复杂，其数学处理相对烦琐。

　　此外，也有学者指出正态分布的密度曲线是对称的，在描述随机漂移率时可能并不合适。这是因为，实际中随机漂移率可能并不是关于某个中心对称的，而是偏态的。此时，利用偏态的分布来刻画总体的漂移率可能更为合适。例如，Peng 等 (2013) 在利用维纳过程对异质退化数据进行建模时，利用偏正态分布来刻画随机的漂移率。偏正态分布具有如下的概率密度函数

$$f(v; \mu, \kappa, \alpha) = \frac{2}{\kappa} \phi \left(\frac{v - \mu}{\kappa} \right) \Phi \left(\alpha \frac{v - \mu}{\kappa} \right)$$

其中

$$\phi(x) = \frac{1}{\sqrt{2\pi}} \exp \left(-\frac{x^2}{2} \right)$$

为标准正态分布的概率密度函数。可以看到，当参数 $\alpha = 0$ 时，偏正态分布变为正态分布 $\mathcal{N}(\mu, \kappa^2)$。通过引入参数 α，偏正态分布可以刻画非对称的分布特征，但这也使得模型复杂化。另外，偏正态分布也存在随机漂移率取到负值的问题。

除了退化速率的异质性，不同个体退化轨迹的波动性大小也可能存在显著区别。退化轨迹的波动性反映了一个个体退化过程的固有不确定性。试想，同一种产品的两个个体，如果一个的原材料品质或采用的器件等级很高，而另一个采用了同类但等级较低的原材料或器件，或者一个个体运行的环境条件非常稳定，而另一个个体运行的环境应力（如温度）波动性较大，则很可能出现二者退化轨迹的波动差异较大的情况。因此，也有必要在退化中考虑退化过程波动水平的异质性。注意到，控制维纳过程波动性的参数为 σ，很直观的想法是类似于对 v 的处理，将 σ 视为随机的并利用随机效应模型刻画。从建模分析的角度，σ 所服从分布应该能够使得退化过程 $X(t)$ 具有简单的解析形式，如 σ 的分布是 $X(t)|\sigma$ 的分布的共轭分布。例如，Wang (2010) 提出了一种同时考虑漂移率和扩散系数异质性的维纳过程模型，其中，假设 $w = \sigma^{-2} \sim \mathrm{Ga}(\zeta^{-1}, \eta)$，$v|w \sim \mathcal{N}(1, \kappa^2/w)$。这样构造的随机效应模型恰好与维纳过程 $X(t)|\{v, w\}$ 的分布共轭，得到的模型很容易分析和应用。Ye 等 (2015) 也提出了一种同时考虑漂移率和扩散系数异质性的维纳过程模型，该模型假设 $\sigma = \zeta v$ 且 $v^{-1} \sim \mathcal{N}(\mu, \kappa^2)$，即一个个体的退化过程扩散系数和其漂移率是成比例的。这样，只需要假设总体中 v 是随机的，就可以同时处理两方面的异质性。本章从加速失效时间模型的等效试验时间原理出发，提出一种新的随机效应模型，可以同时处理总体中退化速率与扩散系数的异质性。

2.1 模 型 描 述

2.1.1 模型形式

考虑具有如下形式的一般维纳过程模型

$$X(t)|v = v\Lambda(t) + \kappa\mathcal{B}(v\Lambda(t)) \tag{2.2}$$

其中，$v > 0$ 为退化漂移率，$\kappa > 0$ 为扩散系数，$\mathcal{B}(\cdot)$ 表示标准布朗运动。与式(2.1)中线性维纳过程模型不同的是，这里引入了一个时间尺度变换函数 $\Lambda(t) = \Lambda(t; \alpha)$，以刻画非线性的退化特征 (Whitmore 等, 1997)。时间尺度变换函数通常是日历时间的确定性函数，可以包含模型参数 $\boldsymbol{\alpha}$。可以看到，若令 $u = \Lambda(t)$，则在时间尺度 u 下，退化过程 $X(u) = X(\Lambda(t))$ 便是常规的带漂移的维纳过程。这一模型等价于假设对时间尺度 t 进行某种变换后，在尺度 t 下的非线性退化过程可以变为时间尺度 $\Lambda(t)$ 下的线性退化过程。

通过选择合适的时间尺度变换函数，可以方便地对非线性退化现象进行建模。例如，$\Lambda(t)$ 可以具有幂函数形式 $\Lambda(t) = t^{\alpha}$ 或指数函数形式 $\Lambda(t) = \exp(\alpha t) - 1$。一般而言，可根据实际退化机理或工程经验确定 $\Lambda(t)$ 的具体形式 (Ye 等, 2013)。由于 $\Lambda(t)$ 表示某种"时间"，因此，通常假设 $\Lambda(t)$ 是单调递增的且 $\Lambda(0) = 0$。

式(2.2)的模型借用了加速试验的思想 (Nelson, 1980)。在加速试验中，产品被置于超过常规水平的应力之下，加速产品失效的发生过程，以期缩短试验时间。为了外推常规应力下的寿命，需要建立应力与寿命的量化关系。加速失效时间模型（accelerated failure time model, AFTM）是最为常用的模型之一 (Newby, 1988)。在最简单的线性加速失效时间模型中，某一加速应力下产品的寿命分布具有如下形式

$$F(t|r) = F_0(rt) \tag{2.3}$$

其中，参数 r 表示综合的加速效果（加速系数），$F_0(\cdot)$ 表示基准应力水平下寿命的累积分布函数。该式的含义是，若在基准应力水平下产品的寿命 T 服从某一分布 $F_0(t)$，则应力升高后，产品寿命会缩短，但是寿命分布的类型仍然保持不变，即失效机理不变原则。假设加速因子为 r，则在加速应力下的寿命变为原来的 $1/r$，即 $T = T_0/r$。这样，便可以得到式(2.3)中加速寿命 T 分布。

式(2.3)意味着，某一加速应力下产品经历的寿命等价于经过系数 r 缩放后基准应力水平下的寿命。根据这一思想，可以将产品退化轨迹的异质性解释为由某种随机因素引起的退化加速或减速效应，而这种随机的加（减）速效应可表示为对时间尺度的随机缩放。即假设产品在基准水平下理想的退化过程为 $X(t) = \mu\Lambda(t) + \sigma\mathcal{B}(\Lambda(t))$，而实际中由于产品和环境的异质性，每一个体的实际退化过程受到随机缩放因子 r 的调节，使得任一个体的退化过程变为

$$X(t)|r = \mu r\Lambda(t) + \sigma\mathcal{B}(r\Lambda(t)) \tag{2.4}$$

显然，μ 可以解释为"标称"的漂移率，而某一个体实际的漂移率为 μr。令 $v = \mu r$，$\kappa^2 = \sigma^2/\mu$，则式(2.4)便等价于式(2.2)的模型。

式(2.2)的模型具有以下两个特点。

（1）在时间尺度 $u = \Lambda(t)$ 下，每一个退化过程的退化速率与波动水平分别为 v 与 $\kappa^2 v$。可见，若总体中退化速率 v 具有异质性（随机的），则扩散水平也同样

具有异质性。因此，便可以对总体中同时存在于退化速率与波动水平的异质性进行刻画。

（2）退化速率与波动水平成比例，可以解释实际退化数据中经常观测到的一种现象：若一个个体的退化速率比较大，则其退化轨迹的波动水平也比较高。如前所述，退化速率大意味着该个体的品质较差或经受的应力水平更高，这些都会导致个体退化过程的不确定性增大。因此，式(2.2)的模型具有一定的实际意义。

回到随机效应 v，需要假设随机漂移率服从某一分布。为了方便模型推导和统计推断，这里假设 v 服从逆高斯分布 $\mathcal{IG}(\mu, \zeta)$，即

$$f(v) = \sqrt{\frac{\zeta}{2\pi v^3}} \exp\left(-\frac{\zeta(v-\mu)^2}{2\mu^2 v}\right) \tag{2.5}$$

根据逆高斯分布的性质，$\mathbb{E}[v] = \mu$ 且 $\mathrm{Var}[v] = \mu^3/\zeta$。之所以选择逆高斯分布对随机的 v 进行建模，除了从模型的数学性质考虑，还有以下原因。

（1）逆高斯分布的支撑集为 $(0, \infty)$，这符合 $v > 0$ 这一假设。与之对比，若利用正态分布刻画漂移率的异质性，则需要假设 $v < 0$ 的概率可以忽略。

（2）逆高斯分布是偏态的，这与许多实际退化数据表现出的特征相符。在不同的分布参数 (μ, ζ) 组合下，逆高斯分布的密度具有灵活的形状。例如，当 $\mu/\zeta \to 0$ 时，逆高斯分布趋近于正态分布 $\mathcal{N}(\mu, \mu^3/\zeta)$。另外，当 $\zeta \to \infty$ 时，$\mathrm{Var}[v] \to 0$，该模型等价于常规的无随机效应的维纳过程模型。因此，与已有的随机效应维纳过程模型相比，带有逆高斯分布随机漂移率的维纳过程模型具有显著的优点。

根据式(2.2)可知，对于某一个体，在给定漂移率 v 时，任意时刻的退化量 $X(t)$ 的分布是正态的，即

$$X(t)|v \sim \mathcal{N}(v\Lambda(t), v\kappa^2\Lambda(t))$$

通过关于 v 取期望，可得到 $X(t)$ 的无条件分布

$$
\begin{aligned}
f_{X(t)}(x) &= \int_0^\infty \frac{1}{\sqrt{2\pi\kappa^2 v\Lambda(t)}} \exp\left(-\frac{(x - v\Lambda(t))^2}{2\kappa^2 v\Lambda(t)}\right) \\
&\quad \times \sqrt{\frac{\zeta}{2\pi v^3}} \exp\left(-\frac{\zeta(v-\mu)^2}{2\mu^2 v}\right) \mathrm{d}v \\
&= \frac{\sqrt{\zeta}}{\pi\kappa\sqrt{\Lambda(t)}} \exp\left(\frac{x}{\kappa^2} + \frac{\zeta}{\mu}\right) \mathcal{K}_{-1}\left(\sqrt{a(t)b(t)}\right)\sqrt{\frac{a(t)}{b(t)}}
\end{aligned}
\tag{2.6}
$$

其中

$$a(t) = \frac{\zeta}{\mu^2} + \frac{\Lambda(t)}{\kappa^2}, \quad b(t) = \zeta + \frac{x^2}{\Lambda(t)\kappa^2}$$

而

$$\mathcal{K}_c(z) = \frac{1}{2} \int_0^\infty y^{c-1} \exp\left(-\frac{z}{2}(y+y^{-1})\right) \mathrm{d}y$$

表示第二类修正贝塞尔函数 (Abramowitz 等, 1972)。此外，关于 $X(t)$ 可以得到

$$\mathbb{E}[X(t)] = \mathbb{E}[\mathbb{E}[X(t)|v]] = \mu\Lambda(t)$$

$$\begin{aligned}
\mathrm{Var}[X(t)] &= \mathbb{E}[\mathrm{Var}[X(t)|v]] + \mathrm{Var}[\mathbb{E}[X(t)|v]] \\
&= \mathbb{E}[\kappa^2 v\Lambda(t)] + \mathrm{Var}[v\Lambda(t)] \\
&= \mu\kappa^2\Lambda(t) + \frac{\mu^3}{\zeta}\Lambda(t)^2
\end{aligned} \tag{2.7}$$

2.1.2 可靠性分析

对于性能退化的产品，通常假设存在一个失效阈值 D_f：当退化量 $X(t)$ 首次达到或超过这一失效阈值时，则认为该产品失效。因此，产品的寿命常定义为退化量 $X(t)$ 关于失效阈值的首达时 $T_f = \inf\{t : X(t) > D_f\}$。例如，根据美国 LM-80 标准，若 LED 的流明维持率降低到初始光源的 70%（L70），则认为 LED 失效 (IES, 2008)。在给定 v 的条件下，根据带漂移维纳过程的性质，在时间尺度 $\Lambda(\cdot)$ 下的寿命 $U_f = \Lambda(T_f)$ 服从逆高斯分布 $\mathcal{IG}(D_f/v, D_f^2/(v\kappa^2))$，即

$$f_{U_f|v}(u|v) = \frac{D_f}{\sqrt{2\pi u^3 v\kappa^2}} \exp\left(-\frac{(uv-D_f)^2}{2uv\kappa^2}\right)$$

关于 v 取期望，可得 U_f 的无条件分布

$$\begin{aligned}
f_{U_f}(u) &= \frac{D_f}{\pi u\kappa\mu}\sqrt{\frac{\zeta(\kappa^2\zeta+\mu^2 u)}{(\kappa^2\zeta u+D_f^2)}}\exp\left(\frac{\zeta}{\mu}+\frac{D_f}{\kappa^2}\right) \\
&\times \mathcal{K}_1\left(\sqrt{\left(\frac{\zeta}{\mu^2}+\frac{u}{\kappa^2}\right)\left(\zeta+\frac{D_f^2}{\kappa^2 u}\right)}\right)
\end{aligned} \tag{2.8}$$

假设时间尺度变换函数 $\Lambda(t)$ 关于 t 是可微的，则日历时间下寿命 T_f 的概率密度函数为

$$f_{T_f}(t) = f_{U_f}(\Lambda(t))\frac{\mathrm{d}\Lambda(t)}{\mathrm{d}t} \tag{2.9}$$

根据寿命 T_f 的概率密度函数，相关的可靠性指标，如平均寿命可以很容易得到

$$\mathbb{E}[T_f] = \int_0^\infty t f_{T_f}(t)\mathrm{d}t$$

例如，当时间尺度变换函数具有幂函数形式时，即 $\Lambda(t) = t^\alpha$ 时，T_f 的均值和方差具有如下解析表示

$$\mathbb{E}[T_f] = \frac{2}{\pi}\sqrt{\frac{\zeta}{\kappa^2}}\left(\frac{D_f}{\mu}\right)^{\frac{1}{2}+\frac{1}{\alpha}}\exp\left(\frac{D_f}{\kappa^2}+\frac{\zeta}{\mu}\right)\mathcal{K}_{\frac{1}{2}-\frac{1}{\alpha}}\left(\frac{D_f}{\kappa^2}\right)\mathcal{K}_{\frac{1}{2}+\frac{1}{\alpha}}\left(\frac{\zeta}{\mu}\right)$$

$$\mathrm{Var}[T_f] = \frac{2}{\pi}\sqrt{\frac{\zeta}{\kappa^2}}\left(\frac{D_f}{\mu}\right)^{\frac{1}{2}+\frac{2}{\alpha}}\exp\left(\frac{D_f}{\kappa^2}+\frac{\zeta}{\mu}\right)\mathcal{K}_{\frac{1}{2}-\frac{2}{\alpha}}\left(\frac{D_f}{\kappa^2}\right)\mathcal{K}_{\frac{1}{2}+\frac{2}{\alpha}}\left(\frac{\zeta}{\mu}\right) - \mathbb{E}[T_f]^2$$

特别地，当 $\alpha = 1$，$\Lambda(t) = t$ 时，即退化过程为线性时，有

$$\mathbb{E}[T_f] = D_f\left(\frac{1}{\mu}+\frac{1}{\zeta}\right)$$

$$\mathrm{Var}[T_f] = (D_f\kappa^2 + D_f^2)\left(\frac{1}{\mu\zeta}+\frac{2}{\zeta^2}\right) + D_f\kappa^2\left(\frac{1}{\mu}+\frac{1}{\zeta}\right)^2$$

2.2 模型参数估计

为了对一个产品的退化过程和可靠性进行分析，需要确定模型参数的具体取值，即需要对模型参数进行估计。假设现对 n 个个体进行退化观测。其中，对于第 i 个个体在 m_i 个时间点 $(t_{i,1}, t_{i,2}, \cdots, t_{i,m_i})^\top$ 进行观测，并得到退化量 $\boldsymbol{X}_i = (X_{i,1}, X_{i,2}, \cdots, X_{i,m_i})^\top$，这里"$\top$"表示矩阵转置。下面根据 n 个个体的退化观测值 $\mathbf{X} = \{\boldsymbol{X}_1, \boldsymbol{X}_2, \cdots, \boldsymbol{X}_n\}$，估计模型参数 $\boldsymbol{\theta} = (\mu, \zeta, \kappa)$ 与 $\boldsymbol{\alpha}$。

根据式(2.2)，在给定 v_i 的条件下，退化增量 $\Delta X_{i,j} = X_{i,j} - X_{i,j-1}$ 是独立的，且服从正态分布

$$\Delta X_{i,j}|v_i \sim \mathcal{N}(v_i\Delta\Lambda_{i,j}, v_i\kappa^2\Delta\Lambda_{i,j})$$

其中，$\Delta\Lambda_{i,j} = \Lambda(t_{i,j}) - \Lambda(t_{i,j-1})$，且记 $t_{i,0} = 0, X_{i,0} = 0$。这样，v_i 与 $\boldsymbol{X}_i$ 的联合概率密度即为

$$p(v_i, \boldsymbol{X}_i) = \sqrt{\frac{\zeta}{2\pi v_i^3}}\exp\left(-\frac{\zeta(v_i-\mu)^2}{2\mu^2 v_i}\right)$$

$$\times \prod_{j=1}^{m_i}\frac{1}{\sqrt{2\pi v_i\kappa^2\Delta\Lambda_{i,j}}}\exp\left(-\frac{(\Delta X_{i,j}-v_i\Delta\Lambda_{i,j})^2}{2v_i\kappa^2\Delta\Lambda_{i,j}}\right)$$

关于 v_i 进行积分，可以得到 $\boldsymbol{X}_i$ 的联合概率密度为

$$p(\boldsymbol{X}_i) = \sqrt{\frac{\zeta}{(2\pi)^{m_i+1}\kappa^{2m_i}}}\exp\left(\frac{X_{m_i}}{\kappa^2}+\frac{\zeta}{\mu}\right)$$

$$\times\, 2\mathcal{K}_{c_i}\left(\sqrt{a_i b_i}\right)\left(\frac{b_i}{a_i}\right)^{c_i/2}\prod_{j=1}^{m_i}\frac{1}{\sqrt{\Delta\Lambda_{i,j}}}$$

其中

$$a_i = \frac{\zeta}{\mu^2} + \frac{\Lambda_{m_i}}{\kappa^2},\ b_i = \zeta + \frac{1}{\kappa^2}\sum_{j=1}^{m_i}\frac{\Delta X_{i,j}^2}{\Delta\Lambda_{i,j}},\ c_i = -\frac{m_i+1}{2} \tag{2.10}$$

根据 $\boldsymbol{X}_i$ 的密度函数，关于模型参数 $(\boldsymbol{\theta},\boldsymbol{\alpha})$ 的对数似然函数可写为

$$\ell(\boldsymbol{\theta},\boldsymbol{\alpha}|\mathbf{X}) = \sum_{i=1}^{n}\ln p(\boldsymbol{X}_i|\boldsymbol{\theta},\boldsymbol{\alpha}) \tag{2.11}$$

这样，通过最大化对数似然函数，可以得到模型参数的估计。但是，似然函数是模型参数的复杂函数，例如，似然函数包括第二类修正贝塞尔函数，直接最大化对数似然函数具有一定的困难，需要用到数值优化算法。但是，对数似然函数关于未知模型参数不一定是上凸的，数值优化算法可能无法找到极大似然估计值。基于这一考虑，可将未知的漂移率 v 作为缺失数据，利用 EM 算法得到极大似然估计。通常，补全缺失数据后得到的对数完全似然函数具有简单形式。通过应用 EM 算法，参数估计可以通过简单迭代得到，避免了利用数值算法对似然函数进行最大化的麻烦。

2.2.1　点估计

首先，假定时间尺度变换函数 $\Lambda(\cdot)$ 的未知参数 $\boldsymbol{\alpha}$ 是给定的，仅考虑参数 $\boldsymbol{\theta}$ 的估计问题。现将各个体未观测到的漂移率 v_i 作为缺失数据，记作 $\boldsymbol{V} = (v_1, v_2, \cdots, v_n)^{\top}$。在给定完全数据 $\{\boldsymbol{V},\mathbf{X}\}$ 时，可以得到如下的对数完全似然函数

$$\ell_{\mathrm{c}}(\boldsymbol{\theta}|\boldsymbol{V},\mathbf{X}) = \ell_v + \ell_X \tag{2.12}$$

其中

$$\ell_v = -\frac{n}{2}\ln(2\pi) + \frac{n}{2}\ln\zeta - \frac{3}{2}\sum_{i=1}^{n}\ln v_i - \sum_{i=1}^{n}\frac{\zeta(v_i-\mu)^2}{2\mu^2 v_i}$$

$$\ell_X = \sum_{i=1}^{n}\left\{-\frac{m_i}{2}\ln(2\pi) - \frac{m_i}{2}\ln(\kappa^2 v_i) - \frac{1}{2}\sum_{j=1}^{m_i}\ln\Delta\Lambda_{i,j}\right.$$

$$\left. -\frac{1}{2\kappa^2 v_i}\sum_{j=1}^{m_i}\frac{(\Delta X_{i,j} - v_i\Delta\Lambda_{i,j})^2}{\Delta\Lambda_{i,j}}\right\}$$

在已知对数完全似然函数后，便可以设计 EM 算法进行参数估计。EM 算法是一个迭代进行的过程，其中每一步迭代包括 E 步和 M 步。考虑 EM 算法中

的第 $(s+1)$ 步迭代，假设模型参数的初值为 $\boldsymbol{\theta}^{(s)}$。在 E 步中需要得到以下的 Q 函数

$$Q\left(\boldsymbol{\theta}|\boldsymbol{\theta}^{(s)}\right) = \mathbb{E}\left[\ell_{\mathrm{c}}(\boldsymbol{\theta}|\boldsymbol{V},\mathbf{X})|\mathbf{X},\boldsymbol{\theta}^{(s)}\right] \qquad (2.13)$$

可以看到，Q 函数是对数完全似然函数关于条件分布 $p(\boldsymbol{V}|\mathbf{X},\boldsymbol{\theta}^{(s)})$ 的期望。在得到 Q 函数后，通过对 Q 函数关于 $\boldsymbol{\theta}$ 进行最大化，便可以得到更新的模型参数的估计值（M 步）

$$\boldsymbol{\theta}^{(s+1)} = \arg\max_{\boldsymbol{\theta}} Q(\boldsymbol{\theta}|\boldsymbol{\theta}^{(s)})$$

由于不同个体的退化过程是独立的，其退化速率及相应的退化量，$\{v_i, \boldsymbol{X}_i\}, i = 1, 2, \cdots, n$ 是独立的，因此

$$p(\mathbf{V}|\mathbf{X},\boldsymbol{\theta}^{(s)}) = \prod_{i=1}^{n} p\left(v_i|\boldsymbol{X}_i,\boldsymbol{\theta}^{(s)}\right)$$

下面考虑在给定时刻 $(t_{i,1}, t_{i,2}, \cdots, t_{i,m})^{\top}$ 处退化量观测值 $\boldsymbol{X}_i$ 的条件下，个体 i 的随机漂移率 v_i 的条件分布。根据

$$p(v_i|\boldsymbol{X}_i) = \frac{p(v_i, \boldsymbol{X}_i)}{p(\boldsymbol{X}_i)}$$

化简可得

$$p(v_i|\boldsymbol{X}_i) = \frac{(a_i/b_i)^{c_i/2}}{2\mathcal{K}_{c_i}(\sqrt{a_i b_i})} v_i^{c_i-1} \exp\left(-\frac{1}{2}(a_i v_i + b_i v_i^{-1})\right) \qquad (2.14)$$

根据该式密度函数的形式可知, 在给定退化量 $\boldsymbol{X}_i$ 的条件下, $v_i|\boldsymbol{X}_i$ 服从一个广义逆高斯分布 $\mathcal{GIG}(a_i, b_i, c_i)$(Jørgensen, 1982)，其中，$(a_i, b_i, c_i)$ 如式(2.10)所示。广义逆高斯分布是具有三个参数 (a, b, c) 的分布，具有以下概率密度函数

$$f_{\mathcal{GIG}}(x; a, b, c) = \frac{(a/b)^{c/2}}{2\mathcal{K}_c(\sqrt{ab})} x^{(c-1)} \exp\left[-\frac{1}{2}(ax + bx^{-1})\right] \qquad (2.15)$$

广义逆高斯分布是逆高斯分布的推广，当 $c = -1/2$ 时，以上密度函数变为

$$f_{\mathcal{GIG}}(x; a, b, -1/2) = \frac{(a/b)^{-1/4}}{2\mathcal{K}_{-1/2}(\sqrt{ab})} x^{-3/2} \exp\left[-\frac{1}{2}(ax + bx^{-1})\right]$$

$$= \sqrt{\frac{b}{2\pi x^3}} \exp\left[-\frac{a\left(x - \sqrt{b/a}\right)^2}{2x}\right]$$

其中

$$\mathcal{K}_{-1/2}(z) = \sqrt{\frac{\pi}{2z}} \mathrm{e}^{-z}$$

可见，此时广义逆高斯分布变成位置参数为 $\sqrt{b/a}$、形状参数为 b 的逆高斯分布。由于广义逆高斯分布有许多方便的性质，如其均值和方差等均具有简单形式，这使得对个体退化状态的推断很容易实现。关于它的更详细讨论可以参考 Barndorff-Nielsen 等 (1977)。

观察式(2.12)中对数完全似然函数可见，Q 函数中包含

$$\mathbb{E}\left[v_i | \mathbf{X}, \boldsymbol{\theta}^{(s)}\right], \ \mathbb{E}\left[v_i^{-1} | \mathbf{X}, \boldsymbol{\theta}^{(s)}\right], \ \mathbb{E}\left[\ln v_i | \mathbf{X}, \boldsymbol{\theta}^{(s)}\right]$$

但是，在 M 步中 $\mathbb{E}[\ln v_i | \mathbf{X}, \boldsymbol{\theta}^{(s)}]$ 是与最大化 Q 无关的常数，因此，只需计算 v_i 和 v_i^{-1} 的条件期望。根据广义逆高斯分布的性质，可以得到

$$\mathbb{E}[v_i | \mathbf{X}, \boldsymbol{\theta}] = \frac{\sqrt{b_i}\mathcal{K}_{c_i+1}\left(\sqrt{a_i b_i}\right)}{\sqrt{a_i}\mathcal{K}_{c_i}\left(\sqrt{a_i b_i}\right)}$$
$$\mathbb{E}[v_i^{-1} | \mathbf{X}, \boldsymbol{\theta}] = \frac{\sqrt{a_i}\mathcal{K}_{c_i+1}\left(\sqrt{a_i b_i}\right)}{\sqrt{b_i}\mathcal{K}_{c_i}\left(\sqrt{a_i b_i}\right)} - \frac{2c_i}{b_i} \tag{2.16}$$

在 M 步中，通过对 Q 函数关于 $\boldsymbol{\theta}$ 求偏导，并令各偏导数为 0，可以得到 $\boldsymbol{\theta}^{(s+1)}$。具体有以下结果

$$\mu^{(s+1)} = \frac{1}{n}\sum_{i=1}^{n}\mathbb{E}[v_i | \mathbf{X}, \boldsymbol{\theta}^{(s)}]$$

$$\zeta^{(s+1)} = \frac{1}{\frac{1}{n}\sum_{i=1}^{n}\mathbb{E}[v_i^{-1} | \mathbf{X}, \boldsymbol{\theta}^{(s)}] - 1/\mu^{(s+1)}}$$

$$\omega^{(s+1)} = \frac{1}{\sum_{i=1}^{n}m_i}\sum_{i=1}^{n}\left\{\Lambda_{i,m_i}\mathbb{E}[v_i | \mathbf{X}, \boldsymbol{\theta}^{(s)}] - 2X_{i,m_i}\right.$$
$$\left. + \left[\sum_{j=1}^{m_i}\frac{\Delta X_{i,j}^2}{\Delta \Lambda_{i,j}}\right]\mathbb{E}[v_i^{-1} | \mathbf{X}, \boldsymbol{\theta}^{(s)}]\right\}$$

其中，$\omega \triangleq \kappa^2$。这样，经过 E 步和 M 步，未知模型参数的估计值便由 $\boldsymbol{\theta}^{(s)}$ 更新至 $\boldsymbol{\theta}^{(s+1)}$。重复以上过程，直至估计值的精度满足要求。例如，$\|\boldsymbol{\theta}^{(s+1)} - \boldsymbol{\theta}^{(s)}\|_1$ 的差值小于某一给定的收敛阈值 ϵ，ϵ 可取 10^{-6}，便得到参数 $\boldsymbol{\theta}$ 的估计，其中，$\|\cdot\|_1$ 表示 L_1 范数。

当时间尺度变换函数 $\Lambda(\cdot)$ 中有未知参数 $\boldsymbol{\alpha}$ 需要估计时，一种常用的方法是截面似然法。注意到，对于任意给定的 $\boldsymbol{\alpha}$，可以首先利用前述 EM 算法估计参数 $\boldsymbol{\theta}$。由于对每一给定的 $\boldsymbol{\alpha}$，均可以得到一个 $\hat{\boldsymbol{\theta}}$，因此，$\hat{\boldsymbol{\theta}}$ 实际上是 $\boldsymbol{\alpha}$ 的函数，即

$$\hat{\boldsymbol{\theta}}(\boldsymbol{\alpha}) = \arg\max_{\boldsymbol{\theta}} \ell(\boldsymbol{\theta}, \boldsymbol{\alpha}|\mathbf{X})$$

这样，把 $\hat{\boldsymbol{\theta}}(\boldsymbol{\alpha})$ 代回式(2.11)，就可以得到仅关于 $\boldsymbol{\alpha}$ 的截面似然函数：$\ell(\boldsymbol{\alpha}) = \ell(\hat{\boldsymbol{\theta}}(\boldsymbol{\alpha}), \boldsymbol{\alpha})$。通过最大化该截面似然，可以得到 $\boldsymbol{\alpha}$ 的似然估计。

2.2.2　区间估计

在数据有限的情况下，模型参数的估计值总是存在不确定性。为了评估模型估计的效果，除了给出模型参数的点估计，还需要给出模型参数的区间估计或者估计的标准误（standard error, SE）。假定根据前述方法已得到模型参数的极大似然估计 $(\hat{\boldsymbol{\theta}}, \hat{\boldsymbol{\alpha}})$，一种构造模型参数区间估计的方法是利用极大似然估计的渐近正态性。可以证明，极大似然估计 $(\hat{\boldsymbol{\theta}}, \hat{\boldsymbol{\alpha}})$ 是渐近正态的，其协方差矩阵与 Fisher 信息矩阵紧密相关。在实际应用中，Efron 等 (1978) 发现利用观测信息矩阵构造模型参数的区间估计具有更好的表现。因此，区间估计的构造就转换为观测信息矩阵的计算。事实上，基于前述的 EM 算法可以比较方便地得到观测信息矩阵。根据 Louis (1982)，极大似然估计值 $(\hat{\boldsymbol{\theta}}, \hat{\boldsymbol{\alpha}})$ 处的观测信息矩阵为

$$\mathcal{I}(\hat{\boldsymbol{\theta}}, \hat{\boldsymbol{\alpha}}) = - \begin{pmatrix} \dfrac{\partial^2}{\partial\mu^2} & \dfrac{\partial^2}{\partial\mu\partial\zeta} & \dfrac{\partial^2}{\partial\mu\partial\omega} & \dfrac{\partial^2}{\partial\mu\partial\boldsymbol{\alpha}^\top} \\[2mm] \dfrac{\partial^2}{\partial\mu\partial\zeta} & \dfrac{\partial^2}{\partial\zeta^2} & \dfrac{\partial^2}{\partial\zeta\partial\omega} & \dfrac{\partial^2}{\partial\zeta\partial\boldsymbol{\alpha}^\top} \\[2mm] \dfrac{\partial^2}{\partial\mu\partial\omega} & \dfrac{\partial^2}{\partial\zeta\partial\omega} & \dfrac{\partial^2}{\partial\omega^2} & \dfrac{\partial^2}{\partial\omega\partial\boldsymbol{\alpha}^\top} \\[2mm] \dfrac{\partial^2}{\partial\mu\partial\boldsymbol{\alpha}} & \dfrac{\partial^2}{\partial\zeta\partial\boldsymbol{\alpha}} & \dfrac{\partial^2}{\partial\omega\partial\boldsymbol{\alpha}} & \dfrac{\partial^2}{\partial\boldsymbol{\alpha}\partial\boldsymbol{\alpha}^\top} \end{pmatrix} \ell(\boldsymbol{\theta}, \boldsymbol{\alpha}|\mathbf{X})|_{\boldsymbol{\theta}=\hat{\boldsymbol{\theta}}, \boldsymbol{\alpha}=\hat{\boldsymbol{\alpha}}}$$

$$\tag{2.17}$$

$$= \Big\{ \mathbb{E}[\nabla\ell_{\mathrm{c}}(\boldsymbol{\theta}, \boldsymbol{\alpha}|\boldsymbol{V}, \mathbf{X})|\mathbf{X}, \hat{\boldsymbol{\theta}}, \hat{\boldsymbol{\alpha}}] \mathbb{E}[\nabla^\top\ell_{\mathrm{c}}(\boldsymbol{\theta}, \boldsymbol{\alpha}|\boldsymbol{V}, \mathbf{X})|\mathbf{X}, \hat{\boldsymbol{\theta}}, \hat{\boldsymbol{\alpha}}]$$
$$- \mathbb{E}[\nabla\ell_{\mathrm{c}}(\boldsymbol{\theta}, \boldsymbol{\alpha}|\boldsymbol{V}, \mathbf{X})\nabla^\top\ell_{\mathrm{c}}(\boldsymbol{\theta}, \boldsymbol{\alpha}|\boldsymbol{V}, \mathbf{X})|\mathbf{X}, \hat{\boldsymbol{\theta}}, \hat{\boldsymbol{\alpha}}]$$
$$- \mathbb{E}[\nabla\nabla^\top\ell_{\mathrm{c}}(\boldsymbol{\theta}, \boldsymbol{\alpha}|\boldsymbol{V}, \mathbf{X})|\mathbf{X}, \hat{\boldsymbol{\theta}}, \hat{\boldsymbol{\alpha}}] \Big\}_{\boldsymbol{\theta}=\hat{\boldsymbol{\theta}}, \boldsymbol{\alpha}=\hat{\boldsymbol{\alpha}}}$$

其中，∇ 表示微分算符。显然，当 $\Lambda(\cdot)$ 的参数 $\boldsymbol{\alpha}$ 给定时，有

$$\mathcal{I}(\hat{\boldsymbol{\theta}}) = - \begin{pmatrix} \dfrac{\partial^2}{\partial \mu^2} & \dfrac{\partial^2}{\partial \mu \partial \zeta} & \dfrac{\partial^2}{\partial \mu \partial \omega} \\[2mm] \dfrac{\partial^2}{\partial \mu \partial \zeta} & \dfrac{\partial^2}{\partial \zeta^2} & \dfrac{\partial^2}{\partial \zeta \partial \omega} \\[2mm] \dfrac{\partial^2}{\partial \mu \partial \omega} & \dfrac{\partial^2}{\partial \zeta \partial \omega} & \dfrac{\partial^2}{\partial \omega^2} \end{pmatrix} \ell(\boldsymbol{\theta}|\boldsymbol{X})|_{\boldsymbol{\theta}=\hat{\boldsymbol{\theta}}}$$

根据式(2.17)可知，观测信息矩阵涉及完全似然函数的一阶和二阶偏导数的期望。回顾式(2.12)的完全似然函数，对其求一阶、二阶偏导数，经过化简可得如下结果

$$\frac{\partial^2 \ell}{\partial \mu^2} = \frac{\zeta}{\mu^4} \sum_{i=1}^{n} \left(-3 \mathbb{E}[v_i|\mathbf{X}] + 2\mu \right) + \frac{\zeta^2}{\mu^6} \sum_{i=1}^{n} \mathrm{Var}[v_i|\mathbf{X}]$$

$$\frac{\partial^2 \ell}{\partial \mu \partial \zeta} = \frac{1}{\mu^3} \sum_{i=1}^{n} \left(\mathbb{E}[v_i|\mathbf{X}] - \mu \right)$$
$$- \frac{\zeta}{2\mu^3} \sum_{i=1}^{n} \left(\frac{1}{\mu^2} \mathrm{Var}[v_i|\mathbf{X}] + \mathrm{Cov}[v_i, v_i^{-1}|\mathbf{X}] \right)$$

$$\frac{\partial^2 \ell}{\partial \mu \partial \omega} = \frac{\zeta}{2\mu^3 \omega^2} \sum_{i=1}^{n} \left\{ \Lambda_{i,m_i} \mathrm{Var}[v_i|\mathbf{X}] + \sum_{j=1}^{m_i} \frac{\Delta X_{i,j}^2}{\Delta \Lambda_{i,j}} \mathrm{Cov}[v_i, v_i^{-1}|\mathbf{X}] \right\}$$

$$\frac{\partial^2 \ell}{\partial \zeta^2} = - \frac{n}{2\zeta^2} + \frac{1}{4\mu^4} \sum_{i=1}^{n} \Big(\mathrm{Var}[v_i|\mathbf{X}]$$
$$+ 2\mu^2 \mathrm{Cov}[v_i, v_i^{-1}|\mathbf{X}] + \mu^4 \mathrm{Var}[v_i^{-1}|\mathbf{X}] \Big)$$

$$\frac{\partial^2 \ell}{\partial \zeta \partial \omega} = - \frac{1}{4\mu^2 \omega^2} \sum_{i=1}^{n} \left(\Lambda_{i,m_i} \mathrm{Var}[v_i|\mathbf{X}] + \mu^2 \sum_{j=1}^{m_i} \frac{\Delta X_{i,j}^2}{\Delta \Lambda_{i,j}} \mathrm{Var}[v_i^{-1}|\mathbf{X}] \right.$$
$$+ \left. \left(\mu^2 \Lambda_{i,m_i} + \sum_{j=1}^{m_i} \frac{\Delta X_{i,j}^2}{\Delta \Lambda_{i,j}} \right) \mathrm{Cov}[v_i, v_i^{-1}|\mathbf{X}] \right)$$

$$\frac{\partial^2 \ell}{\partial \omega^2} = - \frac{1}{\omega^3} \sum_{i=1}^{n} \left\{ \Lambda_{i,m_i} \mathbb{E}[v_i|\mathbf{X}] - 2X_{i,m_i} + \sum_{j=1}^{m_i} \frac{\Delta X_{i,j}^2}{\Delta \Lambda_{i,j}} \mathbb{E}[v_i^{-1}|\mathbf{X}] \right\}$$
$$+ \frac{1}{2\omega^2} \sum_{i=1}^{n} m_i + \frac{1}{4\omega^4} \sum_{i=1}^{n} \left\{ \Lambda_{i,m_i}^2 \mathrm{Var}[v_i|\mathbf{X}] \right.$$
$$+ \left. \left[\sum_{j=1}^{m_i} \frac{\Delta X_{i,j}^2}{\Delta \Lambda_{i,j}} \right]^2 \mathrm{Var}[v_i^{-1}|\mathbf{X}] + 2\Lambda_{i,m_i} \sum_{j=1}^{m_i} \frac{\Delta X_{i,j}^2}{\Delta \Lambda_{i,j}} \mathrm{Cov}[v_i, v_i^{-1}|\mathbf{X}] \right\}$$

此外，涉及 $\boldsymbol{\alpha}$ 偏导的各项为

$$\frac{\partial^2 \ell}{\partial \mu \partial \boldsymbol{\alpha}} = -\frac{\zeta}{2\mu^3 \omega} \sum_{i=1}^{n} \left(\frac{\partial \Lambda_{i,m_i}}{\partial \boldsymbol{\alpha}} \mathrm{Var}[v_i | \mathbf{X}] \right.$$
$$\left. - \sum_{j=1}^{m_i} \frac{\Delta X_{i,j}^2}{\Delta \Lambda_{i,j}^2} \frac{\partial \Delta \Lambda_{i,j}}{\partial \boldsymbol{\alpha}} \mathrm{Cov}[v_i, v_i^{-1} | \mathbf{X}] \right)$$

$$\frac{\partial^2 \ell}{\partial \zeta \partial \boldsymbol{\alpha}} = \frac{1}{4\mu^2 \omega} \sum_{i=1}^{n} \left(\frac{\partial \Lambda_{i,m_i}}{\partial \boldsymbol{\alpha}} \mathrm{Var}[v_i | \mathbf{X}] - \mu^2 \sum_{j=1}^{m_i} \frac{\Delta X_{i,j}^2}{\Delta \Lambda_{i,j}^2} \frac{\partial \Delta \Lambda_{i,j}}{\partial \boldsymbol{\alpha}} \mathrm{Var}[v_i^{-1} | \mathbf{X}] \right.$$
$$\left. + \left(\mu^2 \frac{\partial \Lambda_{i,m_i}}{\partial \boldsymbol{\alpha}} - \sum_{j=1}^{m_i} \frac{\Delta X_{i,j}^2}{\Delta \Lambda_{i,j}^2} \frac{\partial \Delta \Lambda_{i,j}}{\partial \boldsymbol{\alpha}} \right) \mathrm{Cov}[v_i, v_i^{-1} | \mathbf{X}] \right)$$

$$\frac{\partial^2 \ell}{\partial \omega \partial \boldsymbol{\alpha}} = \frac{1}{2\omega^2} \sum_{i=1}^{n} \left(\frac{\partial \Lambda_{i,m_i}}{\partial \boldsymbol{\alpha}} \mathbb{E}[v_i | \mathbf{X}] - \sum_{j=1}^{m_i} \frac{\Delta X_{i,j}^2}{\Delta \Lambda_{i,j}^2} \frac{\partial \Delta \Lambda_{i,j}}{\partial \boldsymbol{\alpha}} \mathbb{E}[v_i^{-1} | \mathbf{X}] \right)$$
$$- \frac{1}{4\omega^3} \sum_{i=1}^{n} \left(\Lambda_{i,m_i} \frac{\partial \Lambda_{i,m_i}}{\partial \boldsymbol{\alpha}} \mathrm{Var}[v_i | \mathbf{X}] \right.$$
$$- \sum_{j=1}^{m_i} \frac{\Delta X_{i,j}^2}{\Delta \Lambda_{i,j}} \sum_{j=1}^{m_i} \frac{\Delta X_{i,j}^2}{\Delta \Lambda_{i,j}^2} \frac{\partial \Delta \Lambda_{i,j}}{\partial \boldsymbol{\alpha}} \mathrm{Var}[v_i^{-1} | \mathbf{X}]$$
$$\left. + \left(\frac{\partial \Lambda_{i,m_i}}{\partial \boldsymbol{\alpha}} \sum_{j=1}^{m_i} \frac{\Delta X_{i,j}^2}{\Delta \Lambda_{i,j}} - \Lambda_{i,m_i} \sum_{j=1}^{m_i} \frac{\Delta X_{i,j}^2}{\Delta \Lambda_{i,j}^2} \frac{\partial \Delta \Lambda_{i,j}}{\partial \boldsymbol{\alpha}} \right) \mathrm{Cov}[v_i, v_i^{-1} | \mathbf{X}] \right)$$

$$\frac{\partial^2 \ell}{\partial \boldsymbol{\alpha} \partial \boldsymbol{\alpha}^\top} = -\frac{1}{2} \sum_{i=1}^{n} \sum_{j=1}^{m_i} \left(\frac{1}{\Delta \Lambda_{i,j}} \frac{\partial^2 \Delta \Lambda_{i,j}}{\partial \boldsymbol{\alpha} \partial \boldsymbol{\alpha}^\top} - \frac{1}{\Delta \Lambda_{i,j}^2} \frac{\partial \Delta \Lambda_{i,j}}{\partial \boldsymbol{\alpha}} \frac{\partial \Delta \Lambda_{i,j}}{\partial \boldsymbol{\alpha}^\top} \right)$$
$$+ \frac{1}{2\omega} \sum_{i=1}^{n} \mathbb{E}[v_i^{-1} | \mathbf{X}] \sum_{j=1}^{m_i} \frac{\Delta X_{i,j}^2}{\Delta \Lambda_{i,j}^3} \left(\Delta \Lambda_{i,j} \frac{\partial^2 \Delta \Lambda_{i,j}}{\partial \boldsymbol{\alpha} \partial \boldsymbol{\alpha}^\top} - 2 \frac{\partial \Delta \Lambda_{i,j}}{\partial \boldsymbol{\alpha}} \frac{\partial \Delta \Lambda_{i,j}}{\partial \boldsymbol{\alpha}^\top} \right)$$
$$- \frac{1}{2\omega} \sum_{i=1}^{n} \mathbb{E}[v_i | \mathbf{X}] \frac{\partial^2 \Lambda_{i,m_i}}{\partial \boldsymbol{\alpha} \partial \boldsymbol{\alpha}^\top} + \frac{1}{4\omega^2} \sum_{i=1}^{n} \left\{ \frac{\partial \Lambda_{i,m_i}}{\partial \boldsymbol{\alpha}} \frac{\partial \Lambda_{i,m_i}}{\partial \boldsymbol{\alpha}^\top} \mathrm{Var}[v_i | \mathbf{X}] \right.$$
$$- 2 \frac{\partial \Lambda_{i,m_i}}{\partial \boldsymbol{\alpha}} \sum_{j=1}^{m_i} \frac{\Delta X_{i,j}^2}{\Delta \Lambda_{i,j}^2} \frac{\partial \Delta \Lambda_{i,j}}{\partial \boldsymbol{\alpha}^\top} \mathrm{Cov}[v_i, v_i^{-1} | \mathbf{X}]$$
$$\left. + \sum_{j=1}^{m_i} \frac{\Delta X_{i,j}^2}{\Delta \Lambda_{i,j}^2} \frac{\partial \Delta \Lambda_{i,j}}{\partial \boldsymbol{\alpha}} \sum_{j=1}^{m_i} \frac{\Delta X_{i,j}^2}{\Delta \Lambda_{i,j}^2} \frac{\partial \Delta \Lambda_{i,j}}{\partial \boldsymbol{\alpha}^\top} \mathrm{Var}[v_i^{-1} | \mathbf{X}] \right\}$$

其中

$$
\frac{\partial \Delta \Lambda_{i,j}}{\partial \boldsymbol{\alpha}} =
\begin{cases}
\dfrac{\partial \Lambda(t_{i,1}; \boldsymbol{\alpha})}{\partial \boldsymbol{\alpha}}, & j = 1 \\[3mm]
\dfrac{\partial \Lambda(t_{i,j}; \boldsymbol{\alpha})}{\partial \boldsymbol{\alpha}} - \dfrac{\partial \Lambda(t_{i,j-1}; \boldsymbol{\alpha})}{\partial \boldsymbol{\alpha}}, & j > 1
\end{cases}
$$

$$
\frac{\partial^2 \Delta \Lambda_{i,j}}{\partial \boldsymbol{\alpha} \partial \boldsymbol{\alpha}^\top} =
\begin{cases}
\dfrac{\partial^2 \Lambda(t_{i,1}; \boldsymbol{\alpha})}{\partial \boldsymbol{\alpha} \partial \boldsymbol{\alpha}^\top}, & j = 1 \\[3mm]
\dfrac{\partial^2 \Lambda(t_{i,j}; \boldsymbol{\alpha})}{\partial \boldsymbol{\alpha} \partial \boldsymbol{\alpha}^\top} - \dfrac{\partial^2 \Lambda(t_{i,j-1}; \boldsymbol{\alpha})}{\partial \boldsymbol{\alpha} \partial \boldsymbol{\alpha}^\top}, & j > 1
\end{cases}
$$

$$
\frac{\partial \Lambda_{i,m_i}}{\partial \boldsymbol{\alpha}} = \frac{\partial \Lambda(t_{i,m_i}; \boldsymbol{\alpha})}{\partial \boldsymbol{\alpha}}, \quad \frac{\partial^2 \Lambda_{i,m_i}}{\partial \boldsymbol{\alpha} \partial \boldsymbol{\alpha}^\top} = \frac{\partial^2 \Lambda(t_{i,m_i}; \boldsymbol{\alpha})}{\partial \boldsymbol{\alpha} \partial \boldsymbol{\alpha}^\top}
$$

在以上结果中

$$
\mathrm{Var}[v_i | \mathbf{X}] = \mathbb{E}[v_i^2 | \mathbf{X}] - \mathbb{E}[v_i | \mathbf{X}]^2
$$

$$
\mathrm{Var}[v_i^{-1} | \mathbf{X}] = \mathbb{E}[v_i^{-2} | \mathbf{X}] - \mathbb{E}[v_i^{-1} | \mathbf{X}]^2
$$

$$
\mathrm{Cov}[v_i, v_i^{-1} | \mathbf{X}] = 1 - \mathbb{E}[v_i | \mathbf{X}] \mathbb{E}[v_i^{-1} | \mathbf{X}]
$$

为了简化符号，在对应的条件期望和（协）方差中，省略了给定参数 $\{\boldsymbol{\theta}, \boldsymbol{\alpha}\}$ 这一条件。此外，应该注意到，由于各 $\{v_i, \boldsymbol{X}_i\}$ 独立，对任意的函数 $g(x)$ 和 i，条件期望 $\mathbb{E}[g(v_i) | \mathbf{X}]$ 等于 $\mathbb{E}[g(v_i) | \boldsymbol{X}_i]$。

在上面结果中，条件期望 $\mathbb{E}[v_i | \boldsymbol{X}_i]$ 和 $\mathbb{E}[v_i^{-1} | \boldsymbol{X}_i]$ 的表达式已由式(2.16)给出。根据广义逆高斯分布的性质，还可得

$$
\mathbb{E}[v_i^2 | \boldsymbol{X}_i] = \frac{b_i \mathcal{K}_{c_i + 2}\left(\sqrt{a_i b_i}\right)}{a_i \mathcal{K}_{c_i}\left(\sqrt{a_i b_i}\right)}
$$

$$
\mathbb{E}[v_i^{-2} | \boldsymbol{X}_i] = \frac{a_i \mathcal{K}_{c_i - 2}\left(\sqrt{a_i b_i}\right)}{b_i \mathcal{K}_{c_i}\left(\sqrt{a_i b_i}\right)}
$$

这样，当利用 EM 算法获得模型参数的极大似然估计后，可以根据上述方法直接得到观测信息矩阵。极大似然估计的渐近方差可以用观测信息矩阵的逆进行估计，进而可以容易地构造各模型参数的区间估计。同时，在得到模型参数的渐近协方差矩阵后，与模型相关的其他指标量值，如 t 时刻的退化量、p 分位寿命等，其区间估计可以很容易地通过 delta 方法得到。

2.3　实例验证

首先回到前面提到的激光器退化数据 (Meeker 等，1998a)。该型激光器随着使用时间加长，会出现运行电流增大的情况，而当电流值超过一定阈值时激光器

失效。对于该激光器进行退化试验，共有 15 个试样，每隔 250 小时对试样的运行电流进行测量，即观测时间为 $(250, 500, \cdots, 4000)^\top$。具体退化数据可见附表 A.2。15 个试样的退化轨迹如图 2.1 所示。可以看到，15 个试样的退化轨迹具有显著的异质性，各个个体的退化速率具有显著差异。

由于退化轨迹看起来具有线性趋势，首先利用式(2.1)中给出的带漂移线性维纳过程拟合每一个个体的退化轨迹。其中，每个个体的漂移率 v_i 及扩散系数 σ_i 可以通过

$$\hat{v}_i = \frac{X_{i,m_i}}{t_{i,m_i}}, \quad \hat{\sigma}_i^2 = \frac{1}{m_i} \sum_{j=1}^{m_i} \frac{(\Delta X_{i,j} - \hat{v}_i \Delta t_{i,j})^2}{\Delta t_{i,j}}$$

进行估计。具体的估计结果可见表 2.1。根据估计的结果，可以绘制 15 个个体漂移率的直方图，如图 2.2 所示。由该直方图可以看出，退化速率的分布是右偏的；

表 2.1 利用线性维纳过程对每条激光器退化轨迹单独拟合的结果

i	$\hat{v}_i(\times 10^{-3})$	$\hat{\sigma}_i^2(\times 10^{-5})$
1	1.535	8.909
2	1.560	4.170
3	1.655	7.534
4	1.720	6.695
5	1.720	8.570
6	1.793	16.191
7	1.855	3.599
8	1.898	8.835
9	1.970	5.672
10	1.970	20.643
11	2.023	16.520
12	2.320	5.690
13	2.735	21.454
14	2.753	17.001
15	3.053	12.359

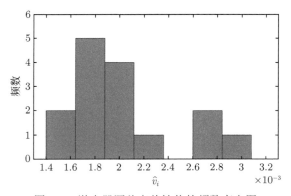

图 2.2 激光器漂移率估计值的频数直方图

也可以计算得到 15 个 $\hat{v}_i$ 对应的偏度系数为 1.011，说明漂移率的分布确实是非对称且右偏的。此外，通过计算可得到个体漂移率的估计值 $\hat{v}_i$ 与漂移系数的估计 $\hat{\sigma}_i^2$ 值之间的相关系数为 0.492，表明 $\hat{v}_i$ 与 $\hat{\sigma}_i^2$ 存在正相关关系。因此，可以考虑使用所提模型对该激光器退化数据进行分析。

为进一步验证本章模型是否恰当，假设 $\sigma^2 = \kappa_{\mathrm{fe}} v$，并重新利用如下的固定效应维纳过程模型进行拟合

$$X_i(t) = v_i t + \kappa_{\mathrm{fe}} \mathcal{B}(v_i t)$$

根据该式，可得到 $v_i, i = 1, 2, \cdots, 15$ 与 κ_{fe}^2 的极大似然估计

$$\hat{\kappa}_{\mathrm{fe}}^2 = \frac{1}{\sum_{i=1}^n m_i} \sum_{i=1}^n \left(\sum_{j=1}^{m_i} \frac{\Delta X_{i,j}^2}{\Delta t_{i,j}} \hat{v}_i^{-1} - 2X_{i,m_i} + \hat{v}_i t_{i,m_i} \right)$$

$$\hat{v}_i = \frac{1}{2t_{i,m_i}} \left(\sqrt{m_i^2 \hat{\kappa}_{\mathrm{fe}}^4 + 4t_{i,m_i} \sum_{j=1}^{m_i} \frac{\Delta X_{i,j}^2}{\Delta t_{i,j}}} - m_i \hat{\kappa}_{\mathrm{fe}}^2 \right), \quad i = 1, 2, \cdots, n$$

对于激光器退化数据，κ_{fe}^2 的估计值为 5.281×10^{-3}。图 2.3 给出了 $\hat{v}_i, i = 1, 2, \cdots, 15$ 的经验分布函数。通过对经验分布函数的观察，发现逆高斯分布 $\mathcal{IG}(\mu_{\mathrm{fe}}, \zeta_{\mathrm{fe}})$ 可以较好地拟合 $\hat{v}_i, i = 1, 2, \cdots, 15$。逆高斯分布的参数 μ_{fe} 与 ζ_{fe} 可以有如下估计

$$\hat{\mu}_{\mathrm{fe}} = \frac{1}{n} \sum_{i=1}^n \hat{v}_i = 2.037 \times 10^{-3}$$

$$\hat{\zeta}_{\mathrm{fe}} = \left(\sum_{i=1}^n \hat{v}_i^{-1} - \hat{\mu}_{\mathrm{fe}}^{-1} \right)^{-1} = 3.010 \times 10^{-3}$$

图 2.3 也给出了该逆高斯分布的累积分布函数。对比可见，该逆高斯分布与经验分布拟合得很好。

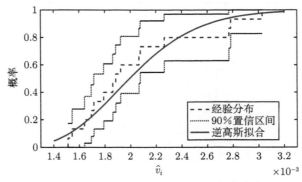

图 2.3　异质漂移率的经验分布及拟合的逆高斯分布

根据以上分析,可以认为利用本章的随机效应维纳过程模型对该组退化数据进行拟合是合理的。利用 EM 算法及第 2.2.2 小节中极大似然估计协方差矩阵的计算方法,可以得到模型参数的点估计和标准误,如表 2.2 所示。比较可以看到,利用前述两步方法估计得到的 $(\hat{\mu}_{\mathrm{fe}}, \hat{\zeta}_{\mathrm{fe}}, \hat{\kappa}^2_{\mathrm{fe}})$ 与相应的极大似然估计值很相近。在实际操作中,$(\hat{\mu}_{\mathrm{fe}}, \hat{\zeta}_{\mathrm{fe}}, \hat{\kappa}^2_{\mathrm{fe}})$ 也可以作为 EM 算法中模型参数估计的初值,以减少 EM 算法的迭代次数。

表 2.2　不同形式 $\Lambda(t)$ 下的点估计和标准误

		μ	ζ	κ^2	α
线性	点估计	2.037×10^{-3}	5.094×10^{-2}	5.608×10^{-2}	—
	标准误	1.139×10^{-4}	2.154×10^{-2}	5.405×10^{-3}	—
幂律	点估计	1.991×10^{-3}	4.982×10^{-2}	5.608×10^{-2}	1.003
	标准误	3.829×10^{-4}	2.286×10^{-2}	5.405×10^{-3}	2.219×10^{-2}

图 2.4（a）绘制了基于极大似然估计的期望退化轨迹 $\mathbb{E}[X(t)] = \hat{\mu}t$ 及相应的 90% 置信区间。该轨迹刻画了激光器平均的退化行为。假定失效阈值为 $D_f = 6$,即当激光器运行电流的退化量超过 6% 时认为发生失效,则可以由式(2.8)与式(2.9)得到该产品的可靠度。相应地,可以得到该激光器的失效时间分布及 90% 逐点置信区间,如图 2.4（b）所示。

为了比较该模型的拟合效果,进一步利用以下模型对该退化数据进行拟合。

（1）具有正态随机漂移率的维纳过程模型 (Ye 等, 2013)。

（2）具有偏正态随机漂移率的维纳过程模型 (Peng 等, 2013)。

（3）具有正态随机漂移率和伽马随机扩散水平的维纳过程模型 (Wang, 2010)。

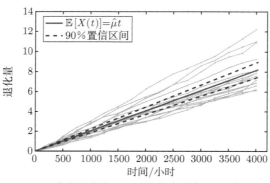

(a) 期望退化量 $\mathbb{E}[X(t)]$ 的估计及其90%置信区间

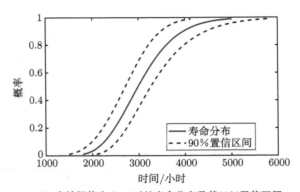

(b) 失效阈值为D_f=6时的寿命分布及其90%置信区间

图 2.4　期望退化轨迹与寿命分布的估计

表 2.3 给出了各模型对应的对数似然值及赤池信息量（Akaike information criterion, AIC）。AIC 值为 AIC $= 2c - 2\ell$，其中，c 表示某一模型中未知参数的数量，ℓ 为对数似然值。AIC 值越小越好，表明某模型利用较少的模型参数给出了较大的似然（拟合效果）。通过对比可以看到，本章所提模型具有最小的 AIC 值，表明具有逆高斯随机效应的维纳过程模型拟合效果最好。

表 2.3　不同模型的拟合结果

	对数似然值	AIC 值
逆高斯随机效应（本章）	74.09	−142.18
正态随机效应（Ye 等，2013）	69.19	−132.38
偏正态随机效应（Peng 等，2013）	71.11	−134.22
正态-伽马随机效应（Wang, 2010）	72.86	−137.73

此外，为了验证线性退化轨迹的假设是否合理，可考虑非线性时间尺度变换函数 $\Lambda(\cdot)$。这里，考虑具有幂函数形式的退化趋势，即 $\Lambda(t) = t^\alpha$，可以得到模型参数的估计值，见表 2.2。可以看到，参数 α 的估计值非常接近 1，且标准误很小。此外，此时拟合的对数似然值为 74.10，与线性情形下的似然值相差不大；其 AIC 值为 −140.20，要大于线性模型下的 AIC 值。综合来看，线性模型更优。因此，对于激光器退化数据，具有逆高斯随机漂移率的线性维纳过程模型是最适合的模型。

2.4　讨论和扩展

2.4.1　加速退化数据建模

由于前面所述模型基于加速失效时间的思想，因而可以很自然地推广到加速退化数据的建模分析。考虑具有 K 个水平的恒定应力加速退化试验，各应力水平为 $\xi_1, \xi_2, \cdots, \xi_K$，在水平 ξ_k 下有 n_k 个样品。假设各水平下产品的退化可用前面

随机效应维纳过程模型进行建模。具体地，根据式(2.4)，可以假设第 k 个应力水平下个体的退化具有如下形式

$$X_{k,i}(t)|r_{k,i} = \mu \cdot r_{k,i}h(\xi_k)\Lambda(t) + \sigma\mathcal{B}(r_{k,i}h(\xi_k)\Lambda(t))$$

其中，$h(\xi_k)$ 为应力的函数，刻画了加速因子与应力水平的定量关系。与式(2.4)中模型解释类似，加速应力 ξ_k 使得产品寿命缩短，其比例因子为 $h(\xi_k)$；或者等价地，加速应力 ξ_k 下一个个体的寿命等于该个体在基准应力下寿命的 $1/h(\xi_k)$。

类似于式(2.2)，令 $v_{k,i} = \mu r_{k,i}h(\xi_k)$ 表示 ξ_k 下个体 i 的漂移率，则可得到如下的加速退化模型

$$X_{k,i}(t)|v_{k,i} = v_{k,i}\Lambda(t) + \kappa\mathcal{B}(v_{k,i}\Lambda(t)) \tag{2.18}$$

注意到，这里 $\kappa = \sigma/\sqrt{\mu}$ 与式(2.2)模型中参数定义一致。此外，为了刻画某一应力水平下的异质性，假设 $v_{k,i} \sim \mathcal{IG}(\mu h(\xi_k), \zeta h(\xi_k))$。这样，该模型基于加速失效时间的思想，既刻画了加速应力对退化的加速效果，也刻画了随机效应下退化速率和波动水平的异质性。

假设应力水平经过了归一化处理，且 $h(\xi_k)$ 具有指数形式 $h(\xi_k) = \exp(\beta\xi_k)$，其中，$\xi_0 = 0$，$\beta$ 是模型参数。Lim 等 (2011) 指出，常见的加速模型，如阿伦尼乌斯模型、逆幂律模型，均可以转化为这一形式。例如，当加速应力为温度时，常用的加速模型为阿伦尼乌斯模型，加速方程可表示为

$$h(\text{Temp}_k) = \exp(-E_a/(R\text{Temp}_k))$$

其中，Temp_k 表示绝对温度，E_a 表示激活能，R 表示玻尔兹曼常数。此时，令 $\xi_k = \text{Temp}_0^{-1} - \text{Temp}_k^{-1}$，$\beta = E_a/R$，则阿伦尼乌斯模型可以转换为指数形式 $h(\xi_k) = \exp(\beta\xi_k)$。

对式(2.18)的加速退化试验模型，未知模型参数为 $\boldsymbol{\theta} = (\mu, \zeta, \kappa, \beta)$ 及 $\boldsymbol{\alpha}$。假定在第 k 个应力水平下 n_k 个个体的退化观测值为 $\boldsymbol{X}_{k,1}, \boldsymbol{X}_{k,2}, \cdots, \boldsymbol{X}_{k,n_k}$，其中，第 i 个个体的观测时刻为 $(t_{k,i,1}, t_{k,i,2}, \cdots, t_{k,i,m_{k,i}})^\top$，退化量为

$$\boldsymbol{X}_{k,i} = (X_{k,i,1}, X_{k,i,2}, \cdots, X_{k,i,m_{k,i}})^\top$$

根据 K 个水平下的退化观测量，可以利用类似于单应力水平下的 EM 算法估计模型参数。

1. 点估计

类似于单应力水平下的做法，仍将未观测到的漂移率 $v_{k,i}$ 作为缺失数据，并得到如下的对数完全似然函数

$$
\begin{aligned}
\ell_c =& C + \frac{1}{2}\sum_{k=1}^{K}\Bigg\{ n_k \ln(\zeta h(\xi_k)) - \sum_{i=1}^{n_k} \frac{\zeta h(\xi_k)(v_{k,i} - \mu h(\xi_k))^2}{(\mu h(\xi_k))^2 v_{k,i}} \\
& - \sum_{i=1}^{n_k} m_{k,i}\ln\omega - \sum_{i=1}^{n_k}\sum_{j=1}^{m_{k,i}}\ln\Delta\Lambda_{k,i,j} - \frac{1}{\omega}\sum_{i=1}^{n_k}\sum_{j=1}^{m_{k,i}}\frac{(\Delta X_{k,i,j} - v_{k,i}\Delta\Lambda_{k,i,j})^2}{v_{k,i}\Delta\Lambda_{k,i,j}}\Bigg\} \\
=& C + \frac{1}{2}\sum_{k=1}^{K}\Bigg\{ n_k\ln\zeta + \beta n_k\xi_k - \sum_{i=1}^{n_k}\frac{\zeta(v_{k,i} - \mu\exp(\beta\xi_k))^2}{\mu^2\exp(\beta\xi_k)v_{k,i}} \\
& - \sum_{i=1}^{n_k} m_{k,i}\ln\omega - \sum_{i=1}^{n_k}\sum_{j=1}^{m_{k,i}}\ln\Delta\Lambda_{k,i,j} - \frac{1}{\omega}\sum_{i=1}^{n_k}\sum_{j=1}^{m_{k,i}}\frac{(\Delta X_{k,i,j} - v_{k,i}\Delta\Lambda_{k,i,j})^2}{v_{k,i}\Delta\Lambda_{k,i,j}}\Bigg\}
\end{aligned}
$$

其中，$C = -\frac{1}{2}\sum\limits_{k=1}^{K}\sum\limits_{i=1}^{n_k}(1 + m_{k,i})\ln(2\pi)$，$\omega \triangleq \kappa^2$。

对于第 k 个水平下第 i 个个体，其与其他应力水平的个体或同水平下其他个体的退化过程是独立的。即对所有 $k = 1, 2, \cdots, K$ 和 $i = 1, 2, \cdots, n_k$，各 $\{v_{k,i}, X_{k,i}\}$ 是独立的，因此

$$
\begin{aligned}
& p(v_{1,1}, \cdots, v_{1,n_1}, \cdots, v_{K,1}, \cdots, v_{K,n_K} | \boldsymbol{X}_{1,1}, \cdots, \boldsymbol{X}_{1,n_1}, \cdots, \boldsymbol{X}_{K,1}, \cdots, \boldsymbol{X}_{K,n_K}) \\
& = \prod_{k=1}^{K}\prod_{i=1}^{n_k} p(v_{k,i}|\boldsymbol{X}_{k,i})
\end{aligned}
$$

这样，E 步中需要计算的条件期望 $\mathbb{E}[v_{k,i}|\boldsymbol{X}_{k,i}]$ 与 $\mathbb{E}[v_{k,i}^{-1}|\boldsymbol{X}_{k,i}]$，可以利用第 2.2.1 小节的方法得到。在 M 步中，对 Q 函数关于待估模型参数 (μ, ζ, β) 求偏导并令偏导为 0，可得到如下结果

$$
\mu^{(s+1)} = \frac{1}{\sum_{k=1}^{K} n_k}\sum_{k=1}^{K}\exp(-\beta^{(s+1)}\xi_k)\sum_{i=1}^{n_k}\mathbb{E}[v_{k,i}|\boldsymbol{X}_{k,i}] \tag{2.19}
$$

$$
\frac{1}{\zeta^{(s+1)}} = \frac{1}{\sum_{k=1}^{K} n_k}\sum_{k=1}^{K}\exp(\beta^{(s+1)}\xi_k)\sum_{i=1}^{n_k}\mathbb{E}[v_{k,i}^{-1}|\boldsymbol{X}_{k,i}] - \frac{1}{\mu^{(s+1)}} \tag{2.20}
$$

$$
\begin{aligned}
\frac{1}{\zeta^{(s+1)}} = \frac{1}{\sum_{k=1}^{K} n_k\xi_k}\sum_{k=1}^{K}\sum_{i=1}^{n_k}\Bigg(&\xi_k\exp(\beta^{(s+1)}\xi_k)\mathbb{E}[v_{k,i}^{-1}|\boldsymbol{X}_{k,i}] \\
& - \frac{1}{[\mu^{(s+1)}]^2}\xi_k\exp(-\beta^{(s+1)}\xi_k)\mathbb{E}[v_{k,i}|\boldsymbol{X}_{k,i}]\Bigg)
\end{aligned} \tag{2.21}
$$

将式(2.19)代入式(2.20)和式(2.21)，并联立这两个式子可求解得到 $\beta^{(s+1)}$ 与 $\zeta^{(s+1)}$。将解得的 $\zeta^{(s+1)}$ 与 $\beta^{(s+1)}$ 代回式(2.19)，可得 $\mu^{(s+1)}$。

参数 $\omega = \kappa^2$ 可由

$$
\begin{aligned}
\omega^{(s+1)} = &\frac{1}{\sum_{k=1}^{K}\sum_{i=1}^{n_k} m_{k,i}} \sum_{k=1}^{K}\sum_{i=1}^{n_k} \left\{ \left[\sum_{j=1}^{m_i} \frac{\Delta X_{k,i,j}^2}{\Delta \Lambda_{k,i,j}} \right] \mathbb{E}[v_{k,i}^{-1}|\boldsymbol{X}_{k,i}] \right. \\
&\left. - 2X_{k,i,m_i} + \Lambda_{k,i,m_i}\mathbb{E}[v_{k,i}|\boldsymbol{X}_{k,i}] \right\}
\end{aligned}
\tag{2.22}
$$

更新。若时间尺度变换函数 $\Lambda(\cdot)$ 包含需要估计的未知参数 $\boldsymbol{\alpha}$，则可利用第 2.2.1 小节中所述的截面似然方法进行估计。

2. 区间估计

类似于单应力水平下区间估计的构造方式，可以利用极大似然估计的渐近正态性，通过求解观测信息矩阵得到估计的渐近协方差，进而构造参数的区间估计。但是，多应力水平下观测信息矩阵的形式过于复杂，其推导和计算可能过于烦琐。这里采用一种参数自助法（parametric bootstrap）来构造模型参数的区间估计 (DiCiccio 等，1996)。

在已知模型参数的点估计值 $\hat{\boldsymbol{\theta}}$ 或 $(\hat{\boldsymbol{\theta}}, \hat{\boldsymbol{\alpha}})$ 后，可利用算法 2.1 的步骤生成 B 组自助估计。这 B 组自助估计对应的经验分布可作为极大似然估计的近似分布，可以基于这一经验分布构造模型参数及其他量值的置信区间。

算法 2.1 加速退化模型参数区间估计的参数自助方法

输入：极大似然点估计 $\hat{\boldsymbol{\theta}}$（或 $\{\hat{\boldsymbol{\theta}}, \hat{\boldsymbol{\alpha}}\}$）。

重复

1. 对于 $k = 1, 2, \cdots, K$，从逆高斯分布 $\mathcal{IG}\left(\hat{\mu}\exp(\hat{\beta}\xi_k), \hat{\zeta}\exp(\hat{\beta}\xi_k)\right)$ 中抽取 n_k 个样本 $\tilde{v}_{k,i}, i = 1, 2, \cdots, n_k$，作为第 k 个水平下 n_k 个个体的漂移率。

2. 对于 $i = 1, 2, \cdots, n_k$，根据以下维纳过程模型

$$
X_{k,i}(t) = \tilde{v}_{k,i}\hat{\Lambda}(t) + \hat{\kappa}\mathcal{B}\left(\tilde{v}_{k,i}\hat{\Lambda}(t)\right)
$$

在时间点 $t_{k,i,1}, t_{k,i,2}, \cdots, t_{k,i,m_i}$ 处对 $\tilde{\boldsymbol{X}}_{k,i} = (\tilde{X}_{k,i,1}, \tilde{X}_{k,i,2}, \cdots, \tilde{X}_{k,i,m_i})^{\top}$ 进行抽样，得到自助样本 $\tilde{\boldsymbol{X}}_k = \{\tilde{\boldsymbol{X}}_{k,1}, \tilde{\boldsymbol{X}}_{k,2}, \cdots, \tilde{\boldsymbol{X}}_{k,n_k}\}$

3. 根据自助样本 $\{\tilde{\boldsymbol{X}}_1, \tilde{\boldsymbol{X}}_2, \cdots, \tilde{\boldsymbol{X}}_K\}$，利用 EM 算法估计得到 $\hat{\boldsymbol{\theta}}^*$ 或 $(\hat{\boldsymbol{\theta}}^*, \hat{\boldsymbol{\alpha}}^*)$。

输出：B 组自助估计 $\hat{\boldsymbol{\theta}}_1^*, \hat{\boldsymbol{\theta}}_2^*, \cdots, \hat{\boldsymbol{\theta}}_B^*$ 或 $(\hat{\boldsymbol{\theta}}_1^*, \hat{\boldsymbol{\alpha}}_1^*), (\hat{\boldsymbol{\theta}}_2^*, \hat{\boldsymbol{\alpha}}_2^*), \cdots, (\hat{\boldsymbol{\theta}}_B^*, \hat{\boldsymbol{\alpha}}_B^*)$。

3. 红外 LED 加速退化数据分析

为说明所提模型在加速退化试验中的应用，这里考虑一组红外 LED 的恒定应力加速退化试验数据 (Yang, 2007)。红外 LED 是常见的光电子器件，在许多产品中有广泛应用，如通信系统，其性能退化通常表征为光功率的下降。在常规使用条件下，红外 LED 的可靠性很高，可以达到数万小时或更高。为了研究其退化特性，以工作电流作为加速应力，使用 40 个样品进行两个水平的加速退化试验。该试验分为两组：一组应力水平为 170mA，放置 25 个试样；另一组应力水平为 320mA，放置 15 个试样。对于 170mA 这组，其退化观测时间为 $(24, 48, 96, 155, 368, 768, 1130, 1536, 1905, 2263, 2550)$ 小时；对于 320mA 这组，其退化观测时间为 $(6, 12, 24, 48, 96, 156, 230, 324, 479, 635)$ 小时，具体退化数据可见附表 A.3 和附表 A.4。

图 2.5 给出两种应力水平下 40 个试样的退化轨迹（光功率下降百分比）。由图 2.5 可见，不同应力水平下试样的退化轨迹呈现显著的差异，而同一应力水平下试样的退化轨迹也存在异质性。

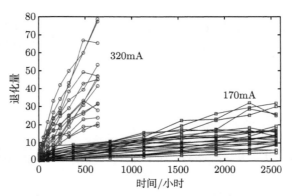

图 2.5　在 170mA 和 320mA 水平下 40 个试样的退化轨迹

为检验随机效应，首先利用第 2.2.1 小节的模型对各应力水平下的退化分别进行建模。表 2.4 给出了相应的估计结果。其中，依照 Yang (2007)，退化趋势采用了幂函数的形式 $\Lambda(t;\alpha) = t^\alpha$。由估计结果可见，两种应力水平下时间尺度变换函数的估计值 $\hat{\alpha}_k$ 很接近，意味着两种应力下的退化机理是一致的。此外，两种水平下参数 $\hat{\kappa}_k^2$ 的估计也很接近，这表明模型中关于不同应力水平下 κ 与 α 不变的假设是合理的。

表 2.4　两种应力下的参数估计结果

应力水平	$\hat{\mu}_k$	$\hat{\zeta}_k$	$\hat{\kappa}_k^2$	$\hat{\alpha}_k$
170mA	0.03928	0.069891	1.4165	0.7575
320mA	0.3896	2.4029	1.517	0.7316

由估计结果可见，漂移率参数的估计值 $\hat{\mu}_k$ 随工作电流而增大。另一方面，$\hat{\zeta}_k$ 也随着应力水平的升高而增大，而简单计算可知 $\hat{\mu}_2/\hat{\mu}_1$ 与 $\hat{\zeta}_2/\hat{\zeta}_1$ 量级相同。这与基于加速失效时间的模型假设相符。基于以上观察，这里利用所提出的模型对红外 LED 的加速退化数据进行拟合。根据 Yang (2007)，退化速率与加速应力（电流）间是幂函数关系；常规应力水平为 50mA。因此，可以通过对数变换对加速应力进行归一化：

$$\xi_k = \ln I_k - \ln I_0, \ k = 1,2$$

其中，$I_1 = 170, I_2 = 320, I_0 = 50$。

利用第 2.4.1 小节的 EM 算法，可得模型参数的极大似然估计为

$$\hat{\mu} = 5.457 \times 10^{-4}, \ \hat{\zeta} = 1.492 \times 10^{-3}, \ \hat{\beta} = 6.592, \ \hat{\kappa}^2 = 1.450, \ \hat{\alpha} = 0.741$$

根据估计得到的模型，可以得到不同应力水平下期望退化量的曲线及 90% 逐点置信区间，如图 2.6 所示。其中，置信区间利用 2.4.1 小节的参数自助法构造，共进行 $B = 5000$ 次重抽样。由图 2.6 可见，模型给出的两个应力水平下的期望退化量与实际退化轨迹符合较好。

根据估计得到的模型，可以外推常规应力水平下的退化规律，进而获得相应的寿命分布。图 2.7 给出了在 $D_f = 10$ 与 $D_f = 20$ 两种阈值下该红外 LED 的寿命分布情况。由寿命累积分布函数的置信上限可见，该红外 LED 在正常使用条件下具有很长的寿命。事实上，在失效阈值 $D_f = 10$ 下该红外 LED 正常应力下平均寿命的 95% 置信下限为 3.195×10^5 小时（36.5 年）。这表明该 LED 在实际使用中的可靠度是非常高的。

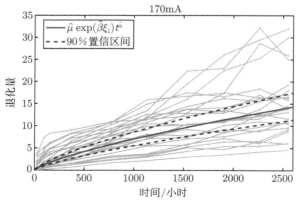

(a) 170mA下$\mathbb{E}[X(t)]$的点估计与90%双侧置信区间

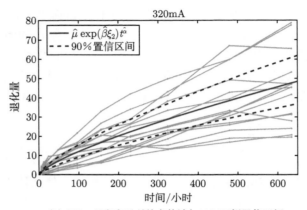

(b) 320mA下$\mathbb{E}[X(t)]$的点估计与90％双侧置信区间

图 2.6 两种应力下期望退化轨迹的估计

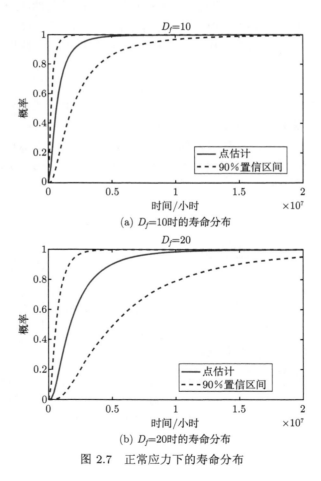

(a) $D_f=10$时的寿命分布

(b) $D_f=20$时的寿命分布

图 2.7 正常应力下的寿命分布

2.4.2 其他随机漂移率模型

针对具有异质性的退化数据，利用随机效应模型进行建模时，考虑 $v > 0$ 且可能非对称的特点，本章提出利用逆高斯分布刻画随机的漂移率。如前所述，逆高斯分布是广义逆高斯分布在参数 $c = -1/2$ 时的一个特例。容易验证，在式(2.2)给定的模型形式下，当 v 本身服从广义逆高斯分布时，可以类似得到退化过程 $X(t)$ 的相关性质。例如，给定退化观测值 $\boldsymbol{X}$ 的条件下，条件分布 $(v|\boldsymbol{X})$ 仍为一广义逆高斯分布。因此，利用广义逆高斯分布对 v 进行建模可得到更一般的随机效应维纳过程模型。

特别地，由式(2.15)中广义逆高斯分布的概率密度函数可知，当参数 $b \to 0$ 时，广义逆高斯分布的概率密度函数为

$$f_{\mathcal{GIG}}(x; a, 0, c) = \frac{1}{\Gamma(c)} \left(\frac{a}{2}\right)^c x^{c-1} \exp\left(-\frac{1}{2}ax\right)$$

其中

$$\lim_{b \to 0} \frac{(a/b)^{c/2}}{2\mathcal{K}_c(\sqrt{ab})} = \frac{1}{\Gamma(c)} \left(\frac{a}{2}\right)^c$$

可见，此时广义逆高斯分布变成伽马分布，即伽马分布也是广义逆高斯分布的一个特例。因此，随机漂移率 v 也可以用伽马分布进行建模，此时得到的退化模型与本章模型类似，并可用本章类似的方法进行模型参数估计。关于这一方面的完整论述可见 Wang 等 (2021b)。

2.5　本章小结

由于制造过程和使用过程的差异，同一种产品不同个体的退化轨迹可能存在较为明显的差异。这种差异可以解释为使用过程中应力不同造成的加速或减速效应。从加速失效时间角度，本章建立了一种考虑退化速率和扩散水平异质性的随机效应维纳过程模型，并给出了模型的参数估计方法。通过对一组激光器退化数据的应用分析，展示了所提出模型的有效性和实用性。值得一提的是，由于这一模型基于加速失效时间的思想，因此可以很自然地推广到加速退化试验数据分析。本章也围绕这一方面进行了详细讨论，并通过对红外 LED 加速退化试验数据的应用分析，展示了所提模型优良的实用效果。

第 3 章 异质退化数据建模——随机漂移率和随机扩散系数模型

第 2 章中，考虑总体中退化的漂移率与扩散系数同时存在异质性的情形，提出了一种漂移率服从逆高斯分布的随机效应模型。该模型的一个主要特点是，个体的随机漂移率与扩散系数的平方成正比。这一假设一方面简化了模型，另一方面也带来如下的问题，即实际退化中，个体漂移率与扩散系数间是否满足这一关系。为检验这一点，如第 2.3 节所示，可先利用简单维纳过程模型拟合每个个体的退化轨迹，检查得到的个体漂移率与扩散系数的相关性。若个体漂移率与扩散系数的平方间不存在显著相关性，则前述模型的适用性可能存在疑问。基于这样的考虑，本章仍考虑具有随机退化速率与扩散水平的异质退化数据，并利用维纳过程进行退化建模。与第 2 章不同的是，本章不假设随机的个体漂移率与扩散系数的平方存在线性关系，而是用两个独立的分布来分别描述异质的漂移率与异质的扩散系数。这样，该模型可作为前章中所提模型的补充，用于个体漂移率与个体扩散系数没有显著相关性的异质退化数据建模问题。

3.1 模 型 描 述

3.1.1 模型形式

仍利用如下带有时间尺度变换的维纳过程刻画某一性能指标的退化过程 $\{X(t), t > 0\}$

$$X(t)|\{v, \sigma\} = v\Lambda(t) + \sigma\mathcal{B}(\Lambda(t)) \tag{3.1}$$

其中，v 与 σ 分别为漂移率和扩散系数，$\mathcal{B}(\cdot)$ 为标准布朗运动，$\Lambda(t) = \Lambda(t; \boldsymbol{\alpha})$ 为时间尺度变换函数。如前所述，$\Lambda(t)$ 是关于 t 的确定性的单调递增函数，$\Lambda(0) = 0$。

在式(3.1)的模型中，给定漂移率条件下的期望退化轨迹为 $\mathbb{E}[X(t)|v] = v\Lambda(t)$，依赖于漂移率 v。实际中，一个总体中个体的退化轨迹常常存在异质性，不同个体的退化趋势可能会显著不同。首先考虑漂移率 v 的异质性。这里假设 v 服从正态分布，$v \sim \mathcal{N}(\mu, \kappa^2)$，具有如下概率密度函数

$$p(v) = \frac{1}{\sqrt{2\pi\kappa^2}} \exp\left[-\frac{(v-\mu)^2}{2\kappa^2}\right] \tag{3.2}$$

相应地，$\mathbb{E}[v] = \mu$，$\text{Var}[v] = \kappa^2$。在许多已有研究中，正态分布常用来刻画维纳退化过程中漂移率的异质性，如 Ye 等 (2013); Hong 等 (2018); Wang 等 (2020) 等。显然，当参数 κ 趋近于 0 时，漂移率 v 退化为一个常数 μ，漂移率的异质性可以忽略。需要说明的是，如第 2 章所述，对于退化过程而言，漂移率应该是非负的，因而在使用正态分布刻画异质漂移率时，其物理解释存在一定问题。针对这一问题，通常假设 $\mathcal{N}(\mu, \kappa^2)$ 对应的小于 0 部分的概率是非常小的，可以忽略，这时正态分布是可以近似使用的。因此，在应用正态分布描述随机的 v 时，可以先假设正态分布可用并利用退化数据估计模型参数。若估计得到的正态分布小于 0 部分的概率确实很小，则可认为正态分布假设是合理的。若发现估计得到的正态分布显示 $v < 0$ 的概率不可忽略，则可以考虑利用截断正态分布等更为合适的分布来刻画异质的 v。值得一提的是，当使用截断正态分布刻画 v 时，仍可用本章后续的模型估计方法进行模型估计。为了叙述方便，这里仍假设 v 服从正态分布。

在大多数相关的已有研究中，通常仅考虑总体中个体漂移率的异质性而假设所有个体的扩散系数 σ 是相同的。这种假设忽略了扩散系数 σ 本身也存在异质性，而有时扩散系数的异质性甚至是主要的。因此，本章考虑 σ 的异质性，假设 $w = \sigma^2$ 服从逆高斯分布 $w \sim \mathcal{IG}(\eta, \zeta^{-1})$，具有如下概率密度函数

$$p(w) = \sqrt{\frac{1}{2\pi\zeta w^3}} \exp\left(-\frac{(w-\eta)^2}{2\zeta\eta^2 w}\right), w > 0 \tag{3.3}$$

利用逆高斯分布对异质的扩散系数进行建模主要有以下考虑。首先，w 是严格大于 0 的，它的取值范围为 $(0, \infty)$，因而使用逆高斯分布对 w 进行建模符合它的物理含义。其次，根据其分布参数的不同，逆高斯分布的概率密度函数形状灵活，可以刻画不同情况的分布特征。此外，以上模型的估计比较容易。对于 $w \sim \mathcal{IG}(\eta, \zeta^{-1})$，其均值和方差分别为 $\mathbb{E}[w] = \eta$ 和 $\text{Var}[w] = \zeta\eta^3$。因此，当 $\zeta \to 0$ 时，w 的方差趋于 0，此时 w 趋近于常数 η，扩散系数的异质性可以忽略不计。

这样，考虑退化过程中的异质性，本章利用正态分布对个体的漂移率进行建模，利用逆高斯分布对个体的扩散系数（的平方）进行建模。针对式(3.1)中的模型，可以很容易得到

$$\mathbb{E}[X(t)] = \mu\Lambda(t), \quad \text{Var}[X(t)] = \eta\Lambda(t) + \kappa^2\Lambda(t)^2 \tag{3.4}$$

可以看到，与不考虑异质性的维纳过程相比，考虑异质性后总体中退化的方差变大。

3.1.2 可靠性分析

对于存在性能退化的产品，其失效通常定义为退化水平 $X(t)$ 超出失效阈值 D_f。因此，失效时间可定义为 $X(t)$ 达到阈值 D_f 的首达时：$T_f = \inf\{t : X(t) > D_f\}$。

给定漂移率 v 和扩散系数 w，在时间尺度 $\Lambda(\cdot)$ 下，维纳过程 $X(t)|\{v,w\}$ 的首达时 $U_f = \Lambda(T_f)$ 服从逆高斯分布 $\mathcal{IG}(D_f/v, D_f^2/w)$，即

$$f_{U_f|v,w}(u|v,w) = \frac{D_f}{\sqrt{2\pi w u^3}} \exp\left(-\frac{(D_f - vu)^2}{2wx}\right) \tag{3.5}$$

考虑 $w \sim \mathcal{IG}(\eta, \zeta^{-1})$，关于 w 取期望可得

$$
\begin{aligned}
&f_{U_f|v}(u|v)\\
&= \int_0^\infty \frac{D_f}{\sqrt{2\pi w u^3}} \exp\left(-\frac{(D_f - vu)^2}{2wu}\right) \sqrt{\frac{1}{2\pi\zeta w^3}} \exp\left(-\frac{(w-\eta)^2}{2\zeta\eta^2 w}\right) \mathrm{d}w\\
&= \frac{D_f}{2\pi\sqrt{\zeta u^3}} \exp\left(\frac{1}{\zeta\eta}\right) \int w^{-2} \exp\left(-\frac{1}{2}\left(aw + b(D_f,u)w^{-1}\right)\right)\mathrm{d}w\\
&= \frac{D_f}{\pi\sqrt{\zeta u^3}} \exp\left(\frac{1}{\zeta\eta}\right) \mathcal{K}_{-1}\left(\sqrt{ab(D_f,u)}\right)\left(\frac{a}{b(D_f,u)}\right)^{1/2}
\end{aligned}
\tag{3.6}
$$

其中

$$a = \frac{1}{\zeta\eta^2}, \quad b(x,u) = \frac{(x-vu)^2}{u} + \frac{1}{\zeta} \tag{3.7}$$

$\mathcal{K}_c(\cdot)$ 表示第二类修正贝塞尔函数。因此，T_f 的无条件分布为

$$P\{T_f \leqslant t\} = \int\int_0^{\Lambda(t)} f_{U_f|v}(u|v)p(v)\mathrm{d}u\mathrm{d}v \tag{3.8}$$

其中，$p(v)$ 为服从正态分布的 v 的概率密度函数。对于该式，可以利用数值积分计算任意给定时刻 t 的失效概率。

3.2　模型参数估计

本节考虑所提模型的参数估计问题。假设实际中收集到 n 个个体的退化数据，其中，对个体 $i, i = 1, 2, \cdots, n$ 的退化过程在 m_i 个时间点进行了观测，记观测时间和相应的退化量分别为

$$\boldsymbol{T}_i = (t_{i,1}, t_{i,2}, \cdots, t_{i,m_i})^\top, \quad \boldsymbol{X}_i = (X_{i,1}, X_{i,2}, \cdots, X_{i,m_i})^\top$$

根据收集的退化数据，对模型参数 $\boldsymbol{\theta} = (\mu, \kappa^2, \eta, \zeta, \boldsymbol{\alpha})$ 进行估计。

在给定个体 i 的漂移率和扩散系数 $\{v_i, w_i\}$ 的条件下，退化增量 $\Delta X_{i,j} = X_{i,j} - X_{i,j-1}$，$j = 1, 2, \cdots, m_i$ 独立且服从正态分布

$$\Delta X_{i,j} \sim \mathcal{N}(v_i \Delta \Lambda_{i,j}, w_i \Delta \Lambda_{i,j}) \tag{3.9}$$

其中，$\Delta \Lambda_i = \Lambda_{i,j} - \Lambda_{i,j-1}$。因此，给定 $\{v_i, w_i\}$ 的条件下，$\boldsymbol{X}_i$ 的概率密度为

$$
\begin{aligned}
p(\boldsymbol{X}_i | v_i, w_i, \boldsymbol{\theta}) &= \prod_{j=1}^{m_i} p(\Delta X_{i,j} | v_i, w_i, \boldsymbol{\theta}) \\
&= (2\pi w_i)^{-m_i/2} \prod_{j=1}^{m_i} \Delta \Lambda_{i,j}^{-1/2} \cdot \exp\left[-\frac{1}{2w_i} \sum_{j=1}^{m_i} \frac{(\Delta X_{i,j} - v_i \Delta \Lambda_{i,j})^2}{\Delta \Lambda_{i,j}} \right]
\end{aligned}
\tag{3.10}
$$

通过关于漂移率和扩散系数 $\{v_i, w_i\}$ 取期望，可以容易地得到 $\boldsymbol{X}_i$ 的无条件概率密度

$$p(\boldsymbol{X}_i | \boldsymbol{\theta}) = \int \int p(\boldsymbol{X}_i | v_i, w_i, \boldsymbol{\theta}) p(v_i | \boldsymbol{\theta}) p(w_i | \boldsymbol{\theta}) \mathrm{d}w_i \mathrm{d}v_i \tag{3.11}$$

由于 $\{\boldsymbol{X}_i, i = 1, 2, \cdots, n\}$ 是独立的，可以由式(3.11) 得到关于模型参数的对数似然函数，进而通过最大化对数似然来获得 $\boldsymbol{\theta}$ 的极大似然估计

$$\hat{\boldsymbol{\theta}} = \arg\max_{\boldsymbol{\theta}} \sum_{i=1}^{n} \ln p(\boldsymbol{X}_i | \boldsymbol{\theta}) \tag{3.12}$$

但是，可以看到对数似然函数的计算涉及关于 $\{v_i, w_i\}$ 的积分（期望）。这里积分的计算需要使用数值方法，当 n 较大时可能会带来较大的计算量。为了减轻计算负担，避免直接最大化似然函数过程中的数值积分，本节使用 EM 算法来估计模型参数。

3.2.1 EM 算法

记 n 个个体的漂移率为 $\boldsymbol{V} = (v_1, v_2, \cdots, v_n)$，扩散系数为 $\boldsymbol{W} = (w_1, w_2, \cdots, w_n)$。将 $\{\boldsymbol{V}, \boldsymbol{W}\}$ 作为缺失数据，则完全数据为 $\{\boldsymbol{V}, \boldsymbol{W}, \mathbf{X}\}$，其中，$\mathbf{X} = \{\boldsymbol{X}_1, \cdots, \boldsymbol{X}_n\}$。这样，关于模型参数 $\boldsymbol{\theta}$ 的对数完全似然可以写为

$$\ell_c(\boldsymbol{\theta} | \boldsymbol{V}, \boldsymbol{W}, \mathbf{X}) = \sum_{i=1}^{n} [\ln p(\boldsymbol{X}_i | v_i, w_i, \boldsymbol{\theta}) + \ln p(v_i | \boldsymbol{\theta}) + \ln p(w_i | \boldsymbol{\theta})] \tag{3.13}$$

其中

$$\ln p(\boldsymbol{X}_i | v_i, w_i, \boldsymbol{\theta}) = -\frac{m_i}{2} \ln(2\pi w_i) - \frac{1}{2} \sum_{j=1}^{m_i} \ln \Delta \Lambda_{i,j}$$

$$-\frac{1}{2w_i}\left[\sum_{j=1}^{m_i}\frac{\Delta X_{i,j}^2}{\Delta \Lambda_{i,j}}-2v_i X_{i,m_i}+v_i^2\Lambda_{i,m_i}\right] \quad (3.14)$$

$$\ln p(v_i|\boldsymbol{\theta})=-\frac{1}{2}\ln(2\pi\kappa^2)-\frac{(v_i-\mu)^2}{2\kappa^2} \quad (3.15)$$

$$\ln p(w_i|\boldsymbol{\theta})=-\frac{1}{2}\ln\zeta-\frac{1}{2}\ln(2\pi)-\frac{3}{2}\ln w_i-\frac{(w_i-\eta)^2}{2\zeta\eta^2 w_i} \quad (3.16)$$

EM 算法迭代地更新 $\boldsymbol{\theta}$ 的估计。假设在第 s 次迭代开始时 $\boldsymbol{\theta}$ 的估计为 $\boldsymbol{\theta}^{(s)}$。EM 算法首先进行 E 步计算，即计算对数完全似然函数 $\ell_{\mathrm{c}}(\boldsymbol{\theta}|\boldsymbol{V},\boldsymbol{W},\mathbf{X})$ 关于条件分布

$$p(\boldsymbol{V},\boldsymbol{W}|\mathbf{X},\boldsymbol{\theta}^{(s)})=\prod_{i=1}^{n}p(v_i,w_i|\boldsymbol{X}_i,\boldsymbol{\theta}^{(s)})$$

的期望，得到如下的 Q 函数

$$Q\left(\boldsymbol{\theta}|\boldsymbol{\theta}^{(s)}\right)=\mathbb{E}\left[\ell_{\mathrm{c}}(\boldsymbol{\theta}|\boldsymbol{V},\boldsymbol{W},\mathbf{X})|\mathbf{X},\boldsymbol{\theta}^{(s)}\right] \quad (3.17)$$

在获得 Q 函数后，EM 算法执行 M 步，关于 $\boldsymbol{\theta}$ 对 Q 函数进行最大化以更新模型参数的估计

$$\boldsymbol{\theta}^{(s+1)}=\arg\max_{\boldsymbol{\theta}}Q(\boldsymbol{\theta}|\boldsymbol{\theta}^{(s)}) \quad (3.18)$$

这里，$\boldsymbol{\theta}^{(s+1)}$ 是使 Q 函数一阶偏导数为 0 的点。通过对 Q 函数取偏导数并令导数等于 0，可以得到更新后的估计 $\boldsymbol{\theta}^{(s+1)}$

$$\mu^{(s+1)}=\frac{1}{n}\sum_{i=1}^{n}\mathbb{E}[v_i|\boldsymbol{X}_i]$$

$$\left[\kappa^{(s+1)}\right]^2=\frac{1}{n}\sum_{i=1}^{n}\mathbb{E}[v_i^2|\boldsymbol{X}_i]-\left(\mu^{(s+1)}\right)^2$$

$$\eta^{(s+1)}=\frac{1}{n}\sum_{i=1}^{n}\mathbb{E}[w_i|\boldsymbol{X}_i]$$

$$\zeta^{(s+1)}=\frac{1}{n}\sum_{i=1}^{n}\left(\mathbb{E}[w_i^{-1}|\boldsymbol{X}_i]-(\eta^{(s+1)})^{-1}\right)$$

$$(3.19)$$

其中，$\mathbb{E}[v_i|\boldsymbol{X}_i]$，$\mathbb{E}[v_i^2|\boldsymbol{X}_i]$，$\mathbb{E}[w_i|\boldsymbol{X}_i]$，$\mathbb{E}[w_i^{-1}|\boldsymbol{X}_i]$ 都是关于 $p(v_i,w_i|\boldsymbol{X}_i,\boldsymbol{\theta}^{(s)})$ 的期望。这里暂时假设已知 $\Lambda(t)=\Lambda(t;\boldsymbol{\alpha})$，在 EM 算法中不更新 $\boldsymbol{\alpha}$ 而只更新模型参数 $(\mu,\kappa^2,\eta,\zeta)$。

通过迭代地执行 E 步和 M 步，可以逐步更新 $\boldsymbol{\theta}$ 的估计，直到该估计的变化小于给定的阈值。例如，当两步迭代中估计值的变化小于某个给定的阈值 ϵ，例如，$\|\boldsymbol{\theta}^{(s+1)} - \boldsymbol{\theta}^{(s)}\|_1 < \epsilon$，其中，$\|\cdot\|_1$ 是 L_1 范数，则可认为 EM 算法已收敛，得到的 $\boldsymbol{\theta}^{(s+1)}$ 可以作为 $\boldsymbol{\theta}$ 的极大似然估计。

1. 变分贝叶斯近似

在 3.2.1 小节中，EM 算法的 E 步需要计算 $\mathbb{E}[v_i|\boldsymbol{X}_i]$，$\mathbb{E}[v_i^2|\boldsymbol{X}_i]$，$\mathbb{E}[w_i|\boldsymbol{X}_i]$，$\mathbb{E}[w_i^{-1}|\boldsymbol{X}_i]$，以便在 M 步中更新模型参数的估计值。为此，需要得到 $p(v_i, w_i|\boldsymbol{X}_i, \boldsymbol{\theta})$，或者 $p(v_i|\boldsymbol{X}_i, \boldsymbol{\theta})$ 和 $p(w_i|\boldsymbol{X}_i, \boldsymbol{\theta})$。为了叙述方便，下面假设 $\boldsymbol{\theta}$ 已知并在推导中省略符号 $\boldsymbol{\theta}$。

根据贝叶斯公式，条件分布 $p(v_i, w_i|\boldsymbol{X}_i)$ 为

$$p(v_i, w_i|\boldsymbol{X}_i) = \frac{p(\boldsymbol{X}_i, v_i, w_i)}{p(\boldsymbol{X}_i)} \tag{3.20}$$

然而，正如式(3.11)中提到的，$p(\boldsymbol{X}_i)$ 涉及积分，没有简单形式。这样，$p(v_i, w_i|\boldsymbol{X}_i)$ 也涉及积分。在执行 EM 算法时，直接根据 $p(v_i, w_i|\boldsymbol{X}_i)$ 计算相关的期望需要用到数值积分，带来很大的计算量，失去了应用 EM 算法的意义。为了简化计算，本小节根据变分贝叶斯方法，考虑采用某种简单的密度函数来近似 $p(v_i, w_i|\boldsymbol{X}_i)$，使得 E 步中期望的计算容易执行。

具体地，考虑采用具有因式分解形式的密度 $q(v_i|\boldsymbol{X}_i)q(w_i|\boldsymbol{X}_i)$ 来近似 $p(v_i, w_i|\boldsymbol{X}_i)$，即

$$p(v_i, w_i|\boldsymbol{X}_i) \approx q(v_i|\boldsymbol{X}_i)q(w_i|\boldsymbol{X}_i)$$

当 $(v_i, w_i|\boldsymbol{X}_i)$ 的密度形如 $q(v_i|\boldsymbol{X}_i)q(w_i|\boldsymbol{X}_i)$ 时，则意味着在给定 $\boldsymbol{X}_i$ 时，v_i 和 w_i 是独立的。因此，利用 $q(v_i|\boldsymbol{X}_i)q(w_i|\boldsymbol{X}_i)$ 来近似 $p(v_i, w_i|\boldsymbol{X}_i)$ 等价于将 v_i 和 w_i 看作独立的。由于 v_i 和 w_i 本来是独立的，这一近似有一定的合理性：观测数据 $\boldsymbol{X}_i$ 同时包含 v_i 和 w_i 的信息，利用条件独立的密度来近似二者联合的条件密度，等价于假设观测数据包含的信息可恰当地分配给 v_i 和 w_i，使得二者仍独立。

如何确定最佳的近似密度？在变分贝叶斯方法中，最小化从 $p(v_i, w_i|\boldsymbol{X}_i)$ 到 $q(v_i|\boldsymbol{X}_i)q(w_i|\boldsymbol{X}_i)$ 的 Kullback-Leibler(K-L) 散度的密度为最佳近似密度，即

$$\begin{aligned} &\{q^*(v_i|\boldsymbol{X}_i), q^*(w_i|\boldsymbol{X}_i)\} \\ =& \underset{\{q(v_i|\boldsymbol{X}_i), q(w_i|\boldsymbol{X}_i)\}}{\arg\min} D_{\mathrm{KL}}\left(q(v_i|\boldsymbol{X}_i)q(w_i|\boldsymbol{X}_i)\|p(v_i, w_i|\boldsymbol{X}_i)\right) \end{aligned} \tag{3.21}$$

这里之所以使用 K-L 散度作为两个密度间距离的度量，主要原因在于在 K-L 散度下，最优的近似密度通常具有很好的性质。例如，$q^*(v_i|\boldsymbol{X}_i)$ 与 $p(v_i)$ 服从同一

分布族, 这就使得基于近似密度 $q^*(v_i|\boldsymbol{X}_i)q^*(w_i|\boldsymbol{X}_i)$ 的计算容易进行。这一点可以由后面的推导看到。关于变分贝叶斯方法原理的更多讨论和应用可参见 Bishop (2006) 的第 10 章及 Bernardo 等 (2003); Sarkka 等 (2009)。

从 $p(v_i, w_i|\boldsymbol{X}_i)$ 到 $q(v_i|\boldsymbol{X}_i)q(w_i|\boldsymbol{X}_i)$ 的 K-L 散度为

$$
\begin{aligned}
&D_{\mathrm{KL}}\left(q(v_i|\boldsymbol{X}_i)q(w_i|\boldsymbol{X}_i)\|p(v_i, w_i|\boldsymbol{X}_i)\right) \\
&= \int\int q(v_i|\boldsymbol{X}_i)q(w_i|\boldsymbol{X}_i)\ln\frac{q(v_i|\boldsymbol{X}_i)q(w_i|\boldsymbol{X}_i)}{p(v_i, w_i|\boldsymbol{X}_i)}\mathrm{d}w_i\mathrm{d}v_i \\
&= \int\int q(v_i|\boldsymbol{X}_i)q(w_i|\boldsymbol{X}_i)\ln\frac{p(\boldsymbol{X}_i, v_i, w_i)}{p(v_i, w_i|\boldsymbol{X}_i)}\mathrm{d}w_i\mathrm{d}v_i \\
&\quad + \int\int q(v_i|\boldsymbol{X}_i)q(w_i|\boldsymbol{X}_i)\ln\frac{q(v_i|\boldsymbol{X}_i)q(w_i|\boldsymbol{X}_i)}{p(\boldsymbol{X}_i, v_i, w_i)}\mathrm{d}w_i\mathrm{d}v_i \\
&= \ln p(\boldsymbol{X}_i) + D_{\mathrm{KL}}\left(q(v_i|\boldsymbol{X}_i)q(w_i|\boldsymbol{X}_i)\|p(\boldsymbol{X}_i, v_i, w_i)\right)
\end{aligned}
\tag{3.22}
$$

由该式可见, 最小化 $D_{\mathrm{KL}}\left(q(v_i|\boldsymbol{X}_i)q(w_i|\boldsymbol{X}_i)\|p(v_i, w_i|\boldsymbol{X}_i)\right)$ 等价于最小化 $p(\boldsymbol{X}_i, v_i, w_i)$ 到 $q(v_i|\boldsymbol{X}_i)q(w_i|\boldsymbol{X}_i)$ 的 K-L 散度: $D_{\mathrm{KL}}\left(q(v_i|\boldsymbol{X}_i)q(w_i|\boldsymbol{X}_i)\|p(\boldsymbol{X}_i, v_i, w_i)\right)$。

对于 $D_{\mathrm{KL}}\left(q(v_i|\boldsymbol{X}_i)q(w_i|\boldsymbol{X}_i)\|p(\boldsymbol{X}_i, v_i, w_i)\right)$, 有

$$
\begin{aligned}
&D_{\mathrm{KL}}\left(q(v_i|\boldsymbol{X}_i)q(w_i|\boldsymbol{X}_i)\|p(\boldsymbol{X}_i, v_i, w_i)\right) \\
&= -\int q(w_i|\boldsymbol{X}_i)\ln\frac{q(w_i|\boldsymbol{X}_i)}{\exp\{\mathbb{E}_{v_i}[\ln p(\boldsymbol{X}_i, v_i, w_i)]\}}\mathrm{d}w_i - \int q(v_i|\boldsymbol{X}_i)\ln q(v_i|\boldsymbol{X}_i)\mathrm{d}v_i
\end{aligned}
\tag{3.23}
$$

$$
= -\int q(v_i|\boldsymbol{X}_i)\ln\frac{q(v_i|\boldsymbol{X}_i)}{\exp\{\mathbb{E}_{w_i}[\ln p(\boldsymbol{X}_i, v_i, w_i)]\}}\mathrm{d}v_i - \int q(w_i|\boldsymbol{X}_i)\ln q(w_i|\boldsymbol{X}_i)\mathrm{d}w_i,
\tag{3.24}
$$

其中, $\mathbb{E}_{v_i}[\cdot]$ 和 $\mathbb{E}_{w_i}[\cdot]$ 分别是关于密度 $q(v_i|\boldsymbol{X}_i)$ 和 $q(w_i|\boldsymbol{X}_i)$ 的期望。在式(3.23)中, 若令

$$
q^*(w_i|\boldsymbol{X}_i) = \exp\{\mathbb{E}_{v_i}[\ln p(\boldsymbol{X}_i, v_i, w_i)] + C\}
\tag{3.25}
$$

其中, "C" 是使得 $q^*(w_i|\boldsymbol{X}_i)$ 归一化的常数, 则在给定 $q(v_i|\boldsymbol{X}_i)$ 时, $D_{\mathrm{KL}}\left(q(v_i|\boldsymbol{X}_i)q(w_i|\boldsymbol{X}_i)\|p(\boldsymbol{X}_i, v_i, w_i)\right)$ 在 $q(w_i|\boldsymbol{X}_i) = q^*(w_i|\boldsymbol{X}_i)$ 处取到最小值。或者等价地, 当 $\ln q(w_i|\boldsymbol{X}_i)$ 取到

$$
\ln q^*(w_i|\boldsymbol{X}_i) = \mathbb{E}_{v_i}[\ln p(\boldsymbol{X}_i, v_i, w_i)] + C
\tag{3.26}
$$

时, K-L 散度最小化。

根据式(3.13)中对数完全似然函数的形式, 可得最优 $q^*(w_i|\boldsymbol{X}_i)$ 具有以下形式

$$
\begin{aligned}
\ln q^*(w_i|\boldsymbol{X}_i) = &-\frac{m_i}{2}\ln w_i - \frac{3}{2}\ln w_i - \frac{(w_i-\eta)^2}{2\zeta\eta^2 w_i} \\
&-\frac{1}{2w_i}\left[\sum_{j=1}^{m_i}\frac{\Delta X_{i,j}^2}{\Delta\Lambda_{i,j}} - 2\mathbb{E}[v_i|\boldsymbol{X}_i]X_{i,m_i} + \mathbb{E}[v_i^2|\boldsymbol{X}_i]\Lambda_{i,m_i}\right] + C \\
= &-\frac{m_i+3}{2}\ln w_i - \frac{1}{2\zeta\eta^2}w_i \\
&-\frac{1}{2w_i}\left[\sum_{j=1}^{m_i}\frac{\Delta X_{i,j}^2}{\Delta\Lambda_{i,j}} - 2\mathbb{E}[v_i|\boldsymbol{X}_i]X_{i,m_i} + \mathbb{E}[v_i^2|\boldsymbol{X}_i]\Lambda_{i,m_i} + \zeta^{-1}\right] + C
\end{aligned} \tag{3.27}
$$

由此可见

$$
q^*(w_i|\boldsymbol{X}_i) \propto w_i^{c_i-1}\exp\left[-\frac{1}{2}\left(aw_i + b_i w_i^{-1}\right)\right] \tag{3.28}
$$

其中, $a = 1/(\zeta\eta^2)$, 且

$$
b_i = \sum_{j=1}^{m_i}\frac{\Delta X_{i,j}^2}{\Delta\Lambda_{i,j}} - 2\mathbb{E}[v_i|\boldsymbol{X}_i]X_{i,m_i} + \mathbb{E}[v_i^2|\boldsymbol{X}_i]\Lambda_{i,m_i} + \zeta^{-1}, \quad c_i = \frac{-m_i-1}{2} \tag{3.29}
$$

因此, 式 (3.28) 意味着, $q^*(w_i|\boldsymbol{X}_i)$ 是三参数的广义逆高斯分布 $\mathcal{GIG}(a, b_i, c_i)$ 的密度。

同样地, 由式 (3.24) 可见, 当给定 $q(w_i|\boldsymbol{X}_i)$ 时, 最小化 K-L 散度的最优 $q^*(v_i|\boldsymbol{X}_i)$ 满足

$$
\ln q^*(v_i|\boldsymbol{X}_i) = \mathbb{E}_{w_i}[\ln p(\boldsymbol{X}_i, v_i, w_i)] + C \tag{3.30}
$$

根据式(3.13)的完全似然函数, 可以进一步推导得到

$$
\begin{aligned}
&\ln q^*(v_i|\boldsymbol{X}_i) \\
&= -\frac{1}{2}\left[\Lambda_{i,m_i}\mathbb{E}[w_i^{-1}|\boldsymbol{X}_i] + \kappa^{-2}\right]\left[v_i^2 - 2\frac{X_{i,m_i}\mathbb{E}[w_i^{-1}|\boldsymbol{X}_i] + \mu\kappa^{-2}}{\Lambda_{i,m_i}\mathbb{E}[w_i^{-1}|\boldsymbol{X}_i] + \kappa^{-2}}v_i\right] + C
\end{aligned} \tag{3.31}
$$

这意味着 $q^*(v_i|\boldsymbol{X}_i)$ 为以下正态分布的密度函数

$$
\mathcal{N}\left(\frac{X_{i,m_i}\mathbb{E}[w_i^{-1}|\boldsymbol{X}_i] + \mu\kappa^{-2}}{\Lambda_{i,m_i}\mathbb{E}[w_i^{-1}|\boldsymbol{X}_i] + \kappa^{-2}}, \left[\Lambda_{i,m_i}\mathbb{E}[w_i^{-1}|\boldsymbol{X}_i] + \kappa^{-2}\right]^{-1}\right) \tag{3.32}
$$

根据以上结果, 可知在给定 $q(v_i|\boldsymbol{X}_i)$ 或 $q(w_i|\boldsymbol{X}_i)$ 中任一个后, 总可以方便地得到另一个最优密度, 最小化式(3.21)的 K-L 距离。因此, 可以利用下面的步骤, 迭代得到最佳的近似密度。

具体地，假设给定 $q(v_i|\boldsymbol{X}_i)$ 的初值，记为 $q^{(0)}(v_i|\boldsymbol{X}_i)$。例如，$q^{(0)}(v_i|\boldsymbol{X}_i)$ 可以是 v_i 的分布 $\mathcal{N}(\mu, \kappa^2)$ 对应的密度。在给定 $q^{(0)}(v_i|\boldsymbol{X}_i)$ 后，根据式(3.26)可以得到此时最优的 w_i 的密度，记作 $q^{(1)}(w_i|\boldsymbol{X}_i)$。由于 $q^{(1)}(w_i|\boldsymbol{X}_i)$ 是广义逆高斯分布的密度，根据广义逆高斯分布的性质，可以得到

$$
\begin{aligned}
\mathbb{E}^{(1)}[w_i|\boldsymbol{X}_i] &= \frac{\sqrt{b_i^{(1)}}\,\mathcal{K}_{c_i+1}\left(\sqrt{ab_i^{(1)}}\right)}{\sqrt{a}\,\mathcal{K}_{c_i}\left(\sqrt{ab_i^{(1)}}\right)} \\[2ex]
\mathbb{E}^{(1)}[w_i^{-1}|\boldsymbol{X}_i] &= \frac{\sqrt{a}\,\mathcal{K}_{c_i+1}\left(\sqrt{ab_i^{(1)}}\right)}{\sqrt{b_i^{(1)}}\,\mathcal{K}_{c_i}\left(\sqrt{ab_i^{(1)}}\right)} + \frac{2}{b_i^{(1)}}
\end{aligned}
\tag{3.33}
$$

注意到，$q^{(1)}(w_i|\boldsymbol{X}_i)$ 的分布参数中只有 $b_i^{(1)}$ 依赖于 $q^{(0)}(v_i|\boldsymbol{X}_i)$。在得到以上结果后，根据式(3.31)，可以得到给定 $q^{(1)}(w_i|\boldsymbol{X}_i)$ 时，最小化 K-L 散度的最优 $q(v_i|\boldsymbol{X}_i)$，记作 $q^{(1)}(v_i|\boldsymbol{X}_i)$。由式(3.31)可知，$q^{(1)}(v_i|\boldsymbol{X}_i)$ 是正态分布的密度，其参数依赖于 $\mathbb{E}^{(1)}[w_i|\boldsymbol{X}_i]$ 和 $\mathbb{E}^{(1)}[w_i^{-1}|\boldsymbol{X}_i]$。这样，便得到了 $p(v_i, w_i|\boldsymbol{X}_i)$ 的一个近似

$$
q^{(1)}(v_i|\boldsymbol{X}_i)q^{(1)}(w_i|\boldsymbol{X}_i)
$$

迭代地进行下去，可以得到

$$
\{q^{(2)}(v_i|\boldsymbol{X}_i), q^{(2)}(w_i|\boldsymbol{X}_i)\},\ \{q^{(3)}(v_i|\boldsymbol{X}_i), q^{(3)}(w_i|\boldsymbol{X}_i)\},\ \cdots
$$

直到收敛。例如，当 $q^{(l)}(v_i|\boldsymbol{X}_i)$ 和 $q^{(l)}(w_i|\boldsymbol{X}_i)$ 的分布参数的变化小于某一给定的阈值时，则停止迭代。此时便得到了式 (3.21)中的最优近似密度

$$
q^*(v_i|\boldsymbol{X}_i)q^*(w_i|\boldsymbol{X}_i)
$$

对每个 $i, i = 1, 2, \cdots, n$ 均可以利用变分贝叶斯方法得到近似的密度。由于该近似密度中，v_i 与 w_i 是独立的，$q^*(w_i|\boldsymbol{X}_i)$ 总是广义逆高斯分布的密度函数，$q^*(v_i|\boldsymbol{X}_i)$ 总是正态分布的密度函数，根据式(3.33)和式(3.32)，很容易计算在近似密度下对数完全似然函数的期望。此时，Q 函数中涉及的条件期望均具有简单形式，不涉及数值积分。

在 EM 算法的 E 步中，总是执行变分贝叶斯步骤，得到近似密度，并基于近似密度进行 M 步。值得说明的是，尽管变分贝叶斯近似本身也是迭代得到的，但实际中该迭代过程的收敛速度很快。例如，假如收敛准则为，$\{q^{(l)}(v_i|\boldsymbol{X}_i)q^{(l)}(w_i|\boldsymbol{X}_i)\}$ 在两步迭代中分布参数的 L_1 距离小于 10^{-6}，则通常在十步左右即可达到收敛。因此，在实际的 EM 算法中，应用变分贝叶斯近似方法是很高效的。

2. EM 算法初始化

在使用 EM 算法估计模型参数时，需要给定模型参数估计的初值 $\boldsymbol{\theta}^{(0)}$。一个好的初值可以加快 EM 算法的收敛速度。根据模型设定，可以利用如下方法得到模型参数的初值。首先，利用一个简单的模型拟合每个个体的退化数据，如线性维纳过程模型 $X_i(t) = v_i t + w_i^{1/2} \mathcal{B}(t)$，$i = 1, 2, \cdots, n$。然后，根据每个个体退化漂移率 $\hat{v}_i$ 和扩散系数 $\hat{w}_i$ 的估计值，估计随机效应的分布参数。具体地，将 n 个个体退化漂移率的估计值 $(\hat{v}_1, \hat{v}_2, \cdots, \hat{v}_n)$ 作为来自正态分布 $\mathcal{N}(\mu, \kappa^2)$ 的样本，根据这些样本估计正态分布的参数，作为所提模型中 μ 和 κ^2 的初始估计值

$$\mu^{(0)} = \frac{1}{n} \sum_{i=1}^{n} \hat{v}_i, \quad \left[\kappa^{(0)}\right]^2 = \frac{1}{n} \sum_{i=1}^{n} \left(\hat{v}_i - \mu^{(0)}\right)^2 \tag{3.34}$$

类似地，将 n 个个体退化扩散系数的估计值 $(\hat{w}_1, \hat{w}_2, \cdots, \hat{w}_n)$ 作为来自逆高斯分布 $\mathcal{IG}(\eta, \zeta^{-1})$ 的样本，并根据该样本估计得到的逆高斯分布参数，作为所提模型中 η 和 ζ 的初始估计

$$\eta^{(0)} = \frac{1}{n} \sum_{i=1}^{n} \hat{w}_i, \quad \zeta^{(0)} = \frac{1}{n} \sum_{i=1}^{n} \left(\frac{1}{\hat{w}_i} - \frac{1}{\eta^{(0)}}\right) \tag{3.35}$$

根据仿真实验和实际退化数据的分析，利用上述方法确定的初值可以保证 EM 算法的快速收敛。

3. 估计效果

本小节通过蒙特卡罗仿真，验证应用变分贝叶斯近似的 EM 算法的估计效果。不失一般性，假设真实模型参数为

$$\mu = 1.5, \ \kappa = 4.5, \ \eta = 3.5, \ \zeta = 0.5$$

时间尺度变换函数为线性的，即 $\Lambda(t) = t$。假设所有个体的退化观测时间相同，即 $m_i = m$；观测间隔时间相同，均为 1，即

$$t_{i,j} - t_{i,j-1} = 1, \quad i = 1, 2, \cdots, n, \quad j = 1, 2, ..., m$$

为了检验不同样本量下估计的效果，考虑不同的 n 和 m。具体地，令 n 与 m 均可以取三种不同值 $\{10, 50, 100\}$，并考虑九种不同的 $\{n, m\}$ 组合。在每一组合 $\{n, m\}$ 下，根据式(3.1)中模型生成 n 个个体的退化数据，每个个体有 m 个退化观测量。针对仿真的退化数据，利用所提的 EM 算法对模型参数进行估计。以上过程重复 10^4 次，并考察估计的偏差和均方误差（mean squared error, MSE）。

表 3.1 给出了不同 $\{n, m\}$ 组合下各模型参数估计的偏差和均方误差。可以看到，在不同 $\{n, m\}$ 组合下各模型参数估计的偏差均很小。这表明针对所提模型，变分贝叶斯方法的近似效果很好，未对模型参数的估计带来明显偏差。随着个体数 n 的增大，各模型参数估计的均方误差很快减小。在给定 n 时，随着退化观测数 m 的增加，模型参数 μ 和 κ 估计的均方误差下降不明显。可能的原因是当 m 达到一定水平后（如 $m \geqslant 50$），这些参数估计中的不确定性主要取决于 n，此时再增加 m 也不会显著地降低这些参数估计的均方误差。与之不同，随着 m 的增加，$\hat{\eta}$ 与 $\hat{\zeta}$ 的均方误差的下降就相对明显。整体而言，在中等的 n 和 m 下，极大似然估计具有很小的方差和均方误差，这表明在实际中，在适当的退化数据量下可以比较准确地估计模型。

表 3.1　不同 n 和 m 下参数估计的偏差和均方误差

n	m	μ		κ		η		ζ	
		偏差	MSE	偏差	MSE	偏差	MSE	偏差	MSE
10	10	0.011	2.088	−0.343	1.166	0.207	20.268	−0.045	0.080
	50	0.001	2.046	−0.347	1.140	0.068	15.208	−0.045	0.053
	100	0.005	2.009	−0.347	1.133	0.003	13.980	−0.052	0.049
50	10	0.003	0.421	−0.069	0.220	−0.066	3.412	−0.012	0.015
	50	−0.002	0.418	−0.067	0.209	−0.014	2.915	−0.010	0.011
	100	0.004	0.405	−0.064	0.209	−0.004	2.838	−0.010	0.010
100	10	0.002	0.207	−0.029	0.109	−0.092	1.741	−0.008	0.008
	50	0.005	0.202	−0.032	0.103	0.001	1.428	−0.005	0.006
	100	−0.003	0.199	−0.028	0.102	0.024	1.419	−0.005	0.005

3.2.2　似然值计算

基于前面的贝叶斯近似，可以得到对数似然函数的一个下界。根据式 (3.22)，$p(\boldsymbol{X}_i, v_i, w_i)$ 到 $q(v_i|\boldsymbol{X}_i)q(w_i|\boldsymbol{X}_i)$ 的 K-L 散度满足

$$
\begin{aligned}
&D_{\mathrm{KL}}\left(q(v_i|\boldsymbol{X}_i)q(w_i|\boldsymbol{X}_i)\|p(\boldsymbol{X}_i, v_i, w_i)\right)\\
&= -\ln p(\boldsymbol{X}_i) + D_{\mathrm{KL}}\left(q(v_i|\boldsymbol{X}_i)q(w_i|\boldsymbol{X}_i)\|p(v_i, w_i|\boldsymbol{X}_i)\right)
\end{aligned}
\tag{3.36}
$$

由于 K-L 散度总是非负的，即

$$
D_{\mathrm{KL}}\left(q(v_i|\boldsymbol{X}_i)q(w_i|\boldsymbol{X}_i)\|p(v_i, w_i|\boldsymbol{X}_i)\right) \geqslant 0
$$

因此

$$
-D_{\mathrm{KL}}\left(q(v_i|\boldsymbol{X}_i)q(w_i|\boldsymbol{X}_i)\|p(\boldsymbol{X}_i, v_i, w_i)\right) \leqslant \ln p(\boldsymbol{X}_i)
$$

即 $p(\boldsymbol{X}_i, v_i, w_i)$ 到 $q(v_i|\boldsymbol{X}_i)q(w_i|\boldsymbol{X}_i)$ 的 K-L 散度的相反数总是小于等于对数似然 $\ln p(\boldsymbol{X}_i)$。因此，它是对数似然 $\ln p(\boldsymbol{X}_i)$ 的一个下界。

根据 3.2.1 小节的推导，当 $p(v_i, w_i|\boldsymbol{X}_i)$ 到 $q(v_i|\boldsymbol{X}_i)q(w_i|\boldsymbol{X}_i)$ 的 K-L 散度取到最小值时，即 $q(v_i|\boldsymbol{X}_i)q(w_i|\boldsymbol{X}_i) = q^*(v_i|\boldsymbol{X}_i)q^*(w_i|\boldsymbol{X}_i)$ 时，该下界取到最大值，可作为对数似然的近似

$$G(\boldsymbol{\theta}|\mathbf{X}) \triangleq -D_{\mathrm{KL}}\left(q^*(v_i|\boldsymbol{X}_i)q^*(w_i|\boldsymbol{X}_i)\|p(\boldsymbol{X}_i, v_i, w_i)\right)$$

具体地，其表达式为

$$\begin{aligned}
G(\boldsymbol{\theta}|\mathbf{X}) &= -\sum_{i=1}^{n} D_{\mathrm{KL}}\left(q^*(v_i|\boldsymbol{X}_i)q^*(w_i|\boldsymbol{X}_i)\|p(\boldsymbol{X}_i, v_i, w_i)\right) \\
&= \sum_{i=1}^{n} \int\int q^*(v_i|\boldsymbol{X}_i)q^*(w_i|\boldsymbol{X}_i) \ln \frac{p(\boldsymbol{X}_i, v_i, w_i)}{q^*(v_i|\boldsymbol{X}_i)q^*(w_i|\boldsymbol{X}_i)} \mathrm{d}v_i \mathrm{d}w_i \\
&= \sum_{i=1}^{n} \left(\int\int q^*(v_i|\boldsymbol{X}_i)q^*(w_i|\boldsymbol{X}_i) \ln p(\boldsymbol{X}_i, v_i, w_i) \mathrm{d}v_i \mathrm{d}w_i \right. \\
&\qquad \left. - \int q^*(v_i|\boldsymbol{X}_i) \ln q^*(v_i|\boldsymbol{X}_i) dv_i - \int q^*(w_i|\boldsymbol{X}_i) \ln q^*(w_i|\boldsymbol{X}_i) \mathrm{d}w_i \right) \\
&= \sum_{i=1}^{n} \left(\mathbb{E}\left[\ln p(\boldsymbol{X}_i, v_i, w_i)|\boldsymbol{X}_i\right] \right. \\
&\qquad \left. - \mathbb{E}\left[\ln q^*(v_i|\boldsymbol{X}_i)|\boldsymbol{X}_i\right] - \mathbb{E}[\ln q^*(w_i|\boldsymbol{X}_i)|\boldsymbol{X}_i] \right)
\end{aligned} \tag{3.37}$$

注意，该式中的期望是关于最优近似密度的。

根据前面的变分贝叶斯方法，$q^*(v_i|\boldsymbol{X}_i)$ 是正态分布的密度，$q^*(w_i|\boldsymbol{X}_i)$ 是广义逆高斯分布的密度。不妨记

$$\begin{aligned}
q^*(v_i|\boldsymbol{X}_i) &= \frac{1}{\sqrt{2\pi\kappa_i^2}} \exp\left[-\frac{(v_i - \mu_i)^2}{2\kappa_i^2}\right] \\
q^*(w_i|\boldsymbol{X}_i) &= \frac{(a/b_i)^{c_i/2}}{2\mathcal{K}_{c_i}(\sqrt{ab_i})} w_i^{(c_i-1)} \exp\left[-\frac{1}{2}(aw_i + b_i w_i^{-1})\right]
\end{aligned} \tag{3.38}$$

其中，(μ_i, κ_i) 和 (a, b_i, c_i) 分别是 $q^*(v_i|\boldsymbol{X}_i)$ 和 $q^*(w_i|\boldsymbol{X}_i)$ 的分布参数。相应地

$$\mathbb{E}[\ln q^*(v_i|\boldsymbol{X}_i)|\boldsymbol{X}_i] = -\frac{1}{2}\ln(2\pi\kappa_i^2) - \frac{1}{2\kappa_i^2}\left(\mathbb{E}[v_i^2|\boldsymbol{X}_i] - 2\mu_i\mathbb{E}[v_i|\boldsymbol{X}_i] + \mu_i^2\right) \tag{3.39}$$

$$\begin{aligned}
\mathbb{E}[\ln q^*(w_i|\boldsymbol{X}_i)|\boldsymbol{X}_i] = &\frac{c_i}{2}\ln\frac{a}{b_i} - \ln 2\mathcal{K}_{c_i}(\sqrt{ab_i}) \\
&+ (c_i-1)\mathbb{E}[\ln w_i|\boldsymbol{X}_i] - \frac{1}{2}\left(a\mathbb{E}[w_i|\boldsymbol{X}_i] + b_i\mathbb{E}[w_i^{-1}|\boldsymbol{X}_i]\right)
\end{aligned} \tag{3.40}$$

此外，根据式 (3.13) 的对数完全似然函数，有

$$\mathbb{E}[\ln p(\boldsymbol{X}_i, v_i, w_i)|\boldsymbol{X}_i]$$

$$= -\frac{m_i}{2}\ln(2\pi) - \frac{m_i}{2}\mathbb{E}[\ln w_i|\boldsymbol{X}_i] - \frac{1}{2}\sum_{j=1}^{m_i}\ln\Delta\Lambda_{i,j}$$

$$- \frac{1}{2}\mathbb{E}[w_i^{-1}|\boldsymbol{X}_i]\left[\sum_{j=1}^{m_i}\frac{\Delta X_{i,j}^2}{\Delta\Lambda_{i,j}} - 2\mathbb{E}[v_i|\boldsymbol{X}_i]X_{i,m_i} + \mathbb{E}[v_i^2|\boldsymbol{X}_i]\Lambda_{i,m_i}\right] \quad (3.41)$$

$$- \frac{1}{2}\ln(2\pi\kappa^2) - \frac{1}{2\kappa^2}\left(\mathbb{E}[v_i^2|\boldsymbol{X}_i] - 2\mu\mathbb{E}[v_i|\boldsymbol{X}_i] + \mu^2\right)$$

$$- \frac{1}{2}\ln(2\pi\zeta) - \frac{3}{2}\mathbb{E}[\ln w_i|\boldsymbol{X}_i] - \frac{1}{2\zeta\eta^2}\left(\mathbb{E}[w_i|\boldsymbol{X}_i] - 2\eta + \eta^2\mathbb{E}[w_i^{-1}|\boldsymbol{X}_i]\right)$$

将以上结果代入 $G(\boldsymbol{\theta}|\mathbf{X})$，可得对数似然函数的下界 $G(\boldsymbol{\theta}|\mathbf{X}) = \sum_{i=1}^n G_i(\boldsymbol{\theta}|\boldsymbol{X}_i)$。其中，$G_i(\boldsymbol{\theta}|\boldsymbol{X}_i)$ 为

$$G_i(\boldsymbol{\theta}|\boldsymbol{X}_i) = -\frac{m_i+1}{2}\ln(2\pi) - \frac{1}{2}\sum_{j=1}^{m_i}\ln\Delta\Lambda_{i,j}$$

$$- \frac{1}{2}\mathbb{E}[w_i^{-1}|\boldsymbol{X}_i]\left[\sum_{j=1}^{m_i}\frac{\Delta X_{i,j}^2}{\Delta\Lambda_{i,j}} - 2\mathbb{E}[v_i|\boldsymbol{X}_i]X_{i,m_i} + \mathbb{E}[v_i^2|\boldsymbol{X}_i]\Lambda_{i,m_i}\right]$$

$$- \frac{1}{2}\ln(\kappa^2) - \frac{1}{2\kappa^2}\left(\mathbb{E}[v_i^2|\boldsymbol{X}_i] - 2\mu\mathbb{E}[v_i|\boldsymbol{X}_i] + \mu^2\right)$$

$$+ \frac{1}{2}\ln(\kappa_i^2) + \frac{1}{2\kappa_i^2}\left(\mathbb{E}[v_i^2|\boldsymbol{X}_i] - 2\mu_i\mathbb{E}[v_i|\boldsymbol{X}_i] + \mu_i^2\right)$$

$$- \frac{1}{2}\ln\zeta + \frac{1}{\zeta\eta} - \frac{1}{2\zeta}\mathbb{E}[w_i^{-1}|\boldsymbol{X}_i]$$

$$- \frac{c_i}{2}\ln\frac{a}{b_i} + \ln 2\mathcal{K}_{c_i}(\sqrt{ab_i}) + \frac{1}{2}b_i\mathbb{E}[w_i^{-1}|\boldsymbol{X}_i]$$

$$(3.42)$$

在该式的化简中，用到了 $c_i = (-m_i - 1)/2$ 和 $a = 1/(\zeta\eta^2)$。根据这一下界，可以评价模型的拟合优度，进行模型选择。同时，当时间尺度变换函数 $\Lambda(t)$ 包含未知参数 $\boldsymbol{\alpha}$ 时，基于该下界可以利用截面似然方法估计 $\boldsymbol{\alpha}$。具体地，当给定 $\boldsymbol{\alpha}$ 时，可以根据前面所述的 EM 算法估计其他参数 $(\mu, \kappa^2, \eta, \zeta)$，并计算得到对数似然函数的下界。此时，该下界是参数 $\boldsymbol{\alpha}$ 的函数：对于每个给定的 $\boldsymbol{\alpha}$ 可以得到一个具体的下界值。这样，可以利用数值方法找到最大化该下界的 $\boldsymbol{\alpha}$，便得到 $\boldsymbol{\alpha}$ 的极大似然估计。

3.2.3 漂移率和扩散系数相关性检验

所提模型假设个体的漂移率与扩散系数是独立的，二者不存在相关性。在实际应用中，需要根据退化观测数据检验个体的漂移率与扩散系数间是否存在相关性。如 3.2.1 小节中所述，可以首先利用一个简单模型拟合每一个体的退化数据，得到每一个体退化漂移率和扩散系数的估计值。根据 $(\hat{v}_i, \hat{w}_i), i = 1, 2, \cdots, n$，可以计算漂移率和扩散系数估计值间的皮尔逊相关系数

$$\rho[v, w] = \frac{\sum_{i=1}^{n}(\hat{v}_i - \mu^{(0)})(\hat{w}_i - \eta^{(0)})}{\sqrt{\sum_{i=1}^{n}(\hat{v}_i - \mu^{(0)})^2}\sqrt{\sum_{i=1}^{n}(\hat{w}_i - \eta^{(0)})^2}} \tag{3.43}$$

其中，$\mu^{(0)}$ 和 $\eta^{(0)}$ 分别由式(3.34)和式(3.35)给出。根据计算得到的相关系数，可以初步判断漂移率和扩散系数间是否存在显著的相关性。若相关系数很小，比如 $|\rho(v, w)| < 0.3$，则可以认为漂移率和扩散系数间不存在显著的相关性。此时，便可以考虑使用所提模型对退化数据进行建模分析。反之，若计算得到的相关系数很大，那么在使用本章模型进行建模时便需要特别注意，或者考虑使用第 2 章的模型。

3.2.4 仅考虑随机扩散系数的模型参数估计

本小节考虑前面所述模型的一个特例。在已有的考虑个体异质性的退化建模中，多数模型考虑退化速率或漂移率的异质性，而常假设波动水平是均一的。本章所提模型同时考虑了维纳过程漂移率与扩散系数的异质性。当扩散系数的异质性可以忽略不计，即 $\zeta \to 0$ 时，则所提模型变为仅考虑漂移率异质性的维纳过程模型，如 Whitmore 等 (1997)，Ye 等 (2013) 均考虑了这一模型。另一方面，当 $\kappa \to 0$ 时，则漂移率的异质性消失，此时仅有扩散系数的异质性。这一模型在已有研究中尚未提及，本小节针对这一模型进行简单讨论。

当 $\kappa \to 0$ 时，所提模型退化为

$$X(t)|w = v\Lambda(t) + w^{1/2}\mathcal{B}(\Lambda(t)), \quad w \sim \mathcal{IG}(\eta, \zeta^{-1}) \tag{3.44}$$

这时，$X(t)$ 的无条件分布为

$$
\begin{aligned}
&p(X(t) = x) \\
&= \int_0^\infty \frac{1}{\sqrt{2\pi w\Lambda(t)}} \exp\left(-\frac{(x - v\Lambda(t))^2}{2w\Lambda(t)}\right) \sqrt{\frac{1}{2\pi\zeta w^3}} \exp\left[-\frac{(w-\eta)^2}{2\zeta\eta^2 w}\right] \mathrm{d}w \\
&= \frac{1}{2\pi\sqrt{\zeta\Lambda(t)}} \exp\left(\frac{1}{\zeta\eta}\right) \int_0^\infty w^{-2} \exp\left(-\frac{1}{2}\left(aw + b(x, \Lambda(t))w^{-1}\right)\right) \mathrm{d}w \\
&= \frac{1}{\pi\sqrt{\zeta\Lambda(t)}} \exp\left(\frac{1}{\zeta\eta}\right) \mathcal{K}_{-1}\left(\sqrt{ab(x, \Lambda(t))}\right) \left(\frac{a}{b(x, \Lambda(t))}\right)^{1/2}
\end{aligned}
\tag{3.45}
$$

其中

$$a = \frac{1}{\zeta \eta^2}, \quad b(x, u) = \frac{(x - vu)^2}{u} + \frac{1}{\zeta} \tag{3.46}$$

根据 3.1.2 小节的推导,在给定退化阈值 D_f 时,产品的可靠度由式(3.6)给出。

关于模型参数的估计,此时退化模型的参数为 $\boldsymbol{\theta} = (v, \eta, \zeta, \boldsymbol{\alpha})$。容易得到退化数据的联合概率密度为

$$
\begin{aligned}
p(\boldsymbol{X}_i | \boldsymbol{\theta}) &= \int p(\boldsymbol{X}_i | w_i, \boldsymbol{\theta}) p(w_i | \boldsymbol{\theta}) \mathrm{d} w_i \\
&= \frac{(2\pi)^{c_i}}{\sqrt{\zeta \prod_{i=1}^{m_i} \Delta\Lambda_{i,j}}} \exp\left(\frac{1}{\zeta\eta}\right) 2\mathcal{K}_{c_i}\left(\sqrt{a\tilde{b}_i}\right) \left(\frac{\tilde{b}_i}{a}\right)^{c_i/2}
\end{aligned} \tag{3.47}
$$

其中,(a, c_i) 与式(3.29)中定义相同,而

$$\tilde{b}_i = \left[\sum_{j=1}^{m_i} \frac{\Delta X_{i,j}^2}{\Delta\Lambda_{i,j}} - 2v X_{i,m_i} + v^2 \Lambda_{i,m_i} + \zeta^{-1}\right] \tag{3.48}$$

这样,通过最大化对数似然 $\ell(\boldsymbol{\theta}) = \sum_{i=1}^{n} \ln p(\boldsymbol{X}_i | \boldsymbol{\theta})$,便可以得到模型参数 $\boldsymbol{\theta}$ 的估计。不过,可以看到,作为 $\boldsymbol{\theta}$ 的函数,对数似然函数形式仍然比较复杂,其最大化需要数值优化算法。本小节从估计的便利性出发,考虑利用 EM 算法获得极大似然估计。

仍先假设 $\Lambda(t)$ 的未知参数 $\boldsymbol{\alpha}$ 是给定的,关注参数 (v, η, ζ) 的估计。与 3.2.1 小节类似,将个体的扩散系数 $\boldsymbol{W} = (w_1, w_2, \cdots, w_n)$ 作为缺失数据,并考虑如下的对数完全似然函数

$$\ell_{\mathrm{c}}(\boldsymbol{\theta} | \boldsymbol{W}, \boldsymbol{X}) = \sum_{i=1}^{n} [\ln p(\boldsymbol{X}_i | w_i, \boldsymbol{\theta}) + \ln p(w_i | \boldsymbol{\theta})] \tag{3.49}$$

其中

$$
\begin{aligned}
\ln p(\boldsymbol{X}_i | w_i, \boldsymbol{\theta}) = &-\frac{m_i}{2} \ln(2\pi w_i) - \frac{1}{2} \sum_{j=1}^{m_i} \ln \Delta\Lambda_{i,j} \\
&- \frac{1}{2w_i} \left[\sum_{j=1}^{m_i} \frac{\Delta X_{i,j}^2}{\Delta\Lambda_{i,j}} - 2v X_{i,m_i} + v^2 \Lambda_{i,m_i}\right]
\end{aligned} \tag{3.50}
$$

$\ln p(w_i | \boldsymbol{\theta})$ 由式(3.16)给出。

这样,在 M 步中模型参数 v 可以按下式更新

$$v^{(s+1)} = \frac{\sum_{i=1}^{n} \mathbb{E}[w_i^{-1} | \boldsymbol{X}_i, \boldsymbol{\theta}^{(s)}] X_{i,m_i}}{\sum_{i=1}^{n} \mathbb{E}[w_i^{-1} | \boldsymbol{X}_i, \boldsymbol{\theta}^{(s)}] \Lambda_{i,m_i}} \tag{3.51}$$

而参数 $\{\eta, \zeta\}$ 则可以参考 3.2.1 小节的迭代公式。

该式中，需要计算关于条件分布 $p(w_i|\boldsymbol{X}_i)$ 的期望。该条件分布可以很容易由

$$p(w_i|\boldsymbol{X}_i) = \frac{p(\boldsymbol{X}_i|w_i)p(w_i)}{p(\boldsymbol{X}_i)} = f_{\mathcal{GIG}}(w_i; a, \tilde{b}_i, c_i) \tag{3.52}$$

得到，即给定退化数据 $\boldsymbol{X}_i$ 的条件下，扩散系数 w_i 的条件分布 $p(w_i|\boldsymbol{X}_i)$ 服从参数为 $(a, \tilde{b}_i, c_i)$ 的广义逆高斯分布。因此，M 步中需要的量，即 $\mathbb{E}[w_i|\boldsymbol{X}_i]$ 和 $\mathbb{E}[w_i^{-1}|\boldsymbol{X}_i]$，可以由式(3.33)得到。

这样，可以利用 EM 算法迭代得到给定 $\Lambda(t)$ 时模型参数 (v, η, ζ) 的估计。随后，对应的对数似然值由式(3.47)也可以容易地计算得到。此时的对数似然值显然也是 $\boldsymbol{\alpha}$ 的函数：给定 $\boldsymbol{\alpha}$ 的取值可以得到相应的对数似然值。因此，可以利用数值算法关于 $\boldsymbol{\alpha}$ 最大化似然，进而得到 $\boldsymbol{\alpha}$ 的估计值。

3.3 实 例 验 证

3.3.1 红外 LED 退化数据分析

为了验证所提模型的实际应用效果，本小节利用该模型分析 Yang (2007) 中例 8.10 的红外 LED 退化数据。该组数据在 2.4.1 小节中介绍过，是某种红外 LED 光功率随时间的加速退化数据。如 Yang (2007) 中所述，针对该 LED 共在两组应力水平（工作电流）下进行了加速退化试验。本小节考虑在工作电流 170mA 下的 25 个试样的退化数据，具体可见附表 A.3。图 3.1 给出了这 25 个试样的光功率下降百分比随时间的变化。当 LED 的光功率下降超过 10% 时，则认为 LED 失效。

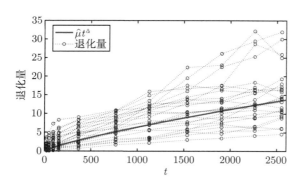

图 3.1 LED 退化数据及期望退化轨迹的估计

由图 3.1 可见，不同试样的退化轨迹分散开来，具有显著的异质性。为了验证这一观察，首先利用简单的线性维纳过程对各试样的退化数据进行拟合，并得

到各试样的漂移率 v 和扩散系数 w 的估计值。图 3.2 给出了针对 25 个试样，估计得到的 $(\hat{v}_i, \hat{w}_i), i = 1, 2, \cdots, 25$ 的散点图。根据散点图，漂移率 $\hat{v}_i$ 与扩散系数 $\hat{w}_i$ 间不存在显著的相关性。特别地，根据 3.2.3 小节中所述，可计算得到 $\hat{v}_i$ 与 $\hat{w}_i$ 间的皮尔逊相关系数为 0.287。这表明二者间的相关性确实比较小，因此，可以考虑利用本章提出的模型对该 LED 退化数据进行拟合分析。

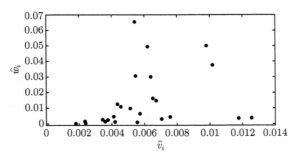

图 3.2　25 个试样的 $(\hat{v}_i, \hat{w}_i)$ 散点图

参考 Yang (2007)，假设退化趋势为幂函数形式，$\Lambda(t) = t^{\alpha}$，利用本章所提模型拟合 LED 退化数据，得到模型参数的估计，如表 3.2 所示。根据模型参数的估计，可以看到，异质的维纳过程漂移率服从正态分布 $\mathcal{N}(2.57 \times 10^{-2}, 1.07 \times 10^{-4})$，扩散系数服从逆高斯分布 $\mathcal{IG}(5.44 \times 10^{-2}, 1/79.67)$。值得注意的是，根据模型估计，服从正态分布的漂移率小于 0 的概率为 0.9935，可以忽略。因此，此处使用正态分布对漂移率进行建模符合漂移率的物理定义。

根据对 α 的估计 $\hat{\alpha} = 0.799$ 可知，LED 的退化具有一定的非线性：退化速率是缓慢下降的（这一点与第 2 章中模型拟合结果相符）。为了验证退化趋势是否存在显著的非线性，这里也考虑本章所提模型中时间尺度变换函数为线性的情形，即 $\Lambda(t) = t$。当 $\Lambda(t)$ 为线性时，模型参数的估计如表 3.2 所示。可以看到，当 $\Lambda(t)$ 为线性时，模型对应的对数似然函数值比幂函数 $\Lambda(t)$ 时的对数似然小得多。当然，幂函数 $\Lambda(t)$ 比线性 $\Lambda(t)$ 多一个参数；考虑模型的复杂度，表 3.2 也给出了两个模型下的 AIC 值。由 AIC 值可见，幂函数 $\Lambda(t)$ 的模型对应更小的 AIC，因

表 3.2　幂函数 $\Lambda(t)$ 和线性 $\Lambda(t)$ 下模型参数的估计值

	幂律	线性
μ	2.57×10^{-2}	5.49×10^{-3}
κ^2	1.07×10^{-4}	6.38×10^{-6}
η	5.44×10^{-2}	1.63×10^{-2}
ζ	79.67	3.51×10^2
α	0.799	—
对数似然值	-428.0	-440.8
AIC 值	866.0	889.6

此，从拟合效果来看，幂函数模型能够更好地拟合 LED 退化趋势。图 3.1 也给出了幂函数 $\Lambda(t)$ 时期望的退化轨迹 $\hat{\mu}t^{\hat{\alpha}}$。由图 3.1 可见，该曲线很好地反映了 LED 整体的退化趋势。

为了验证本章所提模型的拟合效果，这里利用一些已有文献中的模型对 LED 的数据进行拟合。具体地，考虑以下四个模型。

（1）具有正态漂移率的维纳过程模型 (Ye 等, 2013)

$$X(t)|v = v\Lambda(t) + \sigma\mathcal{B}\left(\Lambda(t)\right), \qquad v \sim \mathcal{N}(\mu, \kappa^2)$$

（2）第 2 章的随机效应模型

$$X(t)|v = v\Lambda(t) + \sigma\mathcal{B}\left(v\Lambda(t)\right), \qquad v \sim \mathcal{IG}(\mu, \zeta)$$

（3）Wang (2010) 的正态-伽马随机效应模型

$$X(t)|\{v, w\} = v\Lambda(t) + \sigma\mathcal{B}\left(\Lambda(t)\right)$$

$$w = \sigma^{-2} \sim \mathrm{Gam}(\zeta^{-1}, \eta), \qquad v|w \sim \mathcal{N}(\mu, \kappa^2/w)$$

（4）不考虑随机效应的维纳过程模型

$$X(t) = \mu\Lambda(t) + \sigma\mathcal{B}\left(\Lambda(t)\right)$$

针对以上四个模型，分别考虑线性时间尺度变换函数 $\Lambda(t) = t$ 和幂函数时间尺度变换函数 $\Lambda(t) = t^{\alpha}$，对 LED 数据进行拟合。表 3.3 给出了各模型对应的对数似然值与 AIC 值。根据对数似然值可见，无论是线性 $\Lambda(t)$ 还是幂函数 $\Lambda(t)$，本章所提模型的拟合效果总是优于其他模型。考虑模型的复杂度，根据 AIC 准则，本章模型在所有模型中仍是最优的。因此，对于 LED 退化数据，本章所提出的同时考虑异质的（且不相关的）漂移率和扩散系数的维纳过程模型拟合效果最佳，很好地刻画了退化轨迹的异质性。

表 3.3　不同模型拟合的对数似然值与 AIC 值

模型	$\Lambda(t)$	对数似然值	AIC 值
本章模型	线性	-440.8	889.6
	幂律	-428.0	866.0
正态漂移率维纳过程	线性	-511.4	1028.8
	幂律	-489.6	987.2
第 2 章中模型	线性	-471.5	949.0
	幂律	-447.3	902.6
正态-伽马随机效应模型	线性	-447.9	903.8
	幂律	-432.0	874.0
无随机效应维纳过程	线性	-511.5	1027.0
	幂律	-491.7	989.4

基于拟合得到的模型,可以分析该 LED 产品的可靠性。如前所述,对该 LED 产品,当光功率的下降超过初始值的 10% 时,则认为 LED 失效,即 $D_f = 10$。根据这一失效准则,25 个 LED 试样中有 17 个在试验至 2550 小时处失效,8 个未失效。根据它们的失效(截尾)时间,可以利用非参数的 Kaplan-Meier 估计得到 LED 的可靠度。图 3.3 给出了由寿命数据估计得到的可靠性及其 95% 置信区间。另一方面,根据 3.1.2 小节的分析,可以基于所提模型和估计得到的模型参数得到任意时刻的可靠度。图 3.3 也给出了基于所提模型得到的可靠度。对比可见,基于所提模型得到的可靠度和 Kaplan-Meier 估计相符,这进一步表明所提模型对该 LED 退化数据拟合效果很好,基于该模型的可靠度估计是合理的。

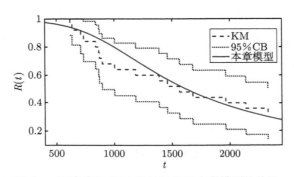

图 3.3　可靠度的 KM 估计及基于本章模型的估计

3.3.2　硬盘磁头退化数据分析

本小节分析一组硬盘磁头的退化数据 (Ye 等, 2013)。该数据来自针对某种硬盘磁头进行的退化试验,具体数据可见附表 A.5。硬盘将数据存储在覆有铁磁性材料的薄膜磁盘上,磁头是读取(写入)数据的关键部件。硬盘工作时,磁盘高速旋转,磁头会被盘片旋转产生的气流抬起,与盘面保持很微小的距离。这种工作方式使得磁盘与磁头不会因为接触摩擦而损坏。但是由于这一距离很小,磁头还是会不可避免地出现磨损老化 (Imamura 等, 2005)。图 3.4 绘制了 9 个试样的退化数据。由图可见,不同试样的退化轨迹具有显著的异质性,因此,考虑利用本章所提模型对该退化数据进行建模分析。

由于退化轨迹看起来是非线性的,因此,这里首先考虑具有幂函数形式的时间尺度变换函数 $\Lambda(t) = t^\alpha$。表 3.4 给出了利用本章所提模型对磁头退化数据进行拟合的结果。由幂函数 $\Lambda(t)$ 中参数的估计 $\hat{\alpha} = 0.543$ 可见,磁头退化数据确实具有显著的非线性。作为对比,该表也给出了线性 $\Lambda(t)$ 下模型参数的估计值、对数似然及 AIC 值。比较两种 $\Lambda(t)$ 下的对数似然值和 AIC 值,可知幂函数 $\Lambda(t)$ 要明显好于线性 $\Lambda(t)$ 下的拟合效果。

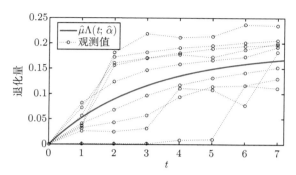

图 3.4 硬盘磁头退化数据及期望退化轨迹的估计

针对退化趋势的具体形式，这里进一步考虑了其他两种形式的时间尺度变换函数：对数形式 $\Lambda(t) = \ln(\alpha t + 1)/\alpha$ 和指数形式 $\Lambda(t) = (\exp(\alpha t) - 1)/\alpha$。表 3.4 给出了不同形式 $\Lambda(t)$ 下的参数估计、对数似然和 AIC 值。比较可以发现，当时间尺度变换函数 $\Lambda(t)$ 取指数形式时，拟合效果最佳。

表 3.4 不同形式 $\Lambda(t)$ 下模型参数的估计结果

	幂律	线性	指数	对数
μ	5.73×10^{-2}	2.32×10^{-2}	6.15×10^{-2}	8.23×10^{-2}
κ^2	5.04×10^{-8}	1.33×10^{-8}	2.59×10^{-8}	5.33×10^{-8}
η	3.46×10^{-3}	1.31×10^{-3}	4.24×10^{-3}	5.05×10^{-3}
ζ	1.04×10^{3}	6.47×10^{2}	1.25×10^{3}	9.09×10^{2}
α	0.543	—	-0.336	1.092
对数似然值	133.7	122.9	139.5	138.4
AIC 值	-257.4	-237.8	-269.0	-266.8

当 $\Lambda(t)$ 为指数形式时，异质的漂移率 v 服从正态分布 $\mathcal{N}(6.15 \times 10^{-2}, 2.59 \times 10^{-8})$。这时，$v$ 的标准差为 1.61×10^{-4}，变异系数为 2.61×10^{-3}。这意味着漂移率的随机性很小，其异质性可以忽略。另一方面，扩散系数 w 服从逆高斯分布 $\mathcal{IG}(4.24 \times 10^{-3}, 1/(1.25 \times 10^{3}))$，对应的标准差为 9.76×10^{-3}，变异系数为 2.30，表明总体中扩散系数的异质性还是较为显著的。当 $\Lambda(t)$ 为其他形式时也有类似结果。因此，对于磁头退化数据，可能扩散系数的异质性是主要的，而漂移率的异质性可忽略。

根据这一观察，这里利用 3.2.4 小节中只考虑扩散系数异质性的模型对磁头退化数据进行分析，结果如表 3.5 所示。通过与表 3.4 进行对比，可以看到仅考虑扩散系数异质性时，各参数的估计值和不同 $\Lambda(t)$ 下的对数似然，与同时考虑漂移率和扩散系数异质性的模型差异不大。由于不考虑漂移率异质性的模型更为简单，从 AIC 准则来看，这里应该采用仅考虑扩散系数异质性的模型。

表 3.5　仅考虑扩散系数异质性时不同形式 $\Lambda(t)$ 下的估计结果

	幂律	线性	指数	对数
v	5.73×10^{-2}	2.32×10^{-2}	6.15×10^{-2}	8.42×10^{-2}
η	3.46×10^{-3}	1.31×10^{-3}	4.24×10^{-3}	5.05×10^{-3}
ζ	1.04×10^{3}	6.47×10^{2}	1.25×10^{3}	9.09×10^{2}
α	0.543	—	-0.336	1.092
对数似然值	133.7	122.9	139.5	138.4
AIC 值	-259.4	-239.8	-271.0	-268.8

为了进一步对比所提模型的拟合效果，这里利用上小节中提到的四种维纳过程模型对磁头退化数据进行拟合。针对每一模型，分别考虑线性 $\Lambda(t)$ 和指数形式 $\Lambda(t)$。表 3.6 给出了不同模型对应的对数似然值和 AIC 值。为了方便比较，该表也列出了仅考虑扩散系数异质性的模型的对数似然和 AIC 值。由表可见，本章所提的仅考虑扩散系数异质性的模型，在指数形式 $\Lambda(t)$ 的趋势下具有最大的对数似然值和最小的 AIC 值。这说明对于硬盘磁头退化数据而言，所提模型能够给出最佳的拟合效果。

表 3.6　不同模型拟合得到的对数似然值与 AIC 值

模型	$\Lambda(t)$	对数似然值	AIC 值
本章 3.2.4 小节模型	线性	122.9	-239.8
	指数	139.5	-271.0
正态漂移率维纳过程	线性	121.4	-236.8
	指数	125.9	-243.8
第 2 章的模型	线性	121.6	-237.2
	指数	126.9	-245.8
正态-伽马随机效应模型	线性	122.2	-236.4
	指数	138.8	-267.6
无随机效应维纳过程	线性	121.6	-239.2
	指数	126.1	-246.2

3.4　本 章 小 结

与第 2 章相同，本章仍围绕总体中退化轨迹具有异质性的现象进行建模分析。与第 2 章不同的是，本章不假设个体退化的漂移率和扩散系数间存在比例关系，而是分别利用两个分布刻画漂移率与扩散系数的异质性。从实际应用与模型估计的角度，假设总体中漂移率服从正态分布，扩散系数服从逆高斯分布。针对这一模型，可以构造 EM 算法进行模型参数的估计。为了简化参数估计的过程，避免数值积分，本章利用变分贝叶斯方法，构造了给定退化观测时个体的漂移率与扩散系数条件分布的近似分布。这种近似使得 EM 算法与似然值的计算变得简单。通过蒙特卡罗仿真，发现该近似对参数估计的影响不大。另外，当忽略漂移率的异质性后，可以得到一个仅考虑扩散系数异质性的维纳过程新模型。最后，本章所提模型应用到实际红外 LED 的光功率退化数据和硬盘磁头退化数据的分析中。通过大量的对比研究，可知所提模型在应用于具有异质性的退化数据时，具有很好的实用性。特别地，通过对硬盘磁头退化数据的分析表明，对于某些退化数据而言，扩散系数的异质性或许会比漂移率的异质性更为显著。

第 4 章　动态环境退化数据建模

实际产品的使用环境和工作应力总是在不断变化的。如日常使用的手机，城市中的出租车，它们所处的环境条件和承受的工作载荷是在动态变化的。动态的环境应力和工作载荷会导致产品使用强度、承受应力随机变化，产品性能的退化过程也随之动态波动。在这种情况下，退化速率通常不会是恒定的，而是动态变化的。本章从这一角度出发，考虑动态环境具有随机退化速率的退化过程，利用随机过程对退化速率本身进行建模。

回顾带漂移的简单维纳过程，具有如下形式

$$X(t) = vt + \sigma\mathcal{B}(t)$$

其中，v 表示漂移率，σ 为扩散系数，$\mathcal{B}(t)$ 为标准布朗运动。漂移率 v 本身刻画了单位时间内的期望退化程度，即退化速率，而期望退化量则是退化速率在时间上的积分。这样，可以将退化量写成

$$X(t) = \int_0^t v\mathrm{d}s + \sigma\mathcal{B}(t)$$

自然地，若环境应力是动态变化的，则退化速率 v 不再是常数，而是随时变化的，即 $v = v(t)$。此时，可以将 $X(t)$ 写成

$$X(t) = \int_0^t v(s)\mathrm{d}s + \sigma\mathcal{B}(t)$$

当产品所处的工作环境是随机变化的，退化速率 $v(t)$ 也应当是随机变化的。此时，自然的想法是将退化速率 $v(t)$ 本身视为一个随机过程。

已有研究中，一些学者考虑了退化速率本身随时间随机变化的情形，见 Wang 等 (2011); Huang 等 (2015); Si (2015)。例如，Wang 等 (2011) 考虑了如下的退化模型

$$
\begin{aligned}
v_j &= v_{j-1} + \kappa\epsilon_j \\
X_j &= X_{j-1} + v_{j-1}(t_j - t_{j-1}) + \sigma\Delta\mathcal{B}_j
\end{aligned}
\tag{4.1}
$$

其中，$\{t_j, j = 0, 1, \cdots\}$ 为退化观测时间，$t_0 = 0$，$v_j = v(t_j)$ 和 $X_j = X(t_j)$ 分别为时刻 t_j 的退化速率和退化量；ϵ_j 表示退化速率的波动，具有独立同分布的标准正态分布；$\Delta\mathcal{B}_j = \mathcal{B}(t_j) - \mathcal{B}(t_{j-1})$ 为退化过程增量中的随机部分。

由式(4.1)可见，在该离散时间模型中，退化速率 v_j 可看作离散的布朗运动，或随机游走。由 $\epsilon_j \sim \mathcal{N}(0,1)$，易知 $\text{Var}[v_j] = \text{Var}[v_0] + j\kappa^2$。可以注意到，$v_j$ 的方差是随时间线性增加的。反映到实际退化过程，这意味着退化速率的不确定性随时间逐渐增大。然而，从实际退化现象或工程经验来看，退化速率尽管有随机性，但其波动水平应当大体恒定，而不会随时间逐渐增加。特别地，退化速率的随机性来自于动态变化的环境和工作应力，而产品的工作环境或承受的应力条件通常是在一定范围内的，因此，退化速率的波动程度应该保持在一个较为稳定的水平。从随机过程建模的角度，应该用一个平稳的随机过程来刻画动态环境下的随机退化速率。一个随机过程是平稳的，是指其在任意有限集合 $t_1, t_2, \cdots, t_m$ 上的联合分布与其在 $t_1 + s, t_2 + s, \cdots, t_m + s$ 上的联合分布相同，即联合分布是时间平移不变的。因此，若假设 $v(t)$ 是一个高斯过程，则要求 $v(t)$ 的均值和方差是恒定的，不随时间 t 变化。

基于这一考虑，一个自然的想法是利用某种具有平稳特性的随机过程对 v_j 进行建模。类比式(4.1)的模型，本章利用一阶自回归模型（autoregressive model of order 1, AR(1)）对随机的漂移率进行建模。仍采用式(4.1)的符号，一阶自回归模型具有如下形式

$$v_j = \mu + \varphi(v_{j-1} - \mu) + \kappa\epsilon_j \tag{4.2}$$

其中，μ 为稳态均值，φ 为自回归系数。显然，当 $\varphi = 1$ 时，式(4.2)变成式(4.1)的随机游走模型。对于式(4.2)的模型，易知

$$\begin{aligned} \mathbb{E}[v_j] &= \mu + \varphi(\mathbb{E}[v_{j-1}] - \mu) = \mu + \varphi^j(\mathbb{E}[v_0] - \mu) \\ \text{Var}[v_j] &= \varphi^2\text{Var}[v_j] + \kappa^2 = \varphi^{2j}\text{Var}[v_0] + \kappa^2\frac{1-\varphi^{2j}}{1-\varphi^2} \end{aligned} \tag{4.3}$$

可见，若 $|\varphi| < 1$，则随着 j 的增大，$\mathbb{E}[v_j]$ 将收敛到 μ，$\text{Var}[v_j]$ 将收敛到 $\kappa^2/(1-\varphi^2)$。特别地，若 $\mathbb{E}[v_0] = \mu, \text{Var}[v_0] = \kappa^2/(1-\varphi^2)$，则 $\mathbb{E}[v_j] = \mu, \text{Var}[v_j] = \kappa^2/(1-\varphi^2)$ 对所有 $j = 1, 2, \cdots$ 都成立，此时 v_j 是平稳的。有界的方差 $\text{Var}[v_j]$ 意味着，任意时刻的漂移率，尽管存在不确定性，但大概率处在某个有界的范围内，如 $\left[\mu - 3\kappa/\sqrt{1-\varphi^2}, \mu + 3\kappa/\sqrt{1-\varphi^2}\right]$。这与动态环境下退化速率的物理含义是相符的。

4.1 模型描述

根据前面描述，本章考虑具有如下形式的退化模型

$$\begin{aligned} v_j =&\, \mu + \varphi(v_{j-1} - \mu) + \kappa\epsilon_j \\ X_j =&\, X_{j-1} + v_{j-1}(\Lambda(t_j) - \Lambda(t_{j-1})) + \sigma[\mathcal{B}(\Lambda(t_j)) - \mathcal{B}(\Lambda(t_{j-1}))] \end{aligned} \tag{4.4}$$

这里引入了时间尺度变换函数 $\Lambda(t) = \Lambda(t; \boldsymbol{\alpha})$，以刻画可能的非线性退化趋势。其中，$\Lambda(t)$ 可包含参数 $\boldsymbol{\alpha}$，且满足 $\Lambda(0) = 0$。其他各符号含义与式(4.1)和式(4.2)中相同。不失一般性，假设 $X_0 = 0$。

对于一阶自回归漂移率 v_j，除了均值和方差，还可得到其自协方差

$$
\begin{aligned}
&\mathrm{Cov}[v_{j+k}, v_j] \\
=&\mathrm{Cov}\left[\mu + \varphi^k(v_j - \mu) + \kappa \sum_{l=1}^{k} \varphi^{l-1}\epsilon_{j+l}, v_j\right] = \varphi^k \mathrm{Var}[v_j], \quad k > 0
\end{aligned}
$$

由此可见，v_j 与 v_{j+k} 间的自协方差与 v_j 本身的方差和延时 k 有关。从漂移率的实际含义及简化模型的目的出发，本章假设 $v_0 = \mu$，即初始退化速率等于稳态速率 μ。此时，有

$$
\begin{aligned}
&\mathbb{E}[v_j] = \mu, \ \mathrm{Var}[v_j] = \kappa^2 \frac{1 - \varphi^{2j}}{1 - \varphi^2} \\
&\mathrm{Cov}[v_{j+k}, v_j] = \kappa^2 \frac{1 - \varphi^{2j}}{1 - \varphi^2} \varphi^k
\end{aligned}
\tag{4.5}
$$

尽管 $\mathrm{Var}[v_j]$ 不是常数，但 $\mathrm{Var}[v_j] < \kappa^2/(1 - \varphi^2)$ 有界，且随着 j 的增大，$\mathrm{Var}[v_j]$ 通常会很快趋于稳态方差。

根据式(4.4)的模型，可知给定退化速率 $v_1, v_2, \cdots$ 时，退化增量是独立的，$X_j - X_{j-1}$ 服从如下正态分布

$$
X_j - X_{j-1}|v_j \sim \mathcal{N}(v_j \Delta\Lambda_j, \sigma^2 \Delta\Lambda_j)
$$

其中，$\Delta\Lambda_j = \Lambda(t_j) - \Lambda(t_{j-1})$。

4.2　模型参数估计

对于式(4.4)中具有随机漂移率的模型，其模型参数为 $\boldsymbol{\theta} = (\mu, \kappa^2, \sigma^2, \boldsymbol{\alpha})$。本节考虑模型参数的估计问题。

假设在时刻 $t_1 < t_2 < \cdots < t_m$ 对某个退化过程进行观测，得到退化观测值 $\boldsymbol{X} = (X_1, X_2, \cdots, X_m)^\top$。根据式(4.5)，可知 $\boldsymbol{V} = (v_1, v_2, \cdots, v_m)^\top$ 服从联合正态分布。不妨记 $\mathrm{Var}[\boldsymbol{V}] = \kappa^2 \Sigma_v$，即 $\boldsymbol{V} \sim \mathcal{N}(\mu\boldsymbol{1}, \kappa^2\Sigma_v)$，其中，$\boldsymbol{1} = (1, 1, \cdots, 1)^\top$ 为各元素均为 1 的 m 维向量，Σ_v 满足

$$
\Sigma_v(j, j+k) = \Sigma_v(j+k, j) = \varphi^k \frac{1 - \varphi^{2j}}{1 - \varphi^2}, \ j = 1, 2, \cdots, m, \ k = 0, 1, \cdots, m-j
$$

此外，在给定 $\boldsymbol{V}$ 时，$\boldsymbol{X}$ 或 $\Delta\boldsymbol{X} = (\Delta X_1, \Delta X_2, \cdots, \Delta X_m)^\top$ 服从正态分布，且 $\Delta\boldsymbol{X}|\boldsymbol{V} \sim \mathcal{N}(\boldsymbol{V} \circ \Delta\boldsymbol{\Lambda}, \sigma^2 \mathrm{diag}(\Delta\boldsymbol{\Lambda}))$，其中，"$\circ$" 表示元素相乘，$\Delta\boldsymbol{\Lambda} = (\Delta\Lambda_1, \Delta\Lambda_2, \cdots, \Delta\Lambda_m)^\top$，$\mathrm{diag}(\Delta\boldsymbol{\Lambda})$ 表示对角线为 $\Delta\boldsymbol{\Lambda}$ 的对角阵。由此可知

$$\Delta\boldsymbol{X} \sim \mathcal{N}(\mu\Delta\boldsymbol{\Lambda}, \Sigma_X)$$

其中

$$\Sigma_X = \kappa^2 \mathrm{diag}(\Delta\boldsymbol{\Lambda})\Sigma_v \mathrm{diag}(\Delta\boldsymbol{\Lambda}) + \sigma^2 \mathrm{diag}(\Delta\boldsymbol{\Lambda})$$

这样，根据 $\Delta\boldsymbol{X}$ 的联合分布，可以得到关于 $\boldsymbol{\theta}$ 的对数似然函数

$$\ell(\boldsymbol{\theta}|\boldsymbol{X}) = -\frac{m}{2}\ln 2\pi - \frac{1}{2}\ln|\Sigma_X| - \frac{1}{2}(\Delta\boldsymbol{X} - \mu\Delta\boldsymbol{\Lambda})^\top \Sigma_X (\Delta\boldsymbol{X} - \mu\Delta\boldsymbol{\Lambda}) \tag{4.6}$$

进一步，$\boldsymbol{\theta}$ 的极大似然估计可通过最大化对数似然函数得到

$$\hat{\boldsymbol{\theta}} = \arg\max_{\boldsymbol{\theta}} \ell(\boldsymbol{\theta}|\boldsymbol{X})$$

可以看到，在对数似然函数中，参数 $(\varphi, \kappa^2, \sigma^2)$ 都包含在协方差矩阵 Σ_X 中，难以得到其极大似然估计的解析表达式。因此，本章构造一个 EM 算法，以更为简便地得到模型参数的极大似然估计值。

4.2.1 EM 算法

现将未观测到的随机漂移率 $\boldsymbol{V}$ 作为缺失数据。首先假设 $\Lambda(t)$ 的参数 $\boldsymbol{\alpha}$ 已知，考虑 $(\mu, \varphi, \kappa^2, \sigma^2)$ 的估计。注意到，$\boldsymbol{V}$ 的联合分布可以写为

$$p(\boldsymbol{V}) = \prod_{j=1}^{m} p(v_j|v_{j-1})$$

其中，$v_j|v_{j-1} \sim \mathcal{N}(\mu + \varphi(v_{j-1} - \mu), \kappa^2)$。因此，在给定完全数据 $\{\boldsymbol{V}, \boldsymbol{X}\}$ 时，对数完全似然函数为

$$\ell_c(\boldsymbol{\theta}|\boldsymbol{V}, \boldsymbol{X}) = \ell_1(\mu, \varphi, \kappa^2|\boldsymbol{V}) + \ell_2(\sigma^2|\boldsymbol{V}, \boldsymbol{X}) \tag{4.7}$$

其中

$$\ell_1(\mu, \varphi, \kappa^2|\boldsymbol{V}) = -\frac{m}{2}\ln 2\pi\kappa^2 - \frac{1}{2\kappa^2}\sum_{j=1}^{m}(v_j - \mu - \varphi(v_{j-1} - \mu))^2$$

$$\ell_2(\sigma^2|\boldsymbol{V}, \boldsymbol{X}) = -\frac{m}{2}\ln 2\pi\sigma^2 - \frac{1}{2}\sum_{j=1}^{m}\ln\Delta\Lambda_j - \frac{1}{2\sigma^2}\sum_{j=1}^{m}\frac{(\Delta X_j - v_j\Delta\Lambda_j)^2}{\Delta\Lambda_j}$$

根据 EM 算法，在每次迭代中需要进行 E 步和 M 步。假设经过第 s 步迭代，模型参数的估计值为 $\boldsymbol{\theta}^{(s)}$。在第 $s+1$ 步迭代中，首先需要进行 E 步，得到如下的 Q 函数

$$Q\left(\boldsymbol{\theta}|\boldsymbol{\theta}^{(s)}\right) = \mathbb{E}\left[\ell_c(\boldsymbol{\theta}|\boldsymbol{V},\boldsymbol{X})|\boldsymbol{X},\boldsymbol{\theta}^{(s)}\right] \tag{4.8}$$

即对对数完全似然函数 ℓ_c 关于条件分布 $p\left(\boldsymbol{V}|\boldsymbol{X},\boldsymbol{\theta}^{(s)}\right)$ 取期望。经过化简可得

$$\begin{aligned}
&Q\left(\boldsymbol{\theta}|\boldsymbol{\theta}^{(s)}\right)\\
=&C - \frac{m}{2}\ln\kappa^2 - \frac{1}{2\kappa^2}\sum_{j=1}^{m}\Big(\mathbb{E}\left[v_j^2|\boldsymbol{X}\right] + \varphi^2\mathbb{E}\left[v_{j-1}^2|\boldsymbol{X}\right] - 2\varphi\mathbb{E}\left[v_jv_{j-1}|\boldsymbol{X}\right]\\
&- 2(1-\varphi)\mu\mathbb{E}\left[v_j|\boldsymbol{X}\right] + 2\varphi(1-\varphi)\mu\mathbb{E}\left[v_{j-1}|\boldsymbol{X}\right] + (1-\varphi)^2\mu^2\Big)\\
&- \frac{m}{2}\ln\sigma^2 - \frac{1}{2\sigma^2}\sum_{j=1}^{m}\left(\frac{\Delta X_j^2}{\Delta\Lambda_j} - 2\mathbb{E}\left[v_j|\boldsymbol{X}\right]\Delta X_j + \mathbb{E}\left[v_j^2|\boldsymbol{X}\right]\Delta\Lambda_j\right)
\end{aligned} \tag{4.9}$$

其中，C 是与模型参数无关的常量。为简化符号，在该式的条件期望中省略了 $\boldsymbol{\theta}^{(s)}$。在 E 步后，M 步通过最大化 Q 函数来更新模型参数的估计值

$$\boldsymbol{\theta}^{(s+1)} = \arg\max_{\boldsymbol{\theta}} Q\left(\boldsymbol{\theta}|\boldsymbol{\theta}^{(s)}\right)$$

根据式(4.9)，通过对 Q 函数关于 $(\mu,\varphi,\kappa^2,\sigma^2)$ 取偏导，令偏导数为 0 并化简可得

$$\varphi^{(s+1)} = \frac{m\sum_{j=1}^{m}\mathbb{E}[v_jv_{j-1}|\boldsymbol{X}] - \sum_{j=1}^{m}\mathbb{E}[v_j|\boldsymbol{X}]\sum_{j=1}^{m}\mathbb{E}[v_{j-1}|\boldsymbol{X}]}{m\sum_{j=1}^{m}\mathbb{E}[v_{j-1}^2|\boldsymbol{X}] - (\sum_{j=1}^{m}\mathbb{E}[v_{j-1}|\boldsymbol{X}])^2}$$

$$\mu^{(s+1)} = \frac{1}{m\left(1-\varphi^{(s+1)}\right)}\sum_{j=1}^{m}\left(\mathbb{E}[v_j|\boldsymbol{X}] - \varphi^{(s+1)}\mathbb{E}[v_{j-1}|\boldsymbol{X}]\right)$$

$$\begin{aligned}
\left[\kappa^{(s+1)}\right]^2 =& \frac{1}{m}\sum_{j=1}^{m}\Big(\mathbb{E}[v_j^2|\boldsymbol{X}] + \left[\varphi^{(s+1)}\right]^2\mathbb{E}[v_{j-1}^2|\boldsymbol{X}]\\
&- 2\varphi^{(s+1)}\mathbb{E}[v_jv_{j-1}|\boldsymbol{X}] - \left[(1-\varphi^{(s+1)})\mu^{(s+1)}\right]^2\Big)
\end{aligned}$$

$$\left[\sigma^{(s+1)}\right]^2 = \frac{1}{m}\sum_{j=1}^{m}\left(\frac{\Delta X_j^2}{\Delta\Lambda_j} - 2\mathbb{E}[v_j|\boldsymbol{X}]\Delta X_j + \mathbb{E}[v_j^2|\boldsymbol{X}]\Delta\Lambda_j\right)$$

这样，通过重复 E 步和 M 步，可以迭代获得模型参数的估计值，直至收敛。例如，当两步迭代中参数估计值的 L_1 距离小于 10^{-6} 时，可认为 EM 算法已收敛。此时得到估计值即可作为模型参数的极大似然估计。

1. 条件期望计算：滤波

在 EM 算法中，为计算 M 步所需的各条件期望

$$\mathbb{E}[v_j|\boldsymbol{X}], \quad \mathbb{E}[v_j^2|\boldsymbol{X}], \quad \mathbb{E}[v_j v_{j-1}|\boldsymbol{X}]$$

需要得到在给定退化观测 $\boldsymbol{X}$ 的条件下，未知漂移率 $\boldsymbol{V} = (v_1, v_2, \cdots, v_m)^\top$ 的条件分布。

根据前面的讨论，由于

$$\boldsymbol{V} \sim \mathcal{N}(\mu \mathbf{1}, \kappa^2 \Sigma_v)$$

$$\Delta \boldsymbol{X} | \boldsymbol{V} \sim \mathcal{N}(\boldsymbol{V} \circ \Delta \boldsymbol{\Lambda}, \sigma^2 \mathrm{diag}(\Delta \boldsymbol{\Lambda}))$$

可知 $\boldsymbol{V}|\boldsymbol{X}$ 服从正态分布，满足

$$\mathbb{E}[\boldsymbol{V}|\boldsymbol{X}] = \mu \mathbf{1} + \mathrm{diag}(\Delta \boldsymbol{\Lambda}) \Sigma_v \Sigma_X^{-1} (\Delta \boldsymbol{X} - \mu \Delta \boldsymbol{\Lambda})$$

$$\mathrm{Var}[\boldsymbol{V}|\boldsymbol{X}] = \Sigma_v - \mathrm{diag}(\Delta \boldsymbol{\Lambda}) \Sigma_v \Sigma_X^{-1} \Sigma_v \mathrm{diag}(\Delta \boldsymbol{\Lambda})$$

但是，该式中涉及矩阵求逆和矩阵相乘，当 m 较大时，需要较大计算量。特别地，当利用实时数据进行在线分析时，对计算资源具有较多约束，可能无法应用该式求解。另一方面，在 E 步中，仅需要计算 $\mathbb{E}[v_j^2|\boldsymbol{X}]$ 和 $\mathbb{E}[v_j v_{j-1}|\boldsymbol{X}]$，即 $\boldsymbol{V}|\boldsymbol{X}$ 的协方差矩阵的对角线和次对角线，而不需要完整的协方差矩阵，因此，本小节利用随机过程中的滤波与平滑算法，给出 E 步中条件期望的便捷求解方法。

在随机过程中，根据序贯得到的观测值推测当前时刻未知系统状态的操作称为滤波 (filtering)，而根据所有的观测推测任意时刻未知系统状态的操作称为平滑 (smoothing)。具体地，滤波关注在持续观测中，如何根据 $t_j, j = 1, 2, \cdots$ 时刻的退化观测历史 $\boldsymbol{X}_{1:j} = (X_1, X_2, \cdots, X_j)^\top$，推断 $v_j|\boldsymbol{X}_{1:j}$。而平滑算法则关注根据某时刻 t_m 的所有观测 $\boldsymbol{X} = \boldsymbol{X}_{1:m}$，推断之前任意时刻的 $v_j|\boldsymbol{X}_{1:m}, j = 1, 2, \cdots, m$。可见，EM 算法中需要利用平滑算法得到 $v_j|\boldsymbol{X}_{1:m}$。平滑算法通常包括正向操作和反向操作两步。其中，正向操作为滤波问题，即得到所有 $v_j|\boldsymbol{X}_{1:j}, j = 1, 2, \cdots, m$。由于滤波算法中，在每新增一个退化观测 X_{j+1} 时，可以根据 $v_j|\boldsymbol{X}_{1:j}$ 及新增的 X_{j+1}，方便地得到 $v_{j+1}|\boldsymbol{X}_{1:j+1}$，也即

$$v_1|\boldsymbol{X}_1, \ v_2|\boldsymbol{X}_{1:2}, \ \cdots, \ v_m|\boldsymbol{X}_{1:m}$$

是按照时间方向正向序贯地得到，因此，滤波称为正向操作。作为类比，反向操作是逆着时间的方向，序贯地得到

$$v_{m-1}|\boldsymbol{X}_{1:m}, \ v_{m-2}|\boldsymbol{X}_{1:m}, \ \cdots, \ v_1|\boldsymbol{X}_{1:m}$$

的过程。

根据式(4.4)中模型的形式，可以将 v_j 视为未知的系统状态，将退化（增）量视为反映未知状态的观测。根据模型假设，可知 $v_1 \sim \mathcal{N}(\mu, \kappa^2)$，$X_1|v_1 \sim \mathcal{N}(v_1 \Delta \Lambda_1, \sigma^2 \Delta \Lambda_1)$。因此，由

$$p(v_1|X_1) = \frac{p(v_1)p(X_1|v_1)}{p(X_1)} \propto p(v_1)p(X_1|v_1)$$

可知 $v_1|X_1$ 也是正态分布的。若记 $v_1|X_1 \sim \mathcal{N}(\mu_{1|1}, \omega_{1|1})$，可得

$$\mu_{1|1} = \frac{\kappa^2 X_1 + \sigma^2 \mu}{\kappa^2 \Delta \Lambda_1 + \sigma^2}, \quad \omega_{1|1} = \frac{\kappa^2 \sigma^2}{\kappa^2 \Delta \Lambda_1 + \sigma^2}$$

若已知 $v_j|X_{1:j} \sim \mathcal{N}(\mu_{j|j}, \omega_{j|j})$，根据式(4.4)，可得

$$p(v_{j+1}|X_{1:j}) = \int p(v_{j+1}|v_j)p(v_j|X_{1:j})\mathrm{d}v_j$$

化简可知 $v_{j+1}|X_{1:j}$ 也是正态的，$v_{j+1}|X_{1:j} \sim \mathcal{N}(\mu_{j+1|j}, \omega_{j+1|j})$，其中

$$\mu_{j+1|j} = \mu + \varphi(\mu_{j|j} - \mu), \quad \omega_{j+1|j} = \varphi^2 \omega_{j|j} + \kappa^2 \tag{4.10}$$

进一步，在给定 $\{v_{j+1}, X_{1:j}\}$ 时，有

$$X_{j+1}|\{v_{j+1}, X_{1:j}\} \sim \mathcal{N}(X_j + v_{j+1}\Delta \Lambda_{j+1}, \sigma^2 \Delta \Lambda_{j+1})$$

因此，由

$$p(v_{j+1}|X_{1:j+1}) \propto p(v_{j+1}|X_{1:j})p(X_{j+1}|v_{j+1}, X_{1:j})$$

可得 $v_{j+1}|X_{1:j+1} \sim \mathcal{N}(\mu_{j+1|j+1}, \omega_{j+1|j+1})$，其中

$$\mu_{j+1|j+1} = \frac{\omega_{j+1|j}\Delta X_{j+1} + \sigma^2 \mu_{j+1|j}}{\omega_{j+1|j}\Delta \Lambda_{j+1} + \sigma^2}, \quad \omega_{j+1|j+1} = \frac{\omega_{j+1|j}\sigma^2}{\omega_{j+1|j}\Delta \Lambda_{j+1} + \sigma^2} \tag{4.11}$$

这样，根据式(4.10)与式(4.11)，每当新观测到一个退化量 X_{j+1}，便可以方便地更新实时漂移率的条件分布参数。

2. 条件期望计算：平滑

根据前小节方法，可以对所有 $j = 1, 2, \cdots, m$ 迭代得到 $v_j|X_{1:j}$。由此可得，t_m 时刻漂移率的条件分布 $v_m|\boldsymbol{X}_{1:m}$，用于计算 EM 算法中需要的条件期望。但是，对于 $j = 1, 2, \cdots, m-1$，$v_j|\boldsymbol{X}_{1:j}$ 和 $v_j|\boldsymbol{X}_{1:m}$ 是不同的，还需要进一步计算得到 $v_j|\boldsymbol{X}_{1:m}, j = 1, 2, \cdots, m-1$。如前所述，根据滤波操作的结果，可以通过反向操作得到 $v_j|\boldsymbol{X}$ 及 $(v_j, v_{j-1})|\boldsymbol{X}$。

首先，根据滤波操作已得到 $v_m|\boldsymbol{X}_{1:m}$，即 $v_m|\boldsymbol{X}$。其次，假设已知 $v_j|\boldsymbol{X} \sim \mathcal{N}(\mu_{j|m}, \omega_{j|m})$，则有

$$p(v_{j-1}|\boldsymbol{X}) = \int p(v_{j-1}, v_j|\boldsymbol{X})\mathrm{d}v_j = \int p(v_{j-1}|v_j, \boldsymbol{X})p(v_j|\boldsymbol{X})\mathrm{d}v_j \quad (4.12)$$

注意到

$$
\begin{aligned}
p(v_{j-1}|v_j, \boldsymbol{X}) &= p(v_{j-1}|v_j, \boldsymbol{X}_{1:j-1}) \\
&= \frac{p(v_{j-1}|\boldsymbol{X}_{1:j-1})p(v_j|v_{j-1})}{p(v_j|\boldsymbol{X}_{1:j-1})} \propto p(v_{j-1}|\boldsymbol{X}_{1:j-1})p(v_j|v_{j-1})
\end{aligned}
\quad (4.13)
$$

在该式中，第一个等式是因为在给定 v_j 和 $\boldsymbol{X}_{1:j-1}$ 的条件下，t_{j-1} 时刻的漂移率 v_{j-1} 与 t_j 后的观测 $\boldsymbol{X}_{j:m} = (X_j, X_{j+1}, \cdots, X_m)^\top$ 是独立的。第二个等式则用到在给定 v_{j-1} 的条件下，v_j 与 $\boldsymbol{X}_{1:j-1}$ 独立。由于在滤波操作中已知 $v_{j-1}|\boldsymbol{X}_{1:j-1} \sim \mathcal{N}(\mu_{j-1|j-1}, \omega_{j-1|j-1})$，且 $v_j|v_{j-1} \sim \mathcal{N}(\mu + \varphi(v_{j-1} - \mu), \kappa^2)$，由式(4.13)可得

$$p(v_{j-1}|v_j, \boldsymbol{X}) \propto \exp\left(-\frac{(v_{j-1} - \mu_{j-1|j-1})^2}{2\omega_{j-1|j-1}} - \frac{(v_j - \mu - \varphi(v_{j-1} - \mu))^2}{2\kappa^2}\right) \quad (4.14)$$

由此可见 $v_{j-1}|\{v_j, \boldsymbol{X}\}$ 也服从正态分布，化简可得

$$v_{j-1}|\{v_j, \boldsymbol{X}\} \sim \mathcal{N}\left(\frac{\varphi(v_j - (1-\varphi)\mu)\omega_{j-1|j-1} + \mu_{j-1|j-1}\kappa^2}{\omega_{j-1|j-1}\varphi^2 + \kappa^2}, \frac{\omega_{j-1|j-1}\kappa^2}{\omega_{j-1|j-1}\varphi^2 + \kappa^2}\right)$$
$$(4.15)$$

进一步，将式(4.15)代入式(4.12)，化简可知 $v_{j-1}|\boldsymbol{X}$ 服从如下正态分布

$$
\begin{aligned}
v_{j-1}|\boldsymbol{X} \sim \mathcal{N}\Bigg(&\frac{\varphi(\mu_{j|m} - (1-\varphi)\mu)\omega_{j-1|j-1} + \mu_{j-1|j-1}\kappa^2}{\omega_{j-1|j-1}\varphi^2 + \kappa^2}, \\
&\frac{\varphi^2\omega_{j-1|j-1}^2}{(\omega_{j-1|j-1}\varphi^2 + \kappa^2)^2}\omega_{j|m} + \frac{\omega_{j-1|j-1}\kappa^2}{\omega_{j-1|j-1}\varphi^2 + \kappa^2}\Bigg)
\end{aligned}
$$

这样，利用 $v_j|\boldsymbol{X}$ 和滤波的结果，可以得到 $v_{j-1}|\boldsymbol{X}$。因此，可以对所有 $j = m-1, m-2, \cdots, 1$ 求得 $v_j|\boldsymbol{X}$ 的均值和方差，进而有

$$\mathbb{E}[v_j|\boldsymbol{X}] = \mu_{j|m}, \quad \mathbb{E}[v_j^2|\boldsymbol{X}] = \mu_{j|m}^2 + \omega_{j|m}$$

根据上述推导，也可以得到 $\mathbb{E}[v_j v_{j-1}|\boldsymbol{X}]$。具体地，

$$\mathrm{Cov}[v_j, v_{j-1}|\boldsymbol{X}]$$

$$=\mathbb{E}[\mathrm{Cov}[v_j, v_{j-1}|v_j, \boldsymbol{X}]|\boldsymbol{X}] + \mathrm{Cov}[\mathbb{E}[v_j|v_j, \boldsymbol{X}], \mathbb{E}[v_{j-1}|v_j, \boldsymbol{X}]|\boldsymbol{X}]$$

$$=\mathrm{Cov}\left[v_j, \frac{\varphi v_j \omega_{j-1|j-1}}{\omega_{j-1|j-1}\varphi^2 + \kappa^2}\Big|\boldsymbol{X}\right] = \frac{\varphi \omega_{j-1|j-1}}{\omega_{j-1|j-1}\varphi^2 + \kappa^2}\omega_{j|m}$$

式中，$\mathrm{Cov}[v_j, v_{j-1}|v_j, \boldsymbol{X}] = 0$，$\mathbb{E}[v_j|v_j, \boldsymbol{X}] = v_j$，而 $\mathbb{E}[v_{j-1}|v_j, \boldsymbol{X}]$ 可见式(4.15)。根据 $\mathrm{Cov}[v_j, v_{j-1}|\boldsymbol{X}]$，可以得到

$$\mathbb{E}[v_j v_{j-1}|\boldsymbol{X}] = \frac{\varphi \omega_{j-1|j-1}}{\omega_{j-1|j-1}\varphi^2 + \kappa^2}\omega_{j|m} + \mu_{j|m}\mu_{j-1|m}$$

由此可见，在给定退化观测 $\boldsymbol{X}$ 的条件下，经过正向滤波和反向迭代，可以很容易得到 Q 函数中所需的条件期望。这一操作的计算复杂度为 $O(m)$，与退化观测序列长度 m 成正比，要远小于矩阵运算的计算量。

4.2.2　似然值计算

给定退化观测数据后，根据式(4.6)，可以计算在任意 $\boldsymbol{\theta}$ 处的对数似然值。但是，对数似然中包含 $\boldsymbol{X}$ 的协方差矩阵，涉及矩阵的取逆和行列式的计算，在 m 较大时容易出现数值问题。基于前面的滤波操作，本小节给出一种计算对数似然值的简便方法。

根据式(4.4)，可知 $\boldsymbol{X}$ 的联合概率密度具有如下形式

$$p(\boldsymbol{X}) = \prod_{j=1}^m p(X_j|X_{0:j-1}) = p(X_1)\prod_{j=2}^m p(X_j|X_{1:j-1})$$

其中，$X_0 = 0$。

首先，由于 $v_1 \sim \mathcal{N}(\mu, \kappa^2)$，且 $X_1|v_1 \sim \mathcal{N}(v_1\Delta\Lambda_1, \sigma^2\Delta\Lambda_1)$，可知 $X_1 \sim \mathcal{N}(\mu\Delta\Lambda_1, \sigma^2\Delta\Lambda_1 + \kappa^2\Delta\Lambda_1^2)$。

其次

$$\begin{aligned} p(X_j|X_{1:j-1}) &= \int p(X_j|v_j, X_{1:j-1})p(v_j|X_{1:j-1})\mathrm{d}v_j \\ &= \int p(X_j|v_j, X_{j-1})p(v_j|X_{1:j-1})\mathrm{d}v_j \end{aligned} \quad (4.16)$$

这里，在给定 v_j 和 X_{j-1} 的条件下，X_j 与 $X_{1:j-2}$ 是独立的。根据滤波操作，可知 $v_j|X_{1:j-1}$ 是服从均值为 $\mu_{j|j-1}$、方差为 $\omega_{j|j-1}$ 的正态分布，如式(4.10)所示。另一方面，根据式(4.4)的退化量模型，$X_j|\{v_j, X_{j-1}\}$ 服从正态分布 $\mathcal{N}(X_{j-1} + v_j\Delta\Lambda_j, \sigma^2\Delta\Lambda_j)$。将这两部分结果代入式(4.16)，可得

$$X_j|X_{1:j-1} \sim \mathcal{N}\left(X_{j-1} + \mu_{j|j-1}\Delta\Lambda_j, \sigma^2\Delta\Lambda_j + \omega_{j|j-1}\Delta\Lambda_j^2\right)$$

根据以上结果，若记 $\mu_{1|0} = \mu, \omega_{1|0} = \kappa^2$，则对数似然函数可以写成

$$\ell(\boldsymbol{\theta}|\boldsymbol{X}) = -\frac{m}{2}\ln 2\pi - \frac{1}{2}\sum_{j=1}^{m}\ln\left(\sigma^2\Delta\Lambda_j + \omega_{j|j-1}\Delta\Lambda_j^2\right)$$

$$-\frac{1}{2}\sum_{j=1}^{m}\frac{(\Delta X_j - \mu_{j|j-1}\Delta\Lambda_j)^2}{\sigma^2\Delta\Lambda_j + \omega_{j|j-1}\Delta\Lambda_j^2}$$

这样，就可以计算任意 $\boldsymbol{\theta}$ 处的对数似然值。

计算对数似然值可以用于模型选择和假设检验，也可以用于估计时间尺度变换函数的未知参数 $\boldsymbol{\alpha}$。具体地，根据 4.2.1 小节中 EM 算法，在给定 $\boldsymbol{\alpha}$ 时，可以得到模型参数的估计 $(\hat{\mu}, \hat{\varphi}, \hat{\kappa}^2, \hat{\sigma}^2)$。这里，极大似然估计 $(\hat{\mu}, \hat{\varphi}, \hat{\kappa}^2, \hat{\sigma}^2)$ 是在给定 $\boldsymbol{\alpha}$ 下得到的，是 $\boldsymbol{\alpha}$ 的函数。将其代入 $\ell(\boldsymbol{\theta}|\boldsymbol{X})$，可以得到对数似然值。该对数似然也是 $\boldsymbol{\alpha}$ 的函数

$$\ell_p(\boldsymbol{\alpha}|\boldsymbol{X}) = \ell(\hat{\boldsymbol{\theta}}(\boldsymbol{\alpha})|\boldsymbol{X}) = \ell(\hat{\mu}(\boldsymbol{\alpha}), \hat{\varphi}(\boldsymbol{\alpha}), \hat{\kappa}(\boldsymbol{\alpha}), \hat{\sigma}(\boldsymbol{\alpha}), \boldsymbol{\alpha}|\boldsymbol{X})$$

因此，可以通过最大化这一关于 $\boldsymbol{\alpha}$ 的截面似然，得到 $\boldsymbol{\alpha}$ 的极大似然估计，进而得到 $(\hat{\mu}, \hat{\varphi}, \hat{\kappa}^2, \hat{\sigma}^2)$。

当具有多个独立个体的退化数据时，仍可利用前面的算法进行模型参数的估计。假设有 n 个个体的退化数据。其中，对第 i 个个体在 m_i 个时刻 $\boldsymbol{T}_i = (t_{i,1}, t_{i,2}, \cdots, t_{i,m_i})^{\top}$ 进行了退化观测，得到退化观测值 $\boldsymbol{X}_i = (X_{i,1}, X_{i,2}, \cdots, X_{i,m_i})^{\top}$。记第 i 个个体在其退化观测时刻 $\boldsymbol{T}_i$ 处的随机漂移率为 $\boldsymbol{V}_i = (v_{i,1}, v_{i,2}, \cdots, v_{i,m_i})^{\top}$。此时可将 $\boldsymbol{V}_i, i = 1, 2, \cdots, n$ 作为缺失数据，并构造对数完全似然函数

$$\ell_c(\boldsymbol{\theta}|\boldsymbol{V}_1, \boldsymbol{V}_2, \cdots, \boldsymbol{V}_n, \boldsymbol{X}_1, \boldsymbol{X}_2, \cdots, \boldsymbol{X}_n) = \sum_{i=1}^{n}\ell_c(\boldsymbol{\theta}|\boldsymbol{V}_i, \boldsymbol{X}_i)$$

其中，$\ell_c(\boldsymbol{\theta}|\boldsymbol{V}_i, \boldsymbol{X}_i)$ 的形式如式(4.7)所示。

根据 EM 算法，可以迭代得到模型参数的估计值。其中，在 E 步中，由于各个个体的退化是独立的，未观测漂移率的条件分布与其他个体无关，因此，可根据 4.2.1 小节的平滑算法，得到各个个体随机漂移率的条件分布 $p(\boldsymbol{V}_i|\boldsymbol{X}_i)$。在 M 步中，各模型参数可以如下更新

$$\varphi^{(s+1)} = \frac{\sum_{i=1}^{n}\sum_{j=1}^{m_i}\mathbb{E}[v_{i,j}v_{i,j-1}|\boldsymbol{X}_i] - \frac{\sum_{i=1}^{n}\sum_{j=1}^{m_i}\mathbb{E}[v_{i,j}|\boldsymbol{X}_i]\sum_{j=1}^{m_i}\mathbb{E}[v_{i,j-1}|\boldsymbol{X}_i]}{\sum_{i=1}^{n}m_i}}{\sum_{i=1}^{n}\sum_{j=1}^{m_i}\mathbb{E}[v_{i,j-1}^2|\boldsymbol{X}_i] - \frac{(\sum_{i=1}^{n}\sum_{j=1}^{m_i}\mathbb{E}[v_{i,j-1}|\boldsymbol{X}_i])^2}{\sum_{i=1}^{n}m_i}}$$

$$\mu^{(s+1)} = \frac{1}{\sum_{i=1}^{n}m_i(1 - \varphi^{(s+1)})}\sum_{i=1}^{n}\sum_{j=1}^{m_i}\left(\mathbb{E}[v_{i,j}|\boldsymbol{X}_i] - \varphi^{(s+1)}\mathbb{E}[v_{i,j-1}|\boldsymbol{X}_i]\right)$$

$$
\begin{aligned}
\left[\kappa^{(s+1)}\right]^2 &= \frac{1}{\sum_{i=1}^{n} m_i} \sum_{i=1}^{n} \sum_{j=1}^{m_i} \Big(\mathbb{E}[v_{i,j}^2 | \boldsymbol{X}_i] + \left[\varphi^{(s+1)}\right]^2 \mathbb{E}[v_{i,j-1}^2 | \boldsymbol{X}_i] \\
&\quad - 2\varphi^{(s+1)} \mathbb{E}[v_{i,j} v_{i,j-1} | \boldsymbol{X}_i] - \left[(1-\varphi^{(s+1)})\mu^{(s+1)}\right]^2 \Big) \\
\left[\sigma^{(s+1)}\right]^2 &= \frac{1}{\sum_{i=1}^{n} m_i} \sum_{i=1}^{n} \sum_{j=1}^{m_i} \left(\frac{\Delta X_{i,j}^2}{\Delta \Lambda_{i,j}} - 2\mathbb{E}[v_{i,j} | \boldsymbol{X}_i] \Delta X_{i,j} + \mathbb{E}[v_{i,j}^2 | \boldsymbol{X}_i] \Delta \Lambda_{i,j} \right)
\end{aligned}
$$

此外，在给定 $\boldsymbol{\theta}$ 时，根据 4.2.2小节步骤，可以计算各 $\ell(\boldsymbol{\theta}|\boldsymbol{X}_i)$，进而得到对数似然函数值。随后，可以利用截面似然函数法估计 $\Lambda(t;\boldsymbol{\alpha})$ 的未知参数 $\boldsymbol{\alpha}$。

4.3 实 例 验 证

为了验证所提模型的实际应用效果，本节考虑某种环氧树脂涂层材料的户外退化试验数据，具体数据可见附表 A.6。该数据来自美国国家标准与技术研究院（National Institute of Standards and Technology, NIST），整个试验持续四年，时间跨度为 2002 ~ 2006 年，试验地点为马里兰州盖瑟斯堡 (Gu 等, 2009)。在该试验中，涂覆了涂层材料的试件被放置在室外屋顶的试验箱中。涂层在环境暴露过程中，在温、湿度作用和紫外线照射下，某些官能团或化学键会发生断裂，有效成分的含量下降，涂层材料会发生老化。在傅里叶红外光谱分析中，特定频率处的吸收度可反映有效成分的含量。因此，通过比较不同时刻的频谱分析结果，可观察涂层中有效成分的退化情况。特别地，在频谱图中波数为 1250cm^{-1} 处，该位置峰值的变化对应于涂层中聚芳醚 C-O 键的断裂。

为验证本章模型的应用效果，本节以其中一组试件的退化数据为例进行分析。该组数据共包含四个个体的退化数据，具体退化轨迹如图 4.1 所示。由图可见，涂层材料的退化速率呈现非匀速的退化特征，这主要可能是由环境的变化，包括温

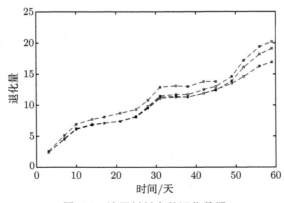

图 4.1 涂层材料室外退化数据

度、辐照条件的波动造成的。因此，本节利用具有随机漂移率的维纳过程模型对该数据进行建模分析。

针对涂层退化数据，考虑可能存在的非线性趋势。本节考虑三种常用的退化趋势模型：

（1）线性趋势：$\Lambda(t) = t$；

（2）幂函数趋势：$\Lambda(t) = t^\alpha$；

（3）指数函数趋势：$\Lambda(t) = (\exp(\alpha t) - 1)/\alpha$。

根据前面的 EM 算法及截面似然方法，可以估计得到各模型参数，同时可以得到相应的对数似然值。表 4.1 给出了三种趋势下模型参数的估计及对应的对数似然值。此外，考虑模型参数个数的不同，同时计算了各模型对应的 AIC 值。对比各模型的对数似然值与 AIC 值可知，当退化趋势 $\Lambda(t)$ 为幂函数形式时，拟合的效果最好。图 4.2 给出了在幂函数形式的退化趋势下，涂层材料的期望退化轨迹 $\hat{\mu}t^{\hat{\alpha}}$。

表 4.1   涂层材料室外退化数据的拟合结果

	线性	幂律	指数
$\hat{\mu}$	0.319	0.584	0.399
$\hat{\varphi}$	0.438	0.440	0.458
$\hat{\kappa}^2$	0.052	0.155	0.075
$\hat{\sigma}^2$	0.110×10^{-2}	0.158×10^{-2}	0.116×10^{-2}
$\hat{\alpha}$	—	0.845	−0.021
对数似然值	−75.1	−69.7	−72.6
AIC 值	158.2	149.4	155.2

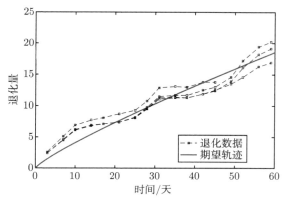

图 4.2   幂函数退化趋势下的期望退化轨迹

对于具有幂函数趋势的模型，其一阶自回归漂移率的回归系数 φ 的估计值为 0.440，表明随机漂移率具有一定的自相关性。漂移率的稳态方差为 $\hat{\kappa}^2/(1-\hat{\varphi}^2) =$

0.193，表明漂移率的波动性较大，动态漂移率随时间是显著变化的。图 4.3 给出了四个试件对应的平滑漂移率 $\mathbb{E}[v_{i,j}|\boldsymbol{X}_i]$。可以看到，平滑漂移率是围绕随机漂移率的稳态均值 $\hat{\mu}$ 波动的，且平滑漂移率随时间的波动明显。这也说明，对于该室外涂层退化数据，利用具有随机漂移率的维纳过程模型进行建模是必要的。

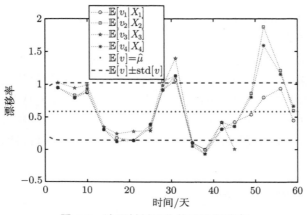

图 4.3　涂层材料退化的平滑漂移率

　　为了对比模型的拟合效果，这里利用式(4.1)中随机漂移率为随机游走的维纳过程模型，以及常规的漂移率恒定的维纳过程模型对涂层退化数据进行拟合。注意，这两个模型可看作本章模型在 $\varphi=1$ 和 $\kappa=0$ 时的特例。针对这两个模型，仍考虑三种不同形式的 $\Lambda(t)$，即线性形式、幂函数形式与指数函数形式。表 4.2 给出了利用三种不同模型在不同形式的退化趋势下拟合涂层退化数据，对应的对数似然值和 AIC 值。对比各模型的对数似然值和 AIC 值可知，所提模型总是优于带随机游走漂移率的模型及恒定漂移率的模型，而所提模型在幂函数趋势下拟合效果是最好的。

表 4.2　利用不同模型的拟合结果

模型	$\Lambda(t)$	对数似然值	AIC 值
	线性	−75.1	158.2
本章模型	幂律	−69.7	149.4
	指数	−72.6	155.2
	线性	−77.5	161.0
随机游走漂移率	幂律	−77.2	162.4
	指数	−77.5	163.0
	线性	−80.1	164.2
恒定漂移率	幂律	−73.2	152.4
	指数	−78.1	162.2

4.4 讨论和扩展

本章针对动态环境下产品退化速率会随时变化的情况，提出了具有随机漂移率的维纳过程。这一模型主要针对离散测量情形，假设漂移率会在测量时发生变化，而在两次测量期间保持恒定。当实际中对退化过程进行等时间间隔观测时，本章的离散模型可作为一个合理的近似。但是，当测量过程非均匀时，离散时间模型可能无法很好地刻画真实情况。因此，可以考虑将本章模型推广到连续时间情形。

4.4.1 连续时间模型

对于式(4.4)的退化速率模型，不妨假设等间隔测量，即 $t_j - t_{j-1} = \Delta t$ 为常数。直观地，测量间隔越大，v_j 与 v_{j-1} 的相关性应该越小，而 $v_j|v_{j-1}$ 的不确定性应该越大。因此，参数 φ 及 κ 应该是与 Δt 有关的。这里将它们记为 $\varphi_{\Delta t}$ 和 $\kappa_{\Delta t}$。根据式(4.4)，在某一时刻 t_j，经过时间 Δt，退化速率由 v_j 变成 v_{j+1}，满足

$$v(t_j + \Delta t) = v_{j+1} = \mu + \varphi_{\Delta t}(v_j - \mu) + \kappa_{\Delta t}\epsilon_j \tag{4.17}$$

可以设想，如果测量间隔变为 $\Delta t/2$，则由时刻 t_j 经过两倍的测量间隔，仍会达到 $v(t_j + \Delta t)$，此时满足

$$
\begin{aligned}
v(t_j + \Delta t) &= \mu + \varphi_{\Delta t/2}(v(t_j + \Delta t/2) - \mu) + \kappa_{\Delta t/2}\tilde{\epsilon}_1 \\
&= \mu + \varphi_{\Delta t/2}^2(v_j - \mu) + \kappa_{\Delta t/2}(\tilde{\epsilon}_1 + \varphi_{\Delta t/2}\tilde{\epsilon}_2)
\end{aligned} \tag{4.18}
$$

其中，$\tilde{\epsilon}_1$ 和 $\tilde{\epsilon}_2$ 为标准正态分布误差。对比式(4.17)和式(4.18) 可以发现，应有 $\varphi_{\Delta t} = \varphi_{\Delta t/2}^2$。考虑到 Δt 的任意性，易得 $\varphi_{\Delta t} = \mathrm{e}^{\tilde{\varphi}\Delta t}$，其中 $\tilde{\varphi}$ 为一个常数。另外，应有 $\kappa_{\Delta t}^2 = (1 + \mathrm{e}^{\tilde{\varphi}\Delta t})\kappa_{\Delta t/2}^2$。该式没有简单解，但当 Δt 很小时，应有 $\mathrm{e}^{\tilde{\varphi}\Delta t} \approx 1$ 及 $\kappa_{\Delta t}^2 \approx 2\kappa_{\Delta t/2}^2$。由此可知 $\kappa_{\Delta t}^2 \approx \tilde{\kappa}^2\Delta t$。因此，随机漂移率可以写成

$$v(t + \Delta t) = \mu + \mathrm{e}^{\tilde{\varphi}\Delta t}(v(t) - \mu) + \tilde{\kappa}\sqrt{\Delta t}\epsilon_j$$

记 $v_t = v(t)$，当 $\Delta t \to 0$，可得如下微分方程

$$\mathrm{d}v_t = \tilde{\varphi}(\mu - v(t))\mathrm{d}t + \tilde{\kappa}\mathrm{d}W(t)$$

其中，$W(t)$ 为一个标准布朗运动。这一微分方程定义了一种称为 Ornstein-Uhlenbeck（O-U）过程的随机过程。该微分方程的解可以写成

$$v_t = v_0\mathrm{e}^{-\tilde{\varphi}t} + \mu\left(1 - \mathrm{e}^{-\tilde{\varphi}t}\right) + \tilde{\kappa}\int_0^t \mathrm{e}^{-\tilde{\varphi}(t-s)}\mathrm{d}W(s)$$

由于本章假设 $v_0 = \mu$，该式又可化简为

$$v_t = \mu + \tilde{\kappa}\int_0^t \mathrm{e}^{-\tilde{\varphi}(t-s)}\mathrm{d}W(s)$$

根据以上推导，O-U 过程可视为一阶自回归过程的连续化，而一阶自回归过程可视为 O-U 过程的离散近似。显然，此时有 $\mathbb{E}[v_t] = \mu$，$\mathrm{Var}[v_t] = \tilde{\kappa}^2(1 - \mathrm{e}^{-2\tilde{\varphi}t})/(2\tilde{\varphi})$。

这样，利用 O-U 过程对随机漂移率进行建模，可将本章模型推广到如下的连续时间模型

$$v(t) = \mu + \tilde{\kappa}\int_0^t \mathrm{e}^{-\tilde{\varphi}(t-s)}\mathrm{d}W(s) \tag{4.19}$$

$$X(t) = \int_0^t v(s)\mathrm{d}\Lambda(s) + \sigma^2\mathcal{B}(\Lambda(t)) \tag{4.20}$$

4.4.2 融合协变量信息

在动态变化的环境和工作应力下，产品的退化会受到随机的加速或减速作用。例如，产品工作的环境温度可能是动态变化的，而产品的退化速率可能与工作环境的温度具有很强相关性。针对这种情形，本章利用具有随机漂移率的维纳过程刻画动态环境对退化速率的影响。在实际中，通过安装合适的传感器，环境应力（如温度、湿度）和工作应力（如电压、载重）等是可以实时记录的。如果能将实时应力信息融入退化建模中，可以更为准确地建立动态环境下产品退化的规律。

假设实际中有多种协变量 $(Z_1(t), Z_2(t), \cdots, Z_K(t))^\top$，如湿度、温度等，这些协变量会影响产品的退化速率。这时，可以假设

$$v(t) = h(Z_1(t), Z_2(t), \cdots, Z_K(t); \boldsymbol{\beta})$$

其中，h 是包含参数 $\boldsymbol{\beta}$ 的 K 元确定性函数。例如，h 的常见形式为

$$h(Z_1(t), Z_2(t), \cdots, Z_K(t); \boldsymbol{\beta}) = \exp\left(\beta_0 + \sum_{k=1}^K \beta_k Z_k(t)\right)$$

通过这种模型，可以量化动态环境应力对维纳过程漂移率的影响，得到具有动态漂移率的退化模型。此时，退化量 $X(t)$ 可用式(4.20)进行建模。

另外，退化速率除了受到可观测的协变量的影响，还可能受到其他不可观测因素的影响。这些不可观测的因素可能因为在数据收集过程中没有考虑而未观测。例如，出租车没有专门记录载荷谱和路面特征，则在研究其轮胎磨损时无法得到这些信息。也可能因为某些应力数据收集存在困难而未观测，如产品中使用了某些货架部件无法后期加装传感器。这时，退化速率既包括受协变量影响的确定性部分，也包括受不可观测因素影响的随机性部分 (Zhang 等, 2023)。此时，一个自然的模型如下

$$v(t) = \tilde{v}(t)h(Z_1(t), Z_2(t), \cdots, Z_K(t); \boldsymbol{\beta})$$

其中，$\tilde{v}(t)$ 表示受不可观测因素影响的随机部分，可用式(4.19)的 O-U 过程对其进行建模。此时，退化量的模型仍可用式(4.20)。

从参数估计的角度，在实际中会在给定的时刻点同时收集到协变量数据与退化数据。这时，可以利用极大似然估计估计模型的未知参数。从预测或可靠性分析的角度，有必要对协变量本身的变化过程进行建模。若在一个平稳的动态环境中，当协变量取离散值时，可以考虑利用连续时间马尔可夫链对其进行建模；当协变量取连续值时，则可以考虑利用某些连续的平稳随机过程（如 O-U 过程）对其进行建模。

4.5 本章小结

本章针对动态环境下的退化建模问题，考虑随机环境（工作）应力的影响，提出了一种具有随机漂移率的维纳过程模型，以刻画动态环境影响下的退化过程。该模型以一阶自回归模型刻画随机的漂移率，一方面可以刻画动态环境下退化速率的波动，另一方面符合环境通常是平稳的这一实际情形。具有随机漂移率的维纳过程模型可视为对常规的具有恒定漂移率维纳过程的推广。针对这一模型，本章讨论了根据实时退化测量值推断实时退化速率的滤波方法。这在在线退化监测时常常是很有用的。针对所提模型，本章也给出了基于 EM 算法的估计方法，可以方便地进行模型参数估计。通过所提模型在涂层户外退化数据的应用研究，以及与已有模型拟合效果的对比，可以看到本章模型在真实产品退化建模中，特别是针对外场使用条件下的退化建模，具有很强的实用性。

第 5 章　动态环境成组退化数据建模

产品的退化过程与其承受的应力条件具有紧密联系。在应力条件恶劣时，个体的退化速率大，而应力条件较缓和时，个体退化得慢。由于承受应力条件的差异，个体退化过程有快有慢，使得不同环境下的退化过程存在异质性。对于动态环境下的退化过程，由于应力条件是随时变化的，不同时刻的应力条件是不同的。这意味着，同一地点不同时间的环境也是具有异质性的。因此，考虑动态环境作用，即使来自同一地点的退化数据也可能存在异质性。

同一地点可能有多个个体同时工作或接受测试。例如，在退化试验中，通常的试验平台或试验箱一次可容纳多个试样同时进行试验。当多个个体同时工作时，它们经受相同的应力条件，可将这些个体看作一组。在相同应力条件下，同组个体的退化过程将呈现出相近的退化特征。另一方面，不同组的个体由于应力条件的差异，退化特征则会有一定的不同。因此，考虑动态环境下多个体的同时退化，在建模时需要考虑变化的应力对退化的影响。即应力既带来了同组个体退化的相似性，也带来了不同组个体退化的异质性。此时，若忽略动态环境作用，认为所有个体的退化是独立同分布的，则可能给分析带来偏差。

例如，图 5.1 给出了两组共 16 个蓝光 LED 的流明随时间退化的数据。两组个体各包含 8 个试样，每组内的试样同时开始试验，在试验过程中同时进行退化观测。由图可见，组内的退化数据具有相近的退化趋势。为了进一步说明，可计算 16 条轨迹的逐点平均，并用每个试样的退化量减去总的平均退化量，得到各试样退化量的残差，如图 5.2 所示。由残差图可以更加清晰地看到两组退化间的差异，即第一组的残差偏向负值，而第二组的残差偏向正值。因此，两组退化数据间具有不同的特征，有理由怀疑两组退化数据不是独立同分布的，需要进一步分析确定。

为刻画组间异质性，一种常用的方法是引入一个（随机）区组因子，用以解释组间效应。但是，在动态的随机环境下，环境作用是动态时变的，仅使用一个固定的区组因子可能无法准确刻画随机环境的时变影响。因此，本章针对动态的随机环境，利用一个随机过程刻画环境影响，并在此基础上提出具有共同随机时间尺度的维纳过程模型，以刻画动态环境下考虑区组效应的退化过程。

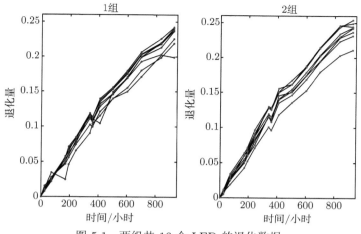

图 5.1 两组共 16 个 LED 的退化数据

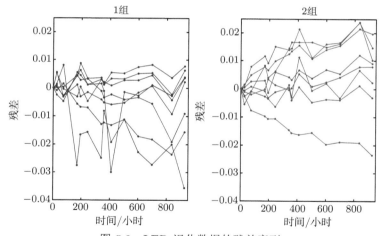

图 5.2 LED 退化数据的残差序列

5.1 模型描述

首先考虑 n 个个体作为一组, 在同一环境下使用(运行)并发生性能退化。每一个体的退化过程可以利用如下的维纳过程模型进行刻画

$$X_i(t)|H = H(t) + \sigma \mathcal{B}_i(H(t)), \quad i = 1, 2, \cdots, n \tag{5.1}$$

其中, σ 为扩散系数, $\mathcal{B}_i, i = 1, 2, \cdots, n$ 为独立的标准布朗运动, $\{H(t); t \geqslant 0\}$ 为 n 个个体共同的时间尺度变换函数。

如前所述,时间尺度变换函数 $H(t)$ 刻画了产品的某种"实质寿命"。所谓实质寿命,是指在当前时刻,当前的退化程度对应的某种基准条件下的日历时间。这等价于假设在基准应力水平下,产品的退化服从

$$X_0(h) = h + \sigma \mathcal{B}(h)$$

而在任意其他水平下,产品的退化规律具有基准应力下相同的形式,但是时间尺度变为 $h = H(t)$。这类似于第 2 章中提到的加速失效时间的思想。比如,在某一条件下,其时间尺度为 $H(t) = t$,则表明该条件下产品在任意时刻的退化和基准应力下同一时刻的退化相当。若 $H(t) = \mu t$ 且 $\mu > 1$,则表明此条件下,产品在任意时刻的退化等于基准水平下 μt 处的退化。这也意味着该条件下,任意单位时间内的退化等价于基准应力下退化的 μ 倍。一般地,在某一给定条件下,若其时间尺度为 $H(t)$,则表明产品在此条件下,在任意时刻 t 退化程度等价于基准应力下 $H(t)$ 处的退化程度。或者说,产品在时刻 t 的实质寿命为 $H(t)$。

在动态的随机环境下,产品的退化会时快时慢。当环境应力增大时,产品的退化会加快;当环境应力比较缓和时,产品的退化速率也会随之下降。因此,产品的实质寿命 $H(t)$ 本身不是确定性的,而是依赖动态环境,具有不确定性。因此,可以将 $H(t)$ 视为一个随机过程,以刻画动态的环境作用。

根据时间尺度 $H(t)$ 的物理意义,它应该是单调非减的。本章利用逆高斯过程刻画随机的时间尺度 $H(t)$。逆高斯过程具有独立增量,其在任意区间 $(t, t+s]$ 上的增量服从逆高斯分布。具体地,$H(t)$ 的增量如下

$$H(t+s) - H(s) \sim \mathcal{IG}\left((\Lambda(t+s) - \Lambda(s)), \zeta^{-1}(\Lambda(t+s) - \Lambda(s))^2\right), \ t, s > 0 \quad (5.2)$$

这里引入了确定性变换函数 $\Lambda(\cdot)$,用以刻画可能的非线性退化趋势。参数 $\zeta > 0$ 为形状参数。

逆高斯过程是单调递增的随机过程,很适合描述产品的实质寿命随日历时间的变化。在概率论中,把这种用于描述另一个随机过程中(随机的)时间流逝的过程称为从属过程。在 Barndorff-Nielsen (1997) 中,逆高斯过程被用作维纳过程的从属过程,由此产生的复合过程称为正态-逆高斯过程。根据逆高斯分布的性质,可知

$$\mathbb{E}[H(t)] = \Lambda(t), \ \mathrm{Var}[H(t)] = \zeta \Lambda(t)$$

这表明 $\Lambda(\cdot)$ 是期望的时间尺度,且当形状参数 ζ 趋于 0 时,随机的时间尺度 $H(t)$ 变为确定性的 $\Lambda(t)$。假定 $\Lambda(0) = 0$。值得注意的是,当 $n = 1$ 时,本章模型变为 Wang (2009b) 考虑的正态-逆高斯过程。

针对上述模型，有 $X_i(t)|H \sim \mathcal{N}(H(t), \sigma^2 H(t))$，进而容易得到

$$\mathbb{E}[X_i(t)] = \mathbb{E}\left[\mathbb{E}[X_i(t)|H]\right] = \mathbb{E}[H(t)] = \Lambda(t)$$

$$\begin{aligned}\mathrm{Var}[X_i(t)] &= \mathrm{Var}\left[\mathbb{E}[X_i(t)|H]\right] + \mathbb{E}\left[\mathrm{Var}[X_i(t)|H]\right] \\ &= \mathrm{Var}[H(t)] + \mathbb{E}[\sigma^2 H(t)] = (\zeta + \sigma^2)\Lambda(t)\end{aligned} \quad (5.3)$$

因此，退化过程 $X(t)$ 的期望恰好是 $\Lambda(t)$，而方差则由参数 ζ 和 σ^2 共同决定。如前所述，若 $\zeta \to 0$，则随机时间尺度变为确定性的时间尺度，此时退化过程则变为常规的维纳过程。若 $\sigma^2 \to 0$，则 $X(t) \xrightarrow{P} H(t)$，此时同组内个体的退化将重合，由服从逆高斯过程的随机时间尺度刻画。此外，可以得到任意时刻组内两个个体退化量间的协方差为

$$\begin{aligned}&\mathrm{Cov}[X_i(t), X_{i'}(t)] \\ &= \mathbb{E}[\mathrm{Cov}[X_i(t), X_{i'}(t)|H]] + \mathrm{Cov}[\mathbb{E}[X_i(t)|H], \mathbb{E}[X_{i'}(t)|H]] \\ &= \mathrm{Cov}[H(t), H(t)] = \zeta\Lambda(t)\end{aligned} \quad (5.4)$$

因此，任意时刻组内两个个体退化量间的皮尔逊相关系数为

$$\rho[X_i(t), X_{i'}(t)] = \frac{\mathrm{Cov}[X_i(t), X_{i'}(t)]}{\sqrt{\mathrm{Var}[X_i(t)]\mathrm{Var}[X_{i'}(t)]}} = \frac{\zeta}{\zeta + \sigma^2} \quad (5.5)$$

值得注意的是，二者间的相关系数与 $\Lambda(t)$ 无关。

5.2　模型参数估计

对该组所有 n 个个体，在 m 个时间点 $\boldsymbol{T} = (t_1, t_2, \cdots, t_m)^\top$ 测量其退化量，测得第 i 个个体的退化量为 $\boldsymbol{X}_i = (X_{i,1}, X_{i,2}, \cdots, X_{i,m})^\top$，其中，$X_{i,j} = X_i(t_j)$，$i = 1, 2, \cdots, n$，$j = 1, 2, \cdots, m$。根据上一节模型假设，在给定随机时间尺度 H 的条件下，第 i 个个体的退化过程具有独立的正态增量，而且不同个体的退化数据 $\boldsymbol{X}_1, \boldsymbol{X}_2, \cdots, \boldsymbol{X}_n$ 是独立的。

记 $\Lambda_0 = 0$，$\Lambda_j = \Lambda(t_j)$，$\Delta\Lambda_j \triangleq \Lambda_j - \Lambda_{j-1}$，$j = 1, 2, \cdots, m$。此外，记 $H_0 = 0$，$H_j = H(t_j)$，$\Delta H_j \triangleq H_j - H_{j-1}$。由于随机时间尺度服从逆高斯过程，可知 $\Delta H_j \sim \mathcal{IG}(\Delta\Lambda_j, \zeta^{-1}\Delta\Lambda_j^2)$。最后，记 $X_{i,0} = 0$，$\Delta X_{i,j} \triangleq X_{i,j} - X_{i,j-1}$。给定 ΔH_j 的条件下，每一试样的退化增量均服从独立正态分布

$$(\Delta X_{i,j}|\Delta H_j) \sim \mathcal{N}(\Delta H_j, \sigma^2 \Delta H_j), i = 1, 2, \cdots, n, j = 1, 2, \cdots, m \quad (5.6)$$

因此，退化增量具有如下性质

$$\mathbb{E}[\Delta X_{i,j}] = \mathbb{E}\left[\mathbb{E}[\Delta X_{i,j}|\Delta H_j]\right] = \mathbb{E}[\Delta H_j] = \lambda_j$$

$$\mathrm{Var}[\Delta X_{i,j}] = \mathrm{Var}\left[\mathbb{E}[\Delta X_{i,j}|\Delta H_j]\right] + \mathbb{E}\left[\mathrm{Var}[\Delta X_{i,j}|\Delta H_j]\right] \qquad (5.7)$$

$$= \mathrm{Var}[\Delta H_j] + \mathbb{E}[\sigma^2 \Delta H_j] = (\zeta + \sigma^2)\lambda_j$$

关于 ΔH_j 求期望，可得同组 n 个试样在 $(t_{j-1}, t_j]$ 内的退化增量 $\Delta \boldsymbol{X}_{:,j} = (\Delta X_{1,j}, \Delta X_{2,j}, \cdots, \Delta X_{n,j})$ 的联合概率密度

$$
\begin{aligned}
p(\Delta \boldsymbol{X}_{:,j}) &= \int_0^\infty p(\Delta \boldsymbol{X}_{:,j}|\Delta H_j)p(\Delta H_j)\mathrm{d}\Delta H_j \\
&= \int_0^\infty \prod_{i=1}^n \frac{1}{\sqrt{2\pi\sigma^2\Delta H_j}} \exp\left(-\frac{(\Delta X_{i,j} - \Delta H_j)^2}{2\sigma^2\Delta H_j}\right) \\
&\quad \times \left(\frac{\lambda_j^2}{2\pi\zeta\Delta H_j^3}\right)^{\frac{1}{2}} \exp\left(-\frac{(\Delta H_j - \lambda_j)^2}{2\zeta\Delta H_j}\right)\mathrm{d}\Delta H_j \qquad (5.8) \\
&= \frac{2}{(2\pi)^{\frac{n+1}{2}}} \frac{\lambda_j}{\sqrt{\zeta\sigma^{2n}}} \left(\frac{a}{b_j}\right)^{\frac{n+1}{4}} \\
&\quad \times \exp\left(\frac{\lambda_j}{\zeta} + \frac{\sum_{i=1}^n \Delta X_{i,j}}{\sigma^2}\right) \mathcal{K}_{-\frac{n+1}{2}}\left(\sqrt{ab_j}\right)
\end{aligned}
$$

其中

$$a = \frac{1}{\zeta} + \frac{n}{\sigma^2}, \quad b_j = \frac{\lambda_j^2}{\zeta} + \frac{\sum_{i=1}^n \Delta X_{i,j}^2}{\sigma^2} \qquad (5.9)$$

$\mathcal{K}_c(z)$ 为第二类修正贝塞尔函数。注意到，不同测量区间上的退化增量向量 $\Delta \boldsymbol{X}_{:,j}$，$j = 1, 2, \cdots, m$ 是相互独立的。

记包含 n 个个体的一组退化数据为 $O = \{\boldsymbol{T}, m, \mathbf{X}, n\}$，其中，$\mathbf{X} = \{\boldsymbol{X}_1, \boldsymbol{X}_2, \cdots, \boldsymbol{X}_n\}$。在实际中，可能要进行若干组试验或收集到若干组个体的退化数据。假设实际中得到 K 组这样的退化数据，记第 k 组退化数据为 $O_k = \{\boldsymbol{T}_k, m_k, \mathbf{X}_k, n_k\}, k = 1, 2, \cdots, K$。需要根据退化数据估计模型参数 $\boldsymbol{\theta} = (\Lambda, \sigma^2, \zeta)$。本章首先考虑一个非参数的 Λ，研究模型的估计；随后考虑 Λ 具有某种参数形式，讨论其模型参数的估计。

根据式(5.8)，基于所有退化观测数据 $\mathcal{O} = \{O_1, O_2, \cdots, O_n\}$，可得如下的对数似然函数

$$\ell(\boldsymbol{\theta}|\mathcal{O}) = \sum_{k=1}^{K} \sum_{j=1}^{m_k} \ln p\left(\Delta \boldsymbol{X}_{k,:,j}|\boldsymbol{\theta}\right)$$

$$= \sum_{k=1}^{K} \sum_{j=1}^{m_k} \left\{ \ln 2 + c_k \ln(2\pi) + \ln \lambda_{k,j} - \frac{1}{2} \ln \zeta \right.$$

$$- \frac{n_k}{2} \ln \sigma^2 - \frac{c_k}{2} \ln \frac{a_k}{b_{k,j}} + \frac{\lambda_{k,j}}{\zeta} \tag{5.10}$$

$$\left. + \frac{\sum_{i=1}^{n_k} \Delta X_{k,i,j}}{\sigma^2} + \ln \mathcal{K}_{c_k}\left(\sqrt{a_k b_{k,j}}\right) \right\}$$

其中，$\Delta X_{k,i,j} = X_{k,i,j} - X_{k,i,j-1}$，$\lambda_{k,j} = \Lambda(t_{k,j}) - \Lambda(t_{k,j-1})$，$\Delta \boldsymbol{X}_{k,:,j} = (\Delta X_{k,1,j},$ $\Delta X_{k,2,j}, \cdots, \Delta X_{k,n_k,j})^\top$。另外

$$a_k = \frac{1}{\zeta} + \frac{n_k}{\sigma^2}, \; b_{k,j} = \frac{\lambda_{k,j}^2}{\zeta} + \frac{\sum_{i=1}^{n_k} \Delta X_{k,i,j}^2}{\sigma^2}, \; c_k = -\frac{n_k+1}{2}$$

根据对数似然函数，可通过最大化对数似然函数，得到模型参数 $\boldsymbol{\theta}$ 的极大似然估计 $\hat{\boldsymbol{\theta}} = (\hat{\Lambda}, \hat{\sigma}^2, \hat{\zeta})$ 为

$$(\hat{\Lambda}, \hat{\sigma}^2, \hat{\zeta}) = \arg\max_{\Lambda, \sigma^2, \zeta} \ell(\boldsymbol{\theta}|\mathcal{O})$$

记 K 组退化数据中，退化观测时间集合的并集为 $\mathcal{T} = \cup_{k=1}^{K} \boldsymbol{T}_k = \{T_1, T_2, \cdots, T_L\}$，其中，$T_1 < T_2 < \cdots < T_L$。由于只在 $\mathcal{T}$ 上有退化观测数据，只能估计 Λ 在集合 $\mathcal{T}$ 上的取值。因此，$\hat{\Lambda}$ 为 L 维实数空间 $\{\boldsymbol{\Lambda} \in \mathbb{R}^L : 0 \leqslant \Lambda_1 \leqslant \Lambda_2 \leqslant \cdots \leqslant \Lambda_L\}$ 中的点，针对 Λ 实际上需要估计 L 个值 $\Lambda_l, l = 1, 2, \cdots, L$。

根据以上分析，可见 $\hat{\boldsymbol{\theta}}$ 可通过直接最大化对数似然函数得到。注意到极大似然估计没有解析表达式，因此，需要通过数值方法求解。但是，在利用数值方法求解时，存在以下困难。首先，对数似然函数是关于模型参数的复杂函数，特别是当各组数据的测量时间集合并不完全相同时，对数似然函数尤为复杂。其次，由于需要在 $\mathcal{T}$ 上共 L 个点处估计 Λ，因此，模型参数的维度为 $L+2$。在实际中 L 可能会很大，这就使得优化问题的维度可能会很高，导致优化问题的求解比较困难。此外，对于 $\hat{\Lambda}$ 存在单调约束，进一步增加了优化问题的难度。为了解决模型参数的估计问题，本章给出一种基于 EM 算法的参数估计方法，以实现便捷的模型参数估计。

5.2.1　半参数模型估计

1. 点估计

如前文所述，Λ 仅在 K 组测量时间集合的并集 $\mathcal{T} = \{T_1, T_2, \cdots, T_L\}$ 上可识别，即需要估计这 L 个时刻点处 $\Lambda(t)$ 的取值 $\boldsymbol{\Lambda} = (\Lambda_1, \Lambda_2, \cdots, \Lambda_L)$。为构造 EM 算法，将 K 组未观测到的随机时间尺度 $H(t)$ 在 $\mathcal{T}$ 上的取值作为缺失数据，即

$$\mathbf{H} = \{\boldsymbol{H}_1, \boldsymbol{H}_2, \cdots, \boldsymbol{H}_K\}$$
$$\boldsymbol{H}_k = (H_{k,1}, H_{k,2}, \cdots, H_{k,L}) \tag{5.11}$$
$$H_{k,l} = H_k(T_l), l = 1, 2, \cdots, L$$

其中，$H_k(t)$ 表示第 k 组试样的共同随机时间尺度。

令 $(l_{k,1}, l_{k,2}, \cdots, l_{k,m_k})$ 表示第 k 组数据中的退化观测时间关于并集 $\mathcal{T}$ 的指标集，即第 k 组的第 j 个观测时间 $t_{k,j}$ 对应于并集 $\mathcal{T}$ 中的第 $l_{k,j}$ 个元素 $T_{l_{k,j}}$。这样，$H_k(t)$ 在 $(t_{k,j-1}, t_{k,j}]$ 上的增量可写为

$$\Delta \tilde{H}_{k,j} \triangleq \sum_{l=l_{k,j-1}+1}^{l_{k,j}} \Delta H_{k,l} \tag{5.12}$$

其中，$\Delta H_{k,l} = H_{k,l} - H_{k,l-1}$，$\Delta \tilde{H}_{k,j} = H_k(t_{k,j}) - H_k(t_{k,j-1})$。这里用 $\tilde{H}$ 来表示在 $\boldsymbol{T}_i$ 对应的时刻处随机时间尺度的取值，以区别在 $\mathcal{T}$ 对应的各时刻点处随机时间尺度的值。记 $\Delta \tilde{\boldsymbol{H}}_{k,j} = \bigcup_{l=l_{k,j-1}+1}^{l_{k,j}} \{\Delta H_{k,l}\}$。

基于完全数据 $\{\mathbf{H}, \mathcal{O}\}$，可以得到关于模型参数的对数完全似然函数，表示为

$$\ell_c(\boldsymbol{\theta}|\mathbf{H}, \mathcal{O}) = \sum_{k=1}^{K} \sum_{j=1}^{m_k} \left[\ln p\left(\Delta \tilde{H}_{k,j} \big| \boldsymbol{\Lambda}, \zeta \right) + \ln p\left(\Delta \boldsymbol{X}_{k,:,j} \big| \Delta \tilde{H}_{i,k}, \sigma^2 \right) \right] \tag{5.13}$$
$$= \ell_1\left(\boldsymbol{\Lambda}, \zeta | \mathbf{H} \right) + \ell_2\left(\sigma^2 | \mathbf{H}, \mathcal{O} \right)$$

其中

$$\ell_1(\boldsymbol{\Lambda}, \zeta | \mathbf{H}) = \sum_{k=1}^{K} \sum_{j=1}^{m_k} \ln p\left(\Delta \tilde{H}_{k,j} \big| \boldsymbol{\Lambda}, \zeta \right)$$
$$= \sum_{k=1}^{K} \sum_{j=1}^{m_k} \sum_{l=l_{k,j-1}+1}^{l_{k,j}} \ln p\left(\Delta H_{k,l} \big| \boldsymbol{\Lambda}, \zeta \right)$$
$$= \frac{1}{2} \sum_{k=1}^{K} \sum_{l=1}^{L} 1_{\{l_{k,m_k} \geqslant l\}} \left(2 \ln \lambda_l - \ln(2\pi) - \ln \zeta \right.$$

$$-3\ln\Delta H_{k,l} - \frac{(\Delta H_{k,l} - \lambda_l)^2}{\zeta\Delta H_{k,l}}\Bigg) \tag{5.14}$$

$$\ell_2(\sigma^2|\mathbf{H},\mathcal{O}) = \sum_{k=1}^{K}\sum_{j=1}^{m_k}\ln p\left(\Delta\boldsymbol{X}_{k,:,j}\big|\Delta\tilde{H}_{k,j},\sigma^2\right)$$

$$= -\frac{1}{2}\sum_{k=1}^{K}\sum_{j=1}^{m_k}\sum_{i=1}^{n_k}\Bigg(\ln(2\pi) + \ln\sigma^2 \tag{5.15}$$

$$+ \ln\left(\Delta\tilde{H}_{k,j}\right) + \frac{\left(\Delta X_{k,i,j} - \Delta\tilde{H}_{k,j}\right)^2}{\sigma^2\Delta\tilde{H}_{k,j}}\Bigg)$$

在 $\ell_1(\boldsymbol{\Lambda},\zeta|\mathbf{H})$ 中，$\lambda_l = \Lambda_l - \Lambda_{l-1}, l = 1,2,\cdots,L$；其中，$\Lambda_0 = 0$。若给定完全数据 $\{\mathbf{H},\mathcal{O}\}$，则模型参数的估计可以按下述方式得到。对完全似然函数关于各模型参数求偏导，并令各偏导等于 0，则有

$$\lambda_l = \frac{1 + \sqrt{1 + 4\zeta u_l}}{2u_l}, \quad l = 1,2,\cdots,L$$

$$\zeta = \frac{1}{\sum_{l=1}^{L}\delta_l}\sum_{l=1}^{L}\delta_l\left(\lambda_l^2 u_l - 2\lambda_l + v_l\right)$$

$$\sigma^2 = \frac{1}{\sum_{k=1}^{K}n_i m_i}\sum_{k=1}^{K}\sum_{j=1}^{m_i}\Bigg(n_k\Delta\tilde{H}_{k,j} \tag{5.16}$$

$$- 2\sum_{i=1}^{n_k}\Delta X_{k,i,j} + \sum_{i=1}^{n_k}\Delta X_{k,i,j}^2\Delta\tilde{H}_{k,j}^{-1}\Bigg)$$

其中

$$\delta_l = \sum_{k=1}^{K}1_{\{l_{k,m_k}\geqslant l\}}$$

$$u_l = \frac{1}{\delta_l}\sum_{k=1}^{K}1_{\{l_{k,m_k}\geqslant l\}}\Delta H_{k,l}^{-1} \tag{5.17}$$

$$v_l = \frac{1}{\delta_l}\sum_{k=1}^{K}1_{\{l_{k,m_k}\geqslant l\}}\Delta H_{k,l}$$

根据式(5.16)中前两个等式，可以求解得到 λ_l，$l = 1,2,\cdots,L$ 与 ζ。具体地，将

式(5.16)中第一式代入第二式，可以得到如下等式

$$\sum_{l=1}^{L} \delta_l \frac{\sqrt{1+4\zeta u_l}-1}{2u_l} = \sum_{l=1}^{L} \delta_l \left(v_l - \frac{1}{u_l} \right) \tag{5.18}$$

考虑函数

$$g(\zeta) = \sum_{l=1}^{L} \delta_l \frac{\sqrt{1+4\zeta u_l}-1}{2u_l}$$

满足 $g(0)=0$, $\lim_{\zeta\to\infty} g(\zeta)=\infty$, 且

$$\frac{\mathrm{d}g}{\mathrm{d}\zeta} = \sum_{l=1}^{L} \delta_l \frac{1}{\sqrt{1+4\zeta u_l}} > 0$$

由此可见，$g(\zeta)$ 是关于 ζ 的单调递增函数。另一方面，根据 Jensen 不等式，$v_l - 1/u_l > 0$。因此，式(5.18)必定存在唯一且正的解。该解可以通过常规的一维数值求根方法得到。比如，根据 $g(\zeta) < \sqrt{\zeta} \sum_{l=1}^{L} \delta_l/\sqrt{u_l}$, $\forall \zeta > 0$，可以通过求解

$$\sqrt{\zeta} \sum_{l=1}^{L} \frac{\delta_l}{\sqrt{u_l}} = \sum_{l=1}^{L} \delta_l \left(v_l - \frac{1}{u_l} \right)$$

确定一个初值 $\zeta_{\mathrm{ini}} = \left(\sum_{l=1}^{L} \delta_l(v_l - u_l^{-1}) / \sum_{l=1}^{L} \delta_l u_l^{-1/2} \right)^2$，随后利用 Newton-Raphson 方法求解得到式(5.18)的解。

当应用 EM 算法时，需要将未观测到的 $\Delta H_{k,l}$ 和 $\Delta H_{k,l}^{-1}$ 替换成相应的条件期望 $\mathbb{E}[\Delta H_{k,l}|\mathcal{O}]$ 与 $\mathbb{E}[\Delta H_{k,l}^{-1}|\mathcal{O}]$，其中，条件期望是关于条件分布 $p(\mathbf{H}|\mathcal{O}, \boldsymbol{\theta})$ 取得的。下面讨论条件分布 $p(\mathbf{H}|\mathcal{O}, \boldsymbol{\theta})$ 的推导与相应条件期望的计算。首先，注意到各组数据是独立的，所以 $p(\mathbf{H}|\mathcal{O}, \boldsymbol{\theta}) = \prod_{k=1}^{K} p(\boldsymbol{H}_k|O_k, \boldsymbol{\theta})$。对于 $k = 1, 2, \cdots, K$，条件分布 $p(\boldsymbol{H}_k|O_k, \boldsymbol{\theta})$ 的推导相同。为简化符号，下面推导中省略组下标 k 和 $\boldsymbol{\theta}$。

根据式(5.8)，可知在给定 $(t_{j-1}, t_j]$ 上所有个体的退化增量 $\Delta \boldsymbol{X}_{:,j}$ 的条件下，随机时间尺度的增量 $\Delta \tilde{H}_j = \sum_{l=l_{j-1}+1}^{l_j} \Delta H_l$ 服从如下分布

$$p\left(\Delta \tilde{H}_j | \Delta \boldsymbol{X}_{:,j} \right)$$

$$= \frac{\left(a/\tilde{b}_j \right)^{c/2}}{2\mathcal{K}_c \left(\sqrt{a\tilde{b}_j} \right)} \Delta \tilde{H}_j^{c-1} \exp\left(-\frac{1}{2} \left(a\Delta \tilde{H}_j + \tilde{b}_j \Delta \tilde{H}_j^{-1} \right) \right) \tag{5.19}$$

其中，$c = -(n+1)/2$，$\tilde{\lambda}_j \triangleq \sum_{l=l_{j-1}+1}^{l_j} \lambda_l$，$\tilde{b}_j = \tilde{\lambda}_j^2/\zeta + \sum_{i=1}^{n} \Delta X_{i,j}^2/\sigma^2$。

式(5.19)表明 $\Delta\tilde{H}_j|\Delta\boldsymbol{X}_{:,j}$ 服从参数为 $(a, \tilde{b}_j, c)$ 的广义逆高斯分布。根据广义逆高斯分布的性质，可得

$$\mathbb{E}\left[\Delta\tilde{H}_j|\Delta\boldsymbol{X}_{:,j}\right] = \frac{\sqrt{\tilde{b}_j}\mathcal{K}_{c+1}\left(\sqrt{a\tilde{b}_j}\right)}{\sqrt{a}\mathcal{K}_c\left(\sqrt{a\tilde{b}_j}\right)}$$

$$\mathbb{E}\left[\Delta\tilde{H}_j^{-1}|\Delta\boldsymbol{X}_{:,j}\right] = \frac{\sqrt{a}\mathcal{K}_{c+1}\left(\sqrt{a\tilde{b}_j}\right)}{\sqrt{\tilde{b}_j}\mathcal{K}_c\left(\sqrt{a\tilde{b}_j}\right)} - \frac{2p}{\tilde{b}_j} \tag{5.20}$$

下面进一步推导 $\Delta H_l, l = l_{j-1}+1, l_{j-1}+2, \cdots, l_j$ 的条件期望。若 $l_j - l_{j-1} = 1$，则 ΔH_l 就是 $\Delta\tilde{H}_j$。对于 $l_j - l_{j-1} > 1$，注意到 ΔH_l，$l = l_{j-1}+1$，$l_{j-1}+2$，$\cdots$，l_j 与 $\Delta\tilde{H}_j$ 服从如下的逆高斯分布

$$\Delta H_l \sim \mathcal{IG}(\lambda_l, \zeta^{-1}\lambda_l^2), \quad l = l_{j-1}+1, \ l_{j-1}+2, \cdots, l_j$$

$$\Delta\tilde{H}_j \sim \mathcal{IG}(\tilde{\lambda}_j, \zeta^{-1}\tilde{\lambda}_j^2)$$

因此，给定 $\Delta\tilde{H}_j$ 的条件下，$\Delta\tilde{H}_l$，$l = l_{j-1}+1$，$l_{j-1}+2$，$\cdots$，l_j 的条件分布为

$$p(\Delta H_l|\Delta\tilde{H}_j) = \frac{p(\Delta H_l, \Delta\tilde{H}_j)}{p(\Delta\tilde{H}_j)} = \frac{p(\Delta H_l)p(\Delta\tilde{H}_j - \Delta H_l)}{p(\Delta\tilde{H}_j)}$$

$$= \frac{1}{(2\pi\zeta)^{\frac{1}{2}}} \frac{\lambda_l}{\Delta H_l^{\frac{3}{2}}} \frac{\tilde{\lambda}_j - \lambda_l}{(\Delta\tilde{H}_j - \Delta H_l)^{\frac{3}{2}}} \frac{\Delta\tilde{H}_j^{\frac{3}{2}}}{\tilde{\lambda}_j} \tag{5.21}$$

$$\times \exp\left(-\frac{1}{2\zeta}\left(\frac{\lambda_l^2}{\Delta H_l} + \frac{\left(\tilde{\lambda}_j - \lambda_l\right)^2}{\Delta\tilde{H}_j - \Delta H_l} - \frac{\tilde{\lambda}_j^2}{\Delta\tilde{H}_j}\right)\right)$$

其中，$\Delta\tilde{H}_j - \Delta H_l = \sum_{l'=l_{j-1}+1, l'\neq l}^{l_j} \Delta H_{l'}$ 是独立逆高斯分布的和，服从如下的逆高斯分布

$$\Delta\tilde{H}_j - \Delta H_l \sim \mathcal{IG}(\tilde{\lambda}_j - \lambda_l, \zeta^{-1}(\tilde{\lambda}_j - \lambda_l)^2)$$

因此，$\Delta\tilde{H}_j|\Delta\tilde{H}_j$ 为定义在如下单纯形上的多元分布 (Barndorff-Nielsen 等, 1991)

$$\left\{(\Delta H_{l_{j-1}+1}, \Delta H_{l_{j-1}+2}, \cdots, \Delta H_{l_j})|\Delta H_l > 0, l = l_{j-1}+1, l_{j-1}+2, \cdots, l_j, \right.$$

$$\left.\sum_{l=l_{j-1}+1}^{l_j} \Delta H_l = \Delta \tilde{H}_j\right\}$$

根据 $p(\Delta H_k|\Delta \tilde{H}_j)$ 的形式与密度函数的归一性，可知

$$\int_0^\infty \frac{1}{(2\pi\zeta)^{\frac{1}{2}}} \frac{\lambda_l}{x^{\frac{3}{2}}} \frac{\tilde{\lambda}_j - \lambda_l}{(y-x)^{\frac{3}{2}}} \frac{y^{\frac{3}{2}}}{\tilde{\lambda}_j} \exp\left(-\frac{1}{2\zeta}\left(\frac{\lambda_l^2}{x} + \frac{\left(\tilde{\lambda}_j - \lambda_l\right)^2}{y-x} - \frac{\tilde{\lambda}_j^2}{y}\right)\right) \mathrm{d}x = 1$$

对所有 $x < y$ 成立。现在考虑给定 $\Delta \tilde{H}_j = y$ 的条件下 ΔH_l 的期望

$$\mathbb{E}[\Delta H_l|\Delta \tilde{H}_j = y] = \int_0^\infty \Delta H_l p(\Delta H_l|\Delta \tilde{H}_j = y)\mathrm{d}H_l$$

$$= \frac{1}{(2\pi\zeta)^{\frac{1}{2}}} \frac{\lambda_l(\tilde{\lambda}_j - \lambda_l)}{\tilde{\lambda}_j} y^{\frac{3}{2}} \exp\left(\frac{\tilde{\lambda}_j^2}{2\zeta y}\right)$$

$$\times \int_0^\infty x^{-\frac{1}{2}}(y-x)^{-\frac{3}{2}} \exp\left(-\frac{1}{2\zeta}\left(\frac{\lambda_l^2}{x} + \frac{\left(\tilde{\lambda}_j - \lambda_l\right)^2}{y-x}\right)\right) \mathrm{d}x$$

$$\tag{5.22}$$

为计算式 (5.22) 中的积分，令 $u = 1/x - 1/y$，即 $x = y/(uy+1)$，则有 $y - x = uy^2/(uy+1)$，$\mathrm{d}x = -y^2/(uy+1)\mathrm{d}u$。这样

$$\int_0^\infty x^{-\frac{1}{2}}(y-x)^{-\frac{3}{2}} \exp\left(-\frac{1}{2\zeta}\left(\frac{\lambda_l^2}{x} + \frac{\left(\tilde{\lambda}_j - \lambda_l\right)^2}{y-x}\right)\right) \mathrm{d}x$$

$$= \int_0^\infty \left(\frac{y}{uy+1}\right)^{-\frac{1}{2}} \left(\frac{uy^2}{uy+1}\right)^{-\frac{3}{2}}$$

$$\times \exp\left(-\frac{1}{2\zeta}\left(\lambda_l^2\left(u + \frac{1}{y}\right) + \left(\tilde{\lambda}_j - \lambda_l\right)^2\left(\frac{1}{y} + \frac{1}{uy^2}\right)\right)\right) \frac{y^2}{(uy+1)^2}\mathrm{d}u$$

$$= y^{-\frac{3}{2}} \exp\left(-\frac{\lambda_l^2 + (\tilde{\lambda}_j - \lambda_l)^2}{2\zeta y}\right) \tag{5.23}$$

$$\times \int_0^\infty u^{-\frac{3}{2}} \exp\left(-\frac{1}{2\zeta}\left(\lambda_l^2 u + \frac{\left(\tilde{\lambda}_j - \lambda_l\right)^2}{uy^2}\right)\right) \mathrm{d}u$$

$$= y^{-\frac{3}{2}} \exp\left(-\frac{\lambda_l^2 + (\tilde{\lambda}_j - \lambda_l)^2}{2\zeta y}\right) \frac{\sqrt{2\pi\zeta}y}{\tilde{\lambda} - \lambda_l} \exp\left(-\frac{\lambda_l(\tilde{\lambda}_j - \lambda_l)}{\zeta y}\right)$$

$$= y^{-\frac{3}{2}} \exp\left(-\frac{\tilde{\lambda}_j^2}{2\zeta y}\right) \frac{\sqrt{2\pi\zeta}y}{\tilde{\lambda}_j - \lambda_l}$$

将以上结果代入 $\mathbb{E}[\Delta H_l | \Delta \tilde{H}_j = y]$ 中，化简可得

$$\mathbb{E}[\Delta H_l | \Delta \tilde{H}_j] = \frac{\lambda_j}{\tilde{\lambda}_j} \Delta \tilde{H}_j \tag{5.24}$$

利用类似的推导，可得

$$\mathbb{E}[\Delta H_l^{-1} | \Delta \tilde{H}_j] = \left(\frac{1}{\lambda_l} - \frac{1}{\tilde{\lambda}_j}\right) \frac{\zeta}{\lambda_l} + \frac{\tilde{\lambda}_j}{\lambda_l} \Delta \tilde{H}_j^{-1} \tag{5.25}$$

根据这一结果，可以得到

$$\mathbb{E}[\Delta H_l | \Delta \boldsymbol{X}_{:,k}] = \mathbb{E}[\mathbb{E}[\Delta H_l | \Delta \tilde{H}_j] | \Delta \boldsymbol{X}_{:,j}] = \frac{\lambda_j}{\tilde{\lambda}_j} \mathbb{E}[\Delta \tilde{H}_j | \Delta \boldsymbol{X}_{:,j}]$$

$$\mathbb{E}[\Delta H_l^{-1} | \Delta \boldsymbol{X}_{:,k}] = \mathbb{E}[\mathbb{E}[\Delta H_l^{-1} | \Delta \tilde{H}_j] | \Delta \boldsymbol{X}_{:,j}] \tag{5.26}$$

$$= \left(\frac{1}{\lambda_l} - \frac{1}{\tilde{\lambda}_k}\right) \frac{\zeta}{\lambda_l} + \frac{\tilde{\lambda}_k}{\lambda_l} \mathbb{E}\left[\Delta \tilde{H}_k^{-1} | \Delta \boldsymbol{X}_{:,j}\right]$$

注意到，上面推导中应用了 $p(\Delta H_l | \Delta \tilde{H}_j, \Delta \boldsymbol{X}_{:,j}) = p(\Delta H_l | \Delta \tilde{H}_j)$，即给定 $\Delta \tilde{H}_j$ 的条件下，ΔH_l 与 $\Delta \boldsymbol{X}_{:,j}$ 是独立的。

根据以上结果，便可以在 EM 算法的 E 步中计算完全似然函数关于条件分布 $p(\boldsymbol{H}_k | \mathcal{O})$ 的条件期望，而 M 步则可以根据式 (5.16) 进行。完整的 EM 算法流程可见算法 5.1。

2. 区间估计

针对半参数模型，可采用自助法来得到模型参数的区间估计 (DiCiccio 等，1996)。具体地，假设根据 EM 算法得到了模型参数的点估计值 $\hat{\boldsymbol{\theta}}$。基于点估计值 $\hat{\boldsymbol{\theta}}$，可根据式 (5.1) 所提模型生成真实数据 $\mathcal{O}$ 的一个自助抽样 $\tilde{\mathcal{O}}$。根据退化数据的自助抽样，可以得到自助估计 $\hat{\boldsymbol{\theta}}^*$。重复这一过程 B 次，可以得到 B 组自助估计：$\{\hat{\boldsymbol{\theta}}_1^*, \hat{\boldsymbol{\theta}}_2^*, \cdots, \hat{\boldsymbol{\theta}}_B^*\}$。根据这 B 组自助估计可得到 $\hat{\boldsymbol{\theta}}$ 的经验分布，可以计算极大似然估计的标准误或构造区间估计。例如，对于 $\boldsymbol{\theta}$ 中的任一元素 θ，其极大似然估

计的标准误可以如下估计

$$\text{SE}_\theta = \sqrt{\frac{1}{B}\sum_{b=1}^{B}(\hat\theta_b^*)^2 - \left(\frac{1}{B}\sum_{b=1}^{B}\hat\theta_b^*\right)^2}$$

其 $(1-p)\times 100\%$ 置信区间则可用自助分布的分位数构造

$$\left[\hat\theta_{([pB/2])}^*, \hat\theta_{([(1-p/2)B])}^*\right]$$

其中，$[x]$ 表示对 x 取整，$\hat\theta_{(b)}$ 表示将 $\{\hat\theta_1^*, \hat\theta_2^*, \cdots, \hat\theta_B^*\}$ 从小到大排列后第 b 位的数。

算法 5.1　　EM 算法步骤

初始化：$\boldsymbol\theta^0 = \{\Lambda^0, \sigma^0, \zeta^0\}$；$s = 0$.

While True **Do**

　　E 步：计算 Q 函数

$$Q(\boldsymbol\theta|\boldsymbol\theta^{(s)}) = \mathbb{E}[\ell_c(\boldsymbol\theta|\mathbf{H}, \mathcal{O})|\mathcal{O}, \boldsymbol\theta^{(s)}]$$

　　M 步：最大化 Q 函数

$$\boldsymbol\theta^{(s+1)} = \arg\max_{\boldsymbol\theta} Q(\boldsymbol\theta|\boldsymbol\theta^{(s)}).$$

　　If $\boldsymbol\theta^{(s+1)}$ 与 $\boldsymbol\theta^{(s)}$ 的距离小于阈值 **Then**

　　　　Return：极大似然估计 $\hat{\boldsymbol\theta}$；

　　Else

　　　　$s = s + 1$

　　End

End

算法 5.2 给出了获得极大似然估计自助分布的算法流程。

3. 估计效果

本小节利用仿真实验验证 5.2.1 小节所提算法的效果。作为示例，假定真实模型参数为 $\Lambda(t) = t^2/10$，$\zeta = 0.5$，$\sigma^2 = 0.5$，观测时间的并集取为

$$\mathcal{T} = \{0.4, 0.8, 1.2, \cdots, 10\}$$

即间隔为 0.4 的等间隔观测。对于第 $k = 1, 2, \cdots, K$ 组试样，首先从观测时间集 $\mathcal{T}$ 中随机抽取 m_k 个元素，记作 $(t_{k,1}, t_{k,2}, \cdots, t_{k,m_k})^\top$，作为第 k 组试样的观测时间。随后，在 m_k 个时间点处生成随机的共同时间尺度 $H(t_{i,j}), j = 1, 2, \cdots, m_k$。

基于随机时间尺度的实现值，进一步生成 n_k 条维纳过程的实现值，作为第 k 组试样退化轨迹的抽样。在仿真中，假设所有组的试样数 n_k 与观测点数 m_k 均相同，即 $n_k = n$，$m_k = m$，观察不同组合 $\{K, n, m\}$ 下估计的效果。每一组合 $\{K, n, m\}$ 下仿真重复 1000 次。

算法 5.2   区间估计的参数自助法

输入： 极大似然点估计 $\hat{\boldsymbol{\theta}}$

重复 B 次

1. 对于 $k = 1, 2, \cdots, K$，在 $\boldsymbol{T}_k$ 上生成逆高斯过程的增量 $\Delta \tilde{H}_{k,j} \sim \mathcal{IG}\left(\hat{\lambda}_{k,j}, \hat{\zeta}^{-1}\hat{\lambda}_{k,j}^2\right)$，$j = 1, 2, \cdots, m_k$。

2. 对于 $i = 1, 2, \cdots, n_k$，生成退化增量 $\Delta \tilde{X}_{k,i,j} \sim \mathcal{N}(\Delta \tilde{H}_{k,j}, \hat{\sigma}^2 \Delta \tilde{H}_{k,j})$，并得到第 i 个个体的退化量 $\tilde{X}_{k,i,j} = \tilde{X}_{k,i,j-1} + \Delta \tilde{X}_{k,i,j}$，$j = 1, 2, \cdots, m_k$。记 $\tilde{\boldsymbol{X}}_{k,i} = (\tilde{X}_{k,i,1}, \tilde{X}_{k,i,2}, \cdots, \tilde{X}_{k,i,m_k})$，$\tilde{\boldsymbol{X}}_k = \{\tilde{\boldsymbol{X}}_{k,1}, \tilde{\boldsymbol{X}}_{k,2}, \cdots, \tilde{\boldsymbol{X}}_{k,n_k}\}$。

3. 根据自助样本 $\tilde{\mathcal{O}} = \{\tilde{O}_1, \tilde{O}_2, \cdots, \tilde{O}_K\}$，利用 EM 算法估计得到 $\hat{\boldsymbol{\theta}}^*$。其中，$\tilde{O}_k = \{\boldsymbol{T}_k, m_k, \tilde{\boldsymbol{X}}_k, n_k\}$。

输出： B 组自助估计 $\hat{\boldsymbol{\theta}}_1^*, \hat{\boldsymbol{\theta}}_2^*, \cdots, \hat{\boldsymbol{\theta}}_B^*$。

表 5.1给出了 1000 次仿真中 σ^2 与 ζ 估计的偏差、标准误（SE）及均方根误差（RMSE）。由表可见，$\hat{\sigma}^2$ 与 $\hat{\zeta}$ 的偏差均很小，且二者的标准误与均方根误差均随 K、n、m 的增大而降低。

表 5.1   不同组合 $\{K, n, m\}$ 下 σ^2 与 ζ 的估计结果

$\{K, m\}$		$\hat{\sigma}^2$			$\hat{\zeta}$		
		$\{10, 10\}$	$\{10, 20\}$	$\{25, 20\}$	$\{10, 10\}$	$\{10, 20\}$	$\{25, 20\}$
	偏差	0.0057	0.0026	0.0011	-0.1520	-0.0790	-0.0285
$n = 5$	SE	0.0426	0.0345	0.0207	0.1099	0.0914	0.0656
	RMSE	0.0430	0.0346	0.0207	0.1876	0.1207	0.0715
	偏差	0.0014	0.0003	0.0006	-0.1462	-0.0763	-0.0327
$n = 10$	SE	0.0306	0.0226	0.0147	0.0990	0.0891	0.0599
	RMSE	0.0306	0.0226	0.0147	0.1767	0.1173	0.0683

图 5.3给出了不同组合 $\{K, n, m\}$ 下 1000 次仿真中 $\hat{\Lambda}(t)$ 的逐点均值、2.5% 分位数及 97.5% 分位数。由图可见，各组合 $\{K, n, m\}$ 下 $\hat{\Lambda}(t)$ 的逐点均值均很好地符合真实的 $\Lambda(t)$。而且，根据 $\hat{\Lambda}(t)$ 的逐点分位数可见，其波动性随着 K、n、m 的增大而降低。这一点亦可从图 5.4所示的 $\hat{\Lambda}(t)$ 的逐点 RMSE 看到。这表明所提的模型与 EM 算法是有效的。

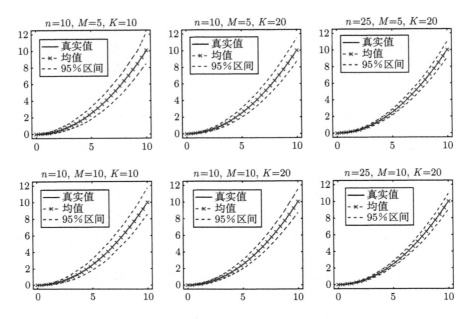

图 5.3　基于 1000 次仿真的 $\hat{\Lambda}(t)$ 逐点均值、2.5% 分位数及 97.5% 分位数

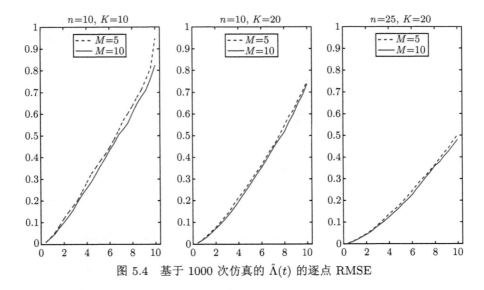

图 5.4　基于 1000 次仿真的 $\hat{\Lambda}(t)$ 的逐点 RMSE

　　模型参数的区间估计可利用参数自助法得到。这里，基于 1000 组重抽样，可以得到 1000 次仿真中 $\Lambda(t)$ 逐点的 95% 置信区间的覆盖率，如图 5.5所示。由图可见，不同组合 $\{K, n, m\}$ 下参数自助法给出的置信区间的覆盖率与其名义值符合得较好，表明参数自助法给出的置信区间具有较好的覆盖率性质。

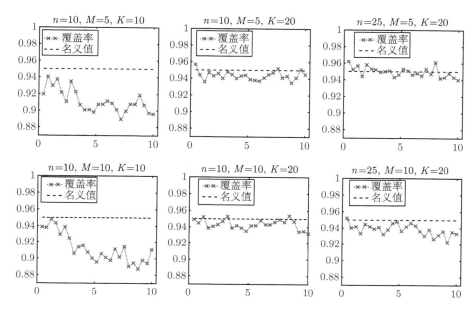

图 5.5 基于 1000 次仿真的 $\Lambda(t)$ 的 95% 置信区间的逐点覆盖率

5.2.2 参数模型估计

5.2.1 小节针对 $\Lambda(t)$ 形式未知时, 给出了 $\Lambda(t)$ 的非参数估计。在许多实际应用中, 需要进行退化趋势的外推与预测, 这时, 最好假设 $\Lambda(t)$ 具有某种参数形式。此外, 当给定 $\Lambda(t)$ 的形式后, 模型通常包含更少的未知参数, 适用于退化观测数据不太丰富的情形。如前些章中提到的, $\Lambda(t)$ 的具体形式可以基于退化机理或工程经验确定。在没有退化机理相关信息的情况下, 也可以采用一些如幂函数、指数函数的简单形式。本小节假定 $\Lambda(t)$ 具有 $\Lambda(t) = \mu S(t; \boldsymbol{\alpha})$ 这一形式, 其中, $S(t; \boldsymbol{\alpha})$ 是包含未知参数 $\boldsymbol{\alpha}$ 的确定性函数。对于这一参数化模型, 未知模型参数为 $\boldsymbol{\theta} = (\mu, \boldsymbol{\alpha}, \sigma^2, \zeta)$。此时, $\boldsymbol{\theta}$ 的估计可以通过最大化式 (5.10) 的对数似然函数得到, 也可以通过前一小节半参数模型下的 EM 算法得到。

1. 点估计

下面简单描述针对参数模型的 EM 算法。仍将未观测的随机时间尺度 $\mathbf{H} = \{\boldsymbol{H}_1, \boldsymbol{H}_2, \cdots, \boldsymbol{H}_K\}$ 作为缺失数据, 可得到给定完全数据 $\{\mathbf{H}, \mathcal{O}\}$ 时的完全似然函数。此时对数完全似然函数仍具有式(5.13)的形式, 只是将 $\Lambda(t) = \beta S(t; \boldsymbol{\alpha})$ 代入 ℓ_1 后可进一步化简为

$$\ell_1(\mu, \boldsymbol{\alpha}, \zeta | \mathbf{H})$$

$$= \sum_{l=1}^{L} \sum_{k=1}^{K} 1_{\{l_{k,m_k} \geqslant l\}} \left(\ln \mu + \ln \Delta S_l(\boldsymbol{\alpha}) - \frac{1}{2} \ln(2\pi) - \frac{1}{2} \ln \zeta \right. \tag{5.27}$$

$$\left. - \frac{3}{2} \ln \Delta H_{k,l} - \frac{(\Delta H_{k,l} - \mu \Delta S_l(\boldsymbol{\alpha}))^2}{2\zeta \Delta H_{k,l}} \right)$$

其中，$\Delta S_l(\boldsymbol{\alpha}) = S_l(\boldsymbol{\alpha}) - S_{l-1}(\boldsymbol{\alpha})$，$S_l(\boldsymbol{\alpha}) = S(T_l; \boldsymbol{\alpha})$，$l = 1, 2, \cdots, L$，且 $S_0(\boldsymbol{\alpha}) = 0$。对完全似然函数关于 μ 与 ζ 求偏导，并令其等于 0，可得

$$\mu(\boldsymbol{\alpha}) = \frac{\sum_{l=1}^{L} \delta_l v_l}{\sum_{l=1}^{L} \delta_l \Delta S_l(\boldsymbol{\alpha})}, \quad \zeta(\boldsymbol{\alpha}) = \frac{1}{\sum_{l=1}^{L} \delta_l} \left(\mu^2 \sum_{l=1}^{L} \delta_l \Delta S_l^2(\boldsymbol{\alpha}) u_l - \sum_{l=1}^{L} \delta_l v_l \right)$$

其中，δ_l，u_l，v_l 均由式(5.17)给出。

这样，可以将上面的 μ 与 ζ 代回 $\ell_1(\boldsymbol{\alpha}, \mu, \zeta; \mathbf{H})$，得到关于 $\boldsymbol{\alpha}$ 的截面似然

$$\ell_{p,1}(\boldsymbol{\alpha}) = \ell_1(\boldsymbol{\alpha}, \mu(\boldsymbol{\alpha}), \zeta(\boldsymbol{\alpha}); \mathbf{H})$$

通过最大化截面似然 $\ell_{p,1}(\boldsymbol{\alpha})$ 便可以得到 $\boldsymbol{\alpha}$ 的估计，进而可以得到 μ 与 ζ 的估计。由于 ℓ_2 与 $\Lambda(t)$ 无关，因此，σ 的估计与半参数模型中相同。

2. 区间估计

关于模型参数的区间估计，可以利用如算法 5.2 的自助法得到。不过，针对参数模型，也可以解析地得到观测信息矩阵，并利用极大似然估计的正态渐近性构造参数的区间估计。

具体地，令 $\omega = \sigma^2$，根据式 (5.10)，对数似然函数关于 (μ, ω, ζ) 的二次偏导为

$$\frac{\partial^2 \ell}{\partial \mu^2} = \sum_{k=1}^{K} \sum_{j=1}^{m_k} \left[-\frac{1}{\mu^2} + \left(\frac{1}{\lambda_{k,j}} V_{k,j}^{\lambda} - [V_{k,j}^{\lambda}]^2 + \frac{\lambda_{k,j}^2}{\zeta^2} \frac{a_k}{b_{k,j}} \frac{\mathcal{K}_{c_k-2}(\sqrt{a_k b_{k,j}})}{\mathcal{K}_{c_k}(\sqrt{a_k b_{k,j}})} \right) \Delta S_{k,j}^2 \right]$$

$$\frac{\partial^2 \ell}{\partial \mu \partial \omega} = \sum_{k=1}^{K} \sum_{j=1}^{m_k} \left[-\frac{n_k \lambda_{k,j}}{2\omega^2 \zeta} - V_{k,j}^{\lambda} V_{k,j}^{\omega} - \frac{\sum_{i=1}^{n_k} \Delta X_{k,i,j} \lambda_{k,j} a_k}{2\omega^2 \zeta b_{k,j}} \frac{\mathcal{K}_{c_k-2}(\sqrt{a_k b_{k,j}})}{\mathcal{K}_{c_k}(\sqrt{a_k b_{k,j}})} \right] \Delta S_{k,j}$$

$$\frac{\partial^2 \ell}{\partial \mu \partial \zeta} = \sum_{k=1}^{K} \sum_{j=1}^{m_k} \left[-\frac{1}{\zeta^2} - \frac{\lambda_{k,j}}{2\zeta^3} - \frac{1}{\zeta} V_{k,j}^{\lambda} - V_{k,j}^{\zeta} V_{k,j}^{\lambda} - \frac{\lambda_{k,j}^3 a_k}{2\zeta^3 b_{k,j}} \frac{\mathcal{K}_{c_k-2}(\sqrt{a_k b_{k,j}})}{\mathcal{K}_{c_k}(\sqrt{a_k b_{k,j}})} \right] \Delta S_{k,j}$$

$$\frac{\partial^2 \ell}{\partial \omega^2} = \sum_{k=1}^{K} \left[\frac{m_k n_k}{2\omega^2} + \frac{2\sum_{i=1}^{n_k} X_{k,i,m_k}}{\omega^3} + \frac{n_k \sum_{i=1}^{n_k} X_{k,i,m_k}}{2\omega^4} - \sum_{j=1}^{m_k} \left(\frac{2}{\omega} V_{k,j}^{\omega} + [V_{k,j}^{\omega}]^2 \right) \right]$$

$$+ \frac{1}{4\omega^4} \sum_{k=1}^{K} \sum_{j=1}^{m_k} \left[\frac{n_k^2 b_{k,j}}{a_k} \frac{\mathcal{K}_{c_k+2}(\sqrt{a_k b_{k,j}})}{\mathcal{K}_{c_k}(\sqrt{a_k b_{k,j}})} + \frac{(\sum_{i=1}^{n_k} \Delta X_{k,i,j})^2 a_k}{b_{k,j}} \frac{\mathcal{K}_{c_k-2}(\sqrt{a_k b_{k,j}})}{\mathcal{K}_{c_k}(\sqrt{a_k b_{k,j}})} \right]$$

$$\frac{\partial^2 \ell}{\partial \omega \partial \zeta} = \sum_{k=1}^{K} \sum_{j=1}^{m_k} \left[\frac{\sum_{i=1}^{n_k} \Delta X_{k,i,j} + n_k \lambda_{k,j}^2}{4\omega^2 \zeta^2} - V_{k,j}^{\omega} V_{k,j}^{\zeta} \right.$$

$$\left. + \frac{1}{4\omega^2 \zeta^2} \left(\frac{n_k b_{k,j}}{a_k} \frac{\mathcal{K}_{c_k+2}(\sqrt{a_k b_{k,j}})}{\mathcal{K}_{c_k}(\sqrt{a_k b_{k,j}})} + \frac{\sum_{i=1}^{n_k} \Delta X_{k,i,j} \lambda_{k,j}^2 a_k}{b_{k,j}} \frac{\mathcal{K}_{c_k-2}(\sqrt{a_k b_{k,j}})}{\mathcal{K}_{c_k}(\sqrt{a_k b_{k,j}})} \right) \right]$$

$$\frac{\partial^2 \ell}{\partial \zeta^2} = \sum_{k=1}^{K} \sum_{j=1}^{m_k} \left(\frac{1}{2\zeta^2} + \frac{2\lambda_{k,j}}{\zeta^3} + \frac{\lambda_{k,j}^2}{2\zeta^4} - \frac{2}{\zeta} V_{k,j}^{\zeta} - \left[V_{k,j}^{\zeta} \right]^2 \right.$$

$$\left. + \frac{1}{4\zeta^4} \left[\frac{b_{k,j}}{a_k} \frac{\mathcal{K}_{c_k+2}(\sqrt{a_k b_{k,j}})}{\mathcal{K}_{c_k}(\sqrt{a_k b_{k,j}})} + \frac{\lambda_{k,j}^4 a_k}{b_{k,j}} \frac{\mathcal{K}_{c_k-2}(\sqrt{a_k b_{k,j}})}{\mathcal{K}_{c_k}(\sqrt{a_k b_{k,j}})} \right] \right)$$

其中

$$V_{k,j}^{\lambda} = -\frac{\lambda_{k,j}}{\zeta} \sqrt{\frac{a_k}{b_{k,j}}} \frac{\mathcal{K}_{c_k-1}(\sqrt{a_k b_{k,j}})}{\mathcal{K}_{c_k}(\sqrt{a_k b_{k,j}})}$$

$$V_{k,j}^{\omega} = \frac{1}{2\omega^2} \left[n_k \sqrt{\frac{b_{k,j}}{a_k}} \frac{\mathcal{K}_{c_k+1}(\sqrt{a_k b_{k,j}})}{\mathcal{K}_{c_k}(\sqrt{a_k b_{k,j}})} + \sum_{n=1}^{n_k} \Delta X_{k,i,j} \sqrt{\frac{a_k}{b_{k,j}}} \frac{\mathcal{K}_{c_k-1}(\sqrt{a_k b_{k,j}})}{\mathcal{K}_{c_k}(\sqrt{a_k b_{k,j}})} \right]$$

$$V_{k,j}^{\zeta} = \frac{1}{2\zeta^2} \left[\sqrt{\frac{b_{k,j}}{a_k}} \frac{\mathcal{K}_{c_k+1}(\sqrt{a_k b_{k,j}})}{\mathcal{K}_{c_k}(\sqrt{a_k b_{k,j}})} + \lambda_{k,j}^2 \sqrt{\frac{a_k}{b_{k,j}}} \frac{\mathcal{K}_{c_k-1}(\sqrt{a_k b_{k,j}})}{\mathcal{K}_{c_k}(\sqrt{a_k b_{k,j}})} \right]$$

当参数 $\boldsymbol{\alpha}$ 未知需要估计时，还需要计算

$$\frac{\partial^2 \ell}{\partial \boldsymbol{\alpha}^2} = \sum_{k=1}^{K} \sum_{j=1}^{m_k} \left[\left(\frac{1}{\lambda_{k,j}} + \frac{1}{\zeta} + V_{k,j}^{\lambda} \right) \mu \frac{\partial^2 \Delta S_{i,k}}{\partial \boldsymbol{\alpha}^2} \right.$$

$$\left. + \left(-\frac{1}{\lambda_{k,j}^2} + \frac{1}{\lambda_{k,j}} V_{k,j}^{\lambda} - \left[V_{k,j}^{\lambda} \right]^2 + \frac{\lambda_{k,j}^2}{\zeta^2} \frac{a_k}{b_{k,j}} \frac{\mathcal{K}_{c_k-2}(\sqrt{a_k b_{k,j}})}{\mathcal{K}_{c_k}(\sqrt{a_k b_{k,j}})} \right) \left(\mu \frac{\partial \Delta S_{i,k}}{\partial \boldsymbol{\alpha}} \right)^2 \right]$$

$$\frac{\partial^2 \ell}{\partial \boldsymbol{\alpha} \partial \mu} = \sum_{i=1}^{n} \sum_{k=1}^{K_i} \left[\left(\frac{1}{\lambda_{k,j}} + \frac{1}{\zeta} + V_{k,j}^{\lambda} \right) \mu \frac{\partial \Delta S_{i,k}}{\partial \boldsymbol{\alpha}} \right.$$

$$\left. + \left(-\frac{1}{\lambda_{k,j}^2} + \frac{1}{\lambda_{k,j}} V_{k,j}^{\lambda} - \left[V_{k,j}^{\lambda} \right]^2 + \frac{\lambda_{k,j}^2}{\zeta^2} \frac{a_k}{b_{k,j}} \frac{\mathcal{K}_{c_k-2}(\sqrt{a_k b_{k,j}})}{\mathcal{K}_{c_k}(\sqrt{a_k b_{k,j}})} \right) \lambda_{i,k} \frac{\partial \Delta S_{i,k}}{\partial \boldsymbol{\alpha}} \right]$$

$$\frac{\partial^2 \ell}{\partial \boldsymbol{\alpha} \partial \omega} = \sum_{k=1}^{K} \sum_{j=1}^{m_k} \left[-\frac{n_k \lambda_{k,j}}{2\omega^2 \zeta} - V_{k,j}^{\lambda} V_{k,j}^{\omega} \right.$$

$$\left. - \frac{\sum_{i=1}^{n_k} \Delta X_{k,i,j} \lambda_{k,j} a_k}{2\omega^2 \zeta b_{k,j}} \frac{\mathcal{K}_{c_k-2}(\sqrt{a_k b_{k,j}})}{\mathcal{K}_{c_k}(\sqrt{a_k b_{k,j}})} \right] \mu \frac{\partial \Delta S_{i,k}}{\partial \boldsymbol{\alpha}}$$

$$\frac{\partial^2 \ell}{\partial \boldsymbol{\alpha} \partial \zeta} = \sum_{k=1}^{K} \sum_{j=1}^{m_k} \left[-\frac{1}{\zeta^2} - \frac{\lambda_{k,j}}{2\zeta^3} - \frac{1}{\zeta} V_{k,j}^{\lambda} \right.$$
$$\left. - V_{k,j}^{\zeta} V_{k,j}^{\lambda} - \frac{\lambda_{k,j}^3 a_k}{2\zeta^3 b_{k,j}} \frac{\mathcal{K}_{c_k-2}(\sqrt{a_k b_{k,j}})}{\mathcal{K}_{c_k}(\sqrt{a_k b_{k,j}})} \right] \mu \frac{\partial \Delta S_{i,k}}{\partial \boldsymbol{\alpha}}$$

这里，$\partial \Delta S_k / \partial \boldsymbol{\alpha}$ 与 $\partial^2 \Delta S_k / \partial \boldsymbol{\alpha}^2$ 依赖于 $S(t; \boldsymbol{\alpha})$ 的具体形式。例如，当 $S(t)$ 为幂函数形式时，$S(t; \alpha) = t^{\alpha}$，有

$$\frac{\partial S}{\partial \alpha} = t^{\alpha} \ln t, \quad \frac{\partial^2 S}{\partial \alpha^2} = t^{\alpha} (\ln t)^2$$

根据以上结果，可以得到观测信息矩阵，进而估计 $(\hat{\boldsymbol{\alpha}}, \hat{\mu}, \hat{\zeta}, \hat{\omega})$ 的渐近方差。由此可进一步地得到模型参数的区间估计。基于所估计模型的其他指标，如平均寿命或 p 分位寿命等，其区间估计则可以根据 delta 方法得到。

3. 区组效应检验

下面通过仿真验证区组效应的准确识别对模型参数估计的影响。仍考虑前面的设定，令模型参数的真实值为 $\Lambda(t) = t^2/10$，$\zeta = \sigma^2 = 0.5$。另外，假定 K 组个体的所有 $K \times n$ 个试样的退化观测时间均为 $\boldsymbol{T} = (2, 4, 6, 8, 10)^{\top}$。

首先，对于给定的 $\{K, n\}$ 与 $\boldsymbol{T}$，根据式(5.1)中退化模型生成带有区组效应的退化数据。随后，考虑以下两种情形。

（1）模型正确：已知准确的个体分组信息，利用具有共同随机时间尺度的模型对数据进行拟合。

（2）模型误定：假设各个个体是独立同分布的，每个个体均来自具有逆高斯随机时间尺度的维纳过程，并对数据进行拟合。

在所提模型中，若假设一组只有一个个体，则等价于每个个体独立同分布，且服从具有逆高斯随机时间尺度的维纳过程。这一过程也称为正态-逆高斯过程 (Wang, 2009b)。应当注意的是，本小节考虑两种情形的区别仅仅是分组的不同：退化数据的实际分组为 K 组，每组 n 个个体；模型误定情形下将数据分成了 nK 组，每组一个样本。但是分组的不同不改变个体的退化模型，两种分组下个体退化都服从具有逆高斯随机时间尺度的维纳过程。因此，两种情形下模型的复杂度没有变化。显然，模型误定的情形下，模型参数也可以利用所提出的 EM 算法进行估计。

为聚焦于区组效应的影响，本小节考虑 $\Lambda(t)$ 形式已知的情形。特别地，假设已知 $S(t) = t^2$，关注不同情形下参数 (μ, σ^2, ζ) 估计的对比。仿真中考虑 $K = 10$ 与 $K = 50$ 两种情况，且两种情况下均令 $n = 10$。每一 $\{K, n\}$ 组合下，仿真重

复 10^4 次。表 5.2 给出了基于正态渐近性构造的 95% 置信区间的实际覆盖率。由表可见,当正确识别共同随机时间尺度带来的区组效应时,模型参数的区间估计具有很好的覆盖率。反之,若忽略了共同随机时间尺度带来的组内退化的相关性,模型参数区间估计的覆盖率会大大降低。这里的可能原因是,在模型误定情形下,所有个体都是独立同分布的,这使得退化数据中随机时间尺度 $H(t)$ 的信息增加了(实际数据中共有 K 组 $H(t)$ 而误定的假设下有 nK 组 $H(t)$),并因此减小了 μ 和 ζ 的渐近方差,使得区间估计的宽度减小。因此,根据渐近正态性构造的 μ 和 ζ 区间估计的覆盖率显著小于名义值。

表 **5.2** 基于 10^4 次仿真的 95% 置信区间的覆盖率

		μ	σ^2	ζ
$K = 10$	模型正确	0.9378	0.9488	0.9123
	模型误定	0.5825	0.9072	0.6877
$K = 50$	模型正确	0.9489	0.9455	0.9376
	模型误定	0.5921	0.9095	0.6802

在实际应用中,为了确定多组个体的退化中是否存在区组效应,可以采用以下方法。首先,利用多元方差分析方法对退化数据进行初步分析,检验是否可能存在区组效应 (Rencher, 2002)。如果分析显示可能存在区组效应,则可以考虑利用本章提出的模型对退化数据进行拟合。其次,注意到所提模型中区组效应的强度是依赖于参数 ζ 的:ζ 越小则区组效应越小,ζ 越大则同组试样中退化的相关性越大。因此,可以构造假设检验 $\mathcal{H}_0 : \zeta = 0$ 来检查区组效应的显著性。这里可以采用似然比检验方法,由于 $\zeta = 0$ 在参数空间的边界上,相应的统计量服从混合卡方分布 $\frac{1}{2}\chi_0^2 + \frac{1}{2}\chi_1^2$(Self 等, 1987)。

5.3 实 例 验 证

本节针对图 5.1所示的 LED 退化数据进行分析建模,具体退化数据可见附表 A.7。如图 5.1及图 5.2所示,试样的退化呈现较为明显的组内相关性。为了检验两组退化数据的区别是否明显,我们先利用多元方差分析检验两组的退化趋势是否相同,即 $\mathbb{E}[X_{1,j}] = \mathbb{E}[X_{2,j}], k = 1, 2, \cdots, 13$。这里,根据多元方差分析方法,计算四个常用的检验统计量:Wilk 的 lambda 统计量、Lawley-Hotellling 迹、Pillai 迹、Roy 最大根。计算表明,四个统计量对应的 p 值均小于 0.005,显示两组的退化有明显的组间差异。因此,按照试验的分组将退化数据视为两组,每组 8 个个体的退化具有共同的随机时间尺度,利用本章所提模型拟合数据。首先考虑 $\Lambda(t)$ 是非参数的,利用半参数 EM 算法估计模型参数,得到模型参数 σ^2 和 ζ 的点估

计（标准误）为

$$\hat{\sigma}^2 = 3.405 \times 10^{-3}(3.474 \times 10^{-4}), \quad \hat{\zeta} = 1.495 \times 10^{-4}(3.441 \times 10^{-5})$$

针对非参数的 $\Lambda(t)$，图 5.6(a) 给出了其点估计及基于 1000 次自助抽样的 95% 双侧逐点置信区间。

进一步，假设 $\Lambda(t)$ 具有如下的参数形式并利用参数模型对数据重新进行拟合：

（1）幂函数 $\Lambda(t;\alpha) = \mu t^\alpha$；

（2）对数函数 $\Lambda(t;\alpha) = \mu\ln(\alpha t + 1)$；

（3）指数函数 $\Lambda(t;\alpha) = \mu(\exp(\alpha t) - 1)$。

表 5.3 列出不同形式 $\Lambda(t)$ 下各模型的拟合结果。根据对数似然值可知，具有指数形式 $\Lambda(t)$ 的参数模型对该组 LED 退化数据给出了最佳的拟合。图 5.6(b) 给出指数趋势下期望的退化轨迹 $\hat{\Lambda}(t) = 0.3786(1 - \exp(-1.0446 \times 10^{-3}t))$。由图可见，指数形式的 $\hat{\Lambda}(t)$ 很接近 $\Lambda(t)$ 的非参数估计，表明指数形式 $\Lambda(t)$ 很好地拟合了退化趋势。此时，参数 σ^2 与 ζ 的点估计（标准误）分别为

$$\hat{\sigma}^2 = 3.451 \times 10^{-3}(4.314 \times 10^{-4}), \quad \hat{\zeta} = 1.083 \times 10^{-3}(3.874 \times 10^{-4})$$

注意到，$\hat{\sigma}^2$ 与 $\hat{\zeta}$ 的量级相同；根据式(5.5)可知，同组个体的退化过程间有显著的相关性。

表 5.3 具有不同形式 $\Lambda(t)$ 下的参数模型的拟合结果

	$\hat{\Lambda}(t)$	$\hat{\zeta}$	$\hat{\sigma}^2$	对数似然值
幂律	$9.560 \times 10^{-4}t^{0.806}$	1.660×10^{-3}	3.455×10^{-3}	703.75
对数	$0.266\ln(1.541 \times 10^{-3}t + 1)$	1.187×10^{-3}	3.453×10^{-3}	707.36
指数	$0.379(1 - \exp(-1.045 \times 10^{-3}t))$	1.083×10^{-3}	3.451×10^{-3}	708.34

为进一步验证区组效应，考虑如下两个误定模型：

（1）所有的试样具有同一个随机时间尺度；

（2）每一个试样具有独立的随机时间尺度。

注意到，这两个模型与前面的模型的唯一区别是试样的分组不同。针对这两个误定模型，仍然考虑 $\Lambda(t)$ 形式已知的参数模型，其中，$\Lambda(t)$ 可取前面所述的三种形式。此外，作为对比，这里也利用不考虑随机时间尺度的常规维纳过程模型对退化数据进行拟合。为了比较不同模型，计算并比较不同模型的 AIC 值，如表 5.4所示。可以看到，考虑随机时间尺度的模型总是比不考虑随机时间尺度的常规维纳过程的 AIC 值要小，这表明针对该组数据，引入随机时间尺度可显著提高拟合优度。比较不同分组下的 AIC 值，可见不论 $\Lambda(t)$ 采用何种参数形式，依照试

验实际分组对退化数据进行分组得到的模型总是具有最小的 AIC 值。这表明，由于试验的分组，两组 LED 的退化确实存在显著的区组效应。

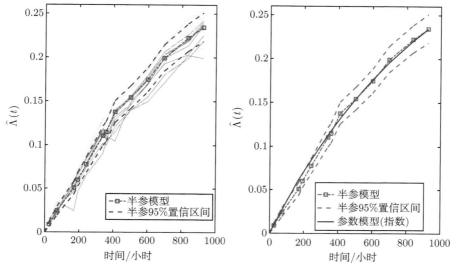

(a) 基于半参数模型的估计$\hat{\Lambda}$及其95%双侧逐点置信区间   (b) 基于指数形式参数模型的估计$\hat{\Lambda}$

图 5.6   基于 LED 退化数据的估计得到的期望退化轨迹 $\Lambda(t)$

表 5.4   针对 LED 退化数据，不同分组下模型拟合的 AIC 值

	幂律	对数	指数
两组正态—逆高斯	-1399.501	-1406.729	-1408.674
一组正态—逆高斯	-1397.060	-1401.762	-1402.891
独立正态—逆高斯	-1356.774	-1376.756	-1381.731
常规维纳	-1358.794	-1378.776	-1383.752

最后，可以利用似然比检验来考察区组效应（随机时间尺度）的显著性。考虑如下假设检验

$$\mathcal{H}_0 : \zeta = 0; \quad \mathcal{H}_1 : \zeta > 0$$

似然比检验的统计量为 $\mathcal{C} = -2(\ell_0 - \ell)$，其中，$\ell_0$ 为不考虑随机时间尺度的常规维纳过程对应的似然值，ℓ 为正确分组下考虑共同随机时间尺度的模型对应的似然值。如前所述，该检验统计量渐近服从混合卡方分布 $\frac{1}{2}\chi_0^2 + \frac{1}{2}\chi_1^2$。这里，对于 LED 数据可得 $\mathcal{C} = 26.92$，对应的 p 值为 1.06×10^{-7}。这表明，在 LED 退化数据中，由共同的随机时间尺度引入的区组效应是显著的。

5.4　本　章　小　结

当多个个体在相同的动态环境下运行时，由于动态环境引起的应力变化，不同个体的退化将会同时经历动态的加速（减速）退化效应，使得该环境下多个个体的退化间存在相关性。本章针对动态环境下成组个体的退化问题，考虑动态环境引起的相关性，提出利用一个随机过程刻画同组内不同个体共同的随机时间尺度，以刻画动态环境引起的加（减）速效应。在给定随机时间尺度的条件下，不同个体的退化又利用独立的维纳过程进行建模，这样既可以考虑动态环境引入的相关性，又可以刻画组内不同个体退化的随机性。

针对这一模型，本章建立了不给定 $\Lambda(t)$ 具体形式的半参数模型估计方法，将未观测到的随机时间尺度作为缺失数据，构造了 EM 算法。通过仿真试验与实际 LED 退化数据的应用，展示了正确的分组对模型估计的影响。需要强调的是，尽管不同分组下个体退化服从的规律相同，但是不同分组会得到不同的参数估计，特别是会影响参数的区间估计。因此，在进行实际退化数据分析时，需要仔细分析可能存在的区组效应，并采取多种手段检验该区组效应的显著性。

第 6 章 动态环境多元退化数据建模

产品在实际使用中不可避免地会面临关键性能指标的退化。在某些情形下，产品的退化可以由某个与其功能相关的关键性能的下降来刻画，如充电电池的容量、LED 的亮度等。但是，也有一些产品的退化不是表现为一个主要的关键性能的下降，而是多个性能的同时退化，如多部件机械产品中多个重要部件在使用中同时发生的磨损、有机涂层中多种功能组分的同时退化等。针对这种多个性能指标同时退化的情形，一个直观的问题是，是否能通过对每个性能指标的退化单独进行建模分析而得到产品的退化特征？这个问题的答案取决于多个性能间是否存在相关性：如果多个性能的退化是独立的，那么对各个指标分别进行建模分析是可行的。但是，如果多个性能的退化是不独立的，简单地将各指标视为独立的并分别进行建模分析，会使得模型估计及基于退化模型的可靠性分析出现偏差。这一点由第 5 章中的分析可见一斑。针对一个具有多个性能特征的产品，其多个性能的退化不可避免地会受到共同环境的影响（同一个产品的多个性能自然经历的是相同的环境），因此，多个性能的退化间会存在由共同环境引起的相关性。此外，多个性能指标的退化间还可能存在由产品功能耦合带来的相关性。例如，一个传动系统中各部件的动作显然是紧密联系的，各部件的退化不可避免地存在相关性：假如一个齿轮磨损得快，则一个自然的推断是与之啮合的另一个齿轮也会具有较大的磨损。再如，对于敷有有机涂层的产品，假如涂层某种组分（某一层）在使用中发生了老化，则其对应的防护功能会下降，这会导致其他组分（层）暴露于更为严苛的环境，进而加速老化。因此，对于多个性能指标共同退化的产品，不仅因为共同的使用环境会使得它们的退化间存在相关性，也会因此产品内工作机制的耦合使得不同性能指标的退化间存在相关性。针对这种情形，考虑不同指标退化间的相关性，本章研究考虑多个性能指标的多元退化问题。

6.1 模型描述

6.1.1 模型形式

考虑某一产品具有 K 个关键性能特征，随着使用会同时发生退化。假设每个性能指标在时刻 $t=0$ 的初始退化为零。本章考虑利用如下的维纳过程刻画 K

个性能指标的退化过程

$$Y_k(t) = Z(t) + X_k(t), \quad k = 1, 2, \cdots, K \tag{6.1}$$

其中

$$
\begin{aligned}
Z(t)|H &= \kappa \mathcal{B}_0(H(t)) \\
X_k(t)|H &= \mu_k H(t) + \sigma_k \mathcal{B}_k(H(t)), \quad k = 1, 2, \cdots, K
\end{aligned} \tag{6.2}
$$

这里，$H(t)$ 为时间尺度变换函数，满足 $H(0) = 0$ 且关于 t 单调递增；$\mathcal{B}_k(t), k = 0, 1, \cdots, K$ 是独立的标准布朗运动；$\mu_k, k = 1, 2, \cdots, K$ 是各指标退化的漂移率；κ 和 $\sigma_k, k = 1, 2, \cdots, K$ 为扩散系数。

在式 (6.1) 给出的模型中，每个性能指标的退化 $Y_k(t)$ 由两部分构成：共同效应 $Z(t)$ 和个体效应 $X_k(t)$。共同效应 $Z(t)$ 为 K 个指标退化过程中的共同成分，用于解释各指标的退化过程间因功能的耦合造成的相关性，可以视为产品整体的基准退化水平；而 $X_k(t)$ 则用于解释各个性能退化偏离基准的部分。例如，对于一个多部件的机械传动系统，由于在系统中部件磨损快慢总是有差异的，$Z(t)$ 可表示这个系统整体的磨损程度，而 $X_k(t)$ 则表示相对于系统的整体退化，某个部件额外的退化程度。

因此，在给定时间尺度 $H(t)$ 的条件下，每个性能指标的退化模型为

$$Y_k(t)|H = \mu_k H(t) + \kappa \mathcal{B}_0(H(t)) + \sigma_k \mathcal{B}_k(H(t)) \tag{6.3}$$

可以看到，给定 $H(t)$ 时，$Y_k(t)$ 也是一个维纳过程，满足

$$Y_k(t)|H \sim \mathcal{N}(\mu_k H(t), (\kappa^2 + \sigma_k^2) H(t))$$

另一方面，由于各个性能的退化有共同的效应 $Z(t)$，使得 K 个退化过程间存在相关性

$$\mathrm{Cov}[Y_{k_1}(t_1), Y_{k_2}(t_2)|H] = \kappa^2 \min(H(t_1), H(t_2)), \quad k_1 \neq k_2 \tag{6.4}$$

因此，在任意给定的时刻 t，在给定 $H(t)$ 的条件下，任意两个指标的退化过程 $Y_{k_1}(t)$ 和 $Y_{k_2}(t)$ 之间的皮尔逊相关系数为

$$
\begin{aligned}
\rho[Y_{k_1}(t), Y_{k_2}(t)|H] &= \frac{\mathrm{Cov}[Y_{k_1}(t), Y_{k_2}(t)|H]}{\sqrt{\mathrm{Var}[Y_{k_1}(t)|H]\mathrm{Var}[Y_{k_2}(t)|H]}} \\
&= \frac{\kappa^2}{\sqrt{(\kappa^2 + \sigma_{k_1}^2)(\kappa^2 + \sigma_{k_2}^2)}} = \frac{1}{\sqrt{\left[1 + \left(\frac{\sigma_{k_1}}{\kappa}\right)^2\right]\left[1 + \left(\frac{\sigma_{k_2}}{\kappa}\right)^2\right]}}
\end{aligned}
$$

可以看到，任意两个性能指标退化之间的皮尔逊相关系数与时间 t 和变换后的时间尺度 $H(t)$ 无关。这当然与所提模型的结构有关。给定 $H(t)$ 时，多元退化过程

$$(Y_1(t), Y_2(t), \cdots, Y_K(t))$$

是一个具有特殊结构的多元维纳过程，具有多元正态分布，且其协方差和 t（$H(t)$）无关。进一步地，可见各性能指标退化间的相关程度与各 σ_k 和 κ 的相对大小有关：相对于 κ，σ_k 越小则退化过程中共同效应的影响越大，不同指标的退化间的相关性越大；反之，不同指标间的相关性越小。显然，当 $\kappa \to 0$ 时，在给定 $H(t)$ 的条件下各指标的退化是独立的。

另一方面，当产品在动态环境下工作时，时变的动态环境会造成产品经受应力的动态变化，对各性能指标的退化产生共同的动态加速或减速效应。采用第 5 章中的建模思路，这里利用一个随机过程对时间尺度 $H(t)$ 进行建模，来刻画动态环境的影响。具体地，利用逆高斯过程对随机时间尺度 $H(t)$ 进行建模

$$H(t+s) - H(t) \sim \mathcal{IG}\left(\Lambda(t+s) - \Lambda(t), \zeta^{-1}(\Lambda(t+s) - \Lambda(t))^2\right), \ t, s > 0 \quad (6.5)$$

其中，函数 $\Lambda(t)$ 为关于 t 的单调递增函数，$\Lambda(0) = 0$，用于表征非线性退化趋势。假设 $\Lambda(t)$ 的参数形式已知，$\Lambda(t) = \Lambda(t; \boldsymbol{\alpha})$，其中可能包含待估的未知参数 $\boldsymbol{\alpha}$。例如，常用 $\Lambda(t)$ 的参数形式包括幂函数 $\Lambda(t) = t^\alpha$ 和指数函数 $\Lambda(t) = \exp(\alpha t) - 1$。参数 ζ 量化了随机时间尺度的波动性：当 ζ 接近于零时，$H(t)$ 变为确定性的时间尺度变换函数 $\Lambda(t)$。

式 (6.1)、式 (6.2) 和式 (6.5) 共同给出了本章所考虑的多元退化模型。在该模型中，考虑动态的环境作用，所有 K 个性能指标的退化过程受共同的随机时间尺度的调节。在随机时间尺度下，每个性能指标的退化过程又可分解为两个独立维纳过程的和，其中一个维纳过程为所有 K 个指标的退化过程所共有，表示产品整体的退化水平，反映由产品运行中的功能耦合带来的相关性；另一个维纳过程表示每个指标退化的个体效应，反映排除整体退化趋势后单个指标退化的特征。通过这样的分解，该模型将多性能指标退化中的相关性分解为动态环境作用（随机时间尺度）和功能耦合作用两部分。

针对这一模型，对于第 k 个性能指标的退化过程 $Y_k(t)$ 有

$$\begin{aligned}
&\mathbb{E}[Y_k(t)] = \mathbb{E}[\mathbb{E}[Y_k(t)|H]] = \mu\mathbb{E}[H(t)] = \mu_k\Lambda(t) \\
&\mathrm{Var}[Y_k(t)] = \mathrm{Var}[\mathbb{E}[Y_k(t)|H]] + \mathbb{E}[\mathrm{Var}[Y_k(t)|H]] = (\mu_k^2\zeta + \kappa^2 + \sigma_k^2)\Lambda(t)
\end{aligned} \quad (6.6)$$

可以看到，$Y_k(t)$ 的方差归因于三个来源：共同的随机时间尺度 $\mu_k^2\zeta\Lambda(t)$、共同效应 $\kappa^2\Lambda(t)$、个体效应 $\sigma_k^2\Lambda(t)$。

此外，任意时刻 t，两个性能指标的退化过程 $Y_{k_1}(t)$ 和 $Y_{k_2}(t)$ 之间的协方差为

$$
\begin{aligned}
&\mathrm{Cov}[Y_{k_1}(t), Y_{k_2}(t)] \\
&= \mathbb{E}[\mathrm{Cov}[Y_{k_1}(t), Y_{k_2}(t)|H]] + \mathrm{Cov}[\mathbb{E}[Y_{k_1}(t)|H], \mathrm{Cov}[Y_{k_2}(t)|H]] \\
&= \mathbb{E}[\kappa^2 H(t)] + \mathrm{Cov}(\mu_{k_1} H(t), \mu_{k_2} H(t)) \\
&= (\kappa^2 + \mu_{k_1}\mu_{k_2}\zeta)\Lambda(t)\ , k_1 \neq k_2
\end{aligned}
\tag{6.7}
$$

进一步，二者的皮尔逊相关系数为

$$
\rho[Y_{k_1}(t), Y_{k_2}(t)] = \frac{\kappa^2 + \mu_{k_1}\mu_{k_2}\zeta}{\sqrt{(\kappa^2 + \sigma_{k_1}^2 + \mu_{k_1}^2\zeta)(\kappa^2 + \sigma_{k_2}^2 + \mu_{k_2}^2\zeta)}}
\tag{6.8}
$$

可以看到，两个性能指标退化之间的相关性由共同的随机时间尺度与共同效应决定。具体地，二者的皮尔逊相关系数与时间 t 或 $\Lambda(t)$ 的形式无关，而是取决于决定随机时间尺度波动性的 ζ、决定共同效应水平的 κ 及个体效应参数 $\{\mu_k, \sigma_k\}$。对于给定的 $\{\mu_k, \sigma_k\}$，当 ζ 或 κ^2 趋于 ∞ 时，二者的相关系数接近 1；反之，当 ζ 和 κ^2 都趋于 0 时，二者的相关系数趋近于零。特别地，如果 $\zeta = 0$，则二者的相关系数简化为式(6.4)中固定时间尺度时的形式。另外，如果固定共同效应 $Z(t)$，则任意两个性能退化间的皮尔逊相关系数变为

$$
\rho[Y_{k_1}(t), Y_{k_2}(t)|Z] = \frac{\mu_{k_1}\mu_{k_2}\zeta}{\sqrt{(\sigma_{k_1}^2 + \mu_{k_1}^2\zeta)(\sigma_{k_2}^2 + \mu_{k_2}^2\zeta)}}
\tag{6.9}
$$

由于相关系数与 t 无关，因此，可将 $\rho[Y_{k_1}(t), Y_{k_2}(t)]$ 简记为 $\rho[Y_{k_1}, Y_{k_2}]$。

6.1.2　可靠性分析

当产品的失效由某一关键性能指标的退化水平决定时，通常可将失效定义为该性能指标的退化超出某一给定的阈值。类似地，对于具有 K 个性能指标共同退化的产品，当任一性能指标的退化水平超出其给定阈值时，则认为产品发生失效。记第 k 个指标的阈值为 $D_{f,k}, k = 1, 2, \cdots, K$，则 $\mathbb{D}_f^K = (-\infty, D_{f,1}] \times \cdots \times (-\infty, D_{f,K}]$ 对应于多元退化 $(Y_1(t), Y_2(t), \cdots, Y_K(t))$ 的可工作区域。相应地，产品的失效时间 T_f 可定义为 $(Y_1(t), Y_2(t), \cdots, Y_K(t))$ 首次离开 $\mathbb{D}_f^K$ 的时刻，即首出时，为

$$
T_f = \inf\left\{t : (Y_1(t), Y_2(t), \cdots, Y_K(t)) \notin \mathbb{D}_f^K\right\}
$$

在任意时刻 τ，产品的可靠度可定义为 $R(\tau) = P\{T_f > \tau\}$。

　　显然，对于本章考虑的多元随机过程，其首出时 T_f 的分布没有简单地解析表达式。针对这种随机过程，为了估计给定时刻 τ 的可靠度 $R(\tau)$，蒙特卡罗模拟是最为常用的方法。例如，可以将 $[0, \tau]$ 离散化为细密的网格，并在格点上生成 $(Y_1(t), Y_2(t), \cdots, Y_K(t))$ 的实现值，得到离散化的多元随机过程轨迹。对比随机过程轨迹和可工作区域 $\mathbb{D}_f^K$，判断该轨迹是一次成功的轨迹还是失效的轨迹。通过生成大量的多元轨迹，利用其中成功（失效）轨迹的比例来估计可靠度（失效概率）。这种方法直观且容易实施，但是存在以下几个问题。

　　（1）存在误判。在网格上生成多元随机过程的轨迹，并据此判断轨迹是否对应于失效，存在误判的可能。即，尽管多元随机过程在所有格点上都在可工作区域 $\mathbb{D}_f^K$ 内，仍存在一定概率使得实际的随机过程在两个格点间跑出可工作区域。这使得基于离散化的随机过程轨迹中成功轨迹比例的可靠度估计总是偏大。另外，这一误判概率不好估计。

　　（2）网格划分与计算量的矛盾。对区间 $[0, \tau]$ 划分的网格越细密，格点越多，则生成的多元随机过程的轨迹越精细，出现误判的概率越小。但是网格精度越高，需要仿真的轨迹上的点数越多，需要的计算量越大。因此，网格划分与计算量间存在矛盾。

　　为了在给定的误判精度下减少计算量，本小节考虑一种自适应的蒙特卡罗抽样方法来生成多元退化过程的轨迹，并用于估计给定时刻处的可靠度。

　　在描述该自适应抽样过程前，首先考虑如何在给定的格点上生成该多元随机过程的轨迹。根据前面的模型描述可知，要生成某一时刻 t 处 $(Y_1(t), Y_2(t), \cdots, Y_K(t))$ 的实现值，可以先从逆高斯分布 $\mathcal{IG}(\Lambda(\tau), \zeta^{-1}\Lambda(\tau)^2)$ 中生成随机时间尺度 $H(t)$ 的实现值，并在得到 $H(t)$ 的实现值后，从正态分布 $\mathcal{N}(0, \kappa^2 H(t))$ 和 $\mathcal{N}(\mu_k H(\tau), \sigma_k^2 H(t))$ 中分别生成 $Z(t)$ 和 $X_k(t)$ 的实现值。这样，便可以由 $Y_k(t) = Z(t) + X_k(t), k = 1, 2, \cdots, K$ 得到 t 处 $(Y_1(t), Y_2(t), \cdots, Y_K(t))$ 的实现值。

　　其次，考虑一个在格点上未超出可工作区域的离散化多元随机过程轨迹在其他时刻超出 $\mathbb{D}_f^K$ 的概率。若可以计算这一概率，便可以通过调整网格的细密程度来控制误判的概率。针对这一问题，本小节给出如下的命题。

　　命题 6.1 对于式 (6.1)、式 (6.2) 和式 (6.5) 所给出的模型，在给定

$$H(t_1) = h_1, H(t_2) = h_2, Y_k(t_1) = y_1, Y_k(t_2) = y_2$$

且 $\max\{y_1, y_2\} \leqslant D_{f,k}$ 的条件下，$Y_k(t)$ 在 $[t_1, t_2]$ 上的最大值大于 $D_{f,k}$ 的概率具有上界

$$P\left\{\max_{s \in [t_1, t_2]} Y_k(s) > D_k \middle| H(t_1) = h_1, H(t_2) = h_2, Y_k(t_1) = y_1, Y_k(t_2) = y_2\right\}$$

$$\leqslant \exp\left(-\frac{2(D_{f,k} - y_1)(D_{f,k} - y_2)}{(\kappa^2 + \sigma_k^2)(h_2 - h_1)}\right)$$

证明　记 $\tilde{Y}_k(h) = \mu_k h + \kappa \mathcal{B}_0(h) + \sigma_k \mathcal{B}_k(h)$。显然，$Y_k(t) = \tilde{Y}_k(H(t))$。在给定 $\{H(t_1) = h_1, H(t_2) = h_2, Y_k(t_1) = y_1, Y_k(t_2) = y_2\}$ 的条件下，在 $[t_1, t_2]$ 上 $Y_k(t)$ 超过 $D_{f,k}$ 的概率满足

$$P\left\{\max_{s \in [t_1, t_2]} Y_k(t) > D_{f,k} | H(t_1) = h_1, H(t_2) = h_2, Y_k(t_1) = y_1, Y_k(t_2) = y_2\right\}$$

$$= P\left\{\max_{H(s) \in [H(t_1), H(t_2)]} \tilde{Y}_k(H(t)) > D_{f,k} | H(t_1) = h_1,\right.$$

$$\left. H(t_2) = h_2, \tilde{Y}_k(H(t_1)) = y_1, \tilde{Y}_k(H(t_2)) = y_2\right\}$$

$$\leqslant P\left\{\max_{h \in [h_1, h_2]} \tilde{Y}_k(h) > D_k | \tilde{Y}_k(h_1) = y_1, \tilde{Y}_k(h_2) = y_2\right\}$$

对于维纳过程 $\tilde{Y}_k(h)$，它具有如下性质（Ross (2014) 中定理 10.3）

$$P\left\{\max_{h \in [h_1, h_2]} \tilde{Y}_k(h) > D_k | \tilde{Y}_k(h_1) = y_1, \tilde{Y}_k(t_2) = y_2\right\}$$

$$= \begin{cases} \exp\left(-\dfrac{2(D_{f,k} - y_1)(D_{f,k} - y_2)}{(\kappa^2 + \sigma_k^2)(h_2 - h_1)}\right), & \max\{y_1, y_2\} \leqslant D_{f,k} \\ 1, & \text{其他} \end{cases} \tag{6.10}$$

命题得证。　　　　　　　　　　　　　　　　　　　　　　　　　　　　　　$\square$

　　根据以上结果，下面可以描述本小节所要采用的自适应抽样方法。假设针对错判概率的阈值为 ϵ。为抽得 $[0, \tau]$ 上多元随机过程的一条轨迹，首先在该区间的右端点 τ 处抽样得到 $(Y_1(\tau), Y_2(\tau), \cdots, Y_K(\tau))$。显然，对于 $k = 1, 2, \cdots, K$，如果存在 $Y_k(\tau)$ 超出其阈值 $D_{f,k}$，则该轨迹对应于一条失败轨迹。若对所有 $k = 1, 2, \cdots, K$，$Y_k(\tau)$ 均不超过 $D_{f,k}$，则表明在右端点 τ 处产品未发生失效。此时的问题变为：已知 0 时刻轨迹的起点为 $(0, 0, \cdots, 0) \in \mathbb{R}^K$，在 τ 时刻该轨迹的位置为 $(Y_1(\tau), Y_2(\tau), \cdots, Y_K(\tau))$，那么该轨迹在 $[0, \tau]$ 上不超出可工作区域 $\mathbb{D}_f^K$ 的概率是多少（该轨迹在 $[0, \tau]$ 内离开可工作区域 $\mathbb{D}_f^K$ 的概率是多少）？

　　根据上面描述的 $(Y_1(\tau), Y_2(\tau), \cdots, Y_K(\tau))$ 的抽样方法，此时也得到了 $H(\tau)$ 的样本。根据命题 6.1，可知对于 $k = 1, 2, \cdots, K$，在 $[0, \tau]$ 上 $Y_k(t)$ 不超过 $D_{f,k}$ 的概率的上界（在给定 $\{H(0), H(\tau), Y_k(0), Y_k(\tau)\}$ 的条件下）。根据概率的次可加性，可知多元随机过程 $(Y_1(t), Y_2(t), \cdots, Y_K(t))$ 在 $[0, \tau]$ 上不超出 $\mathbb{D}_f^K$ 的概率

小于等于所有 $Y_k(t)$ 不超过 $D_{f,k}$ 的概率之和, 因此, 也不大于它们的上界之和。该上界可以作为该轨迹在 $[0, \tau]$ 上不超出可工作区域 $\mathbb{D}_f^K$ 的概率的估计。如果这一概率很小, 如小于给定的阈值 ϵ, 则可以认为该轨迹对应一条成功的轨迹, 而错判的概率不会超过 ϵ。应当注意到, 一条轨迹在 $[0, \tau]$ 上不超出可工作区域 $\mathbb{D}_f^K$ 的概率是和 $(Y_1(\tau), Y_2(\tau), \cdots, Y_K(\tau))$ 有关的。直观地, $Y_k(\tau)$ 与阈值 D_f^K 距离越远, 则该轨迹在 $[0, \tau]$ 上超出 $\mathbb{D}_f^K$ 的概率越小。反之, $Y_k(\tau)$ 越接近阈值 D_f^K, 则该轨迹在 $[0, \tau]$ 内某一时刻超出 $\mathbb{D}_f^K$ 的概率越大。因此, 若该轨迹在 $[0, \tau]$ 上不超出可工作区域 $\mathbb{D}_f^K$ 的概率不小于给定的阈值 ϵ, 则继续对该轨迹在 $[0, \tau]$ 内进行采样, 以确定该轨迹是否在某个时刻超出了 $\mathbb{D}_f^K$。

具体地, 可以在 $[0, \tau]$ 的中点 $\tau/2$ 处对该轨迹进行采样。已知多元随机过程 $(Y_1(t), Y_2(t), \cdots, Y_K(t))$ 在区间 $[0, \tau]$ 两端的取值, 如何在 $\tau/2$ 处进行抽样? 这需要得到在给定 $(Y_1(t), Y_2(t), \cdots, Y_K(t))$ 在 $[0, \tau]$ 的两端处取值的条件下, 其在 $\tau/2$ 处的条件分布。由于 $(Y_1(t), Y_2(t), \cdots, Y_K(t))$ 的抽样总是通过先对随机时间尺度 $H(t)$ 进行抽样、再对 $Z(t)$ 和 $X_k(t)$ 进行抽样得到的, 因此, 这里考虑在给定 $\{H(0), H(\tau)\}$ 的条件下 $H(\tau/2)$ 的条件分布, 给定 $\{Z(0), Z(\tau), H(0), H(\tau/2), H(\tau)\}$ 的条件下 $Z(\tau/2)$ 的条件分布, 以及给定 $\{X_k(0), X_k(\tau), H(0), H(\tau/2), H(\tau)\}$ 的条件下 $X_k(\tau/2)$ 的条件分布。

注意到, $H(t)$ 为一个逆高斯过程, 因此, 给定 $H(0)$ 和 $H(\tau)$ 的条件下, $H(\tau/2)$ 的分布形如 5.2.1 小节中公式 (5.21) 所示。为叙述方便, 这里考虑给定 $\{H(0) = 0, H(\tau) = h\}$ 的条件下任意的 $t \in [0, \tau]$ 处 $H(t)$ 的条件分布

$$
\begin{aligned}
p_{H(t)|H(0),H(\tau)}(x|0,h) = {} & \frac{\Lambda(t)(\Lambda(\tau) - \Lambda(t))}{\sqrt{2\pi\zeta}\Lambda(\tau)} \left[\frac{h}{x(h-x)} \right]^{3/2} \\
& \times \exp\left[-\frac{1}{2\zeta} \left(\frac{\Lambda(t)^2}{x} + \frac{(\Lambda(\tau) - \Lambda(t))^2}{h-x} - \frac{\Lambda(\tau)^2}{h} \right) \right]
\end{aligned}
\tag{6.11}
$$

其中, $x \in (0, h)$。针对这一分布, 由于其累积分布函数没有简单形式, 不容易直接利用逆变换方法进行抽样。但是, 这一分布与卡方分布具有一定联系, 从该分布的抽样可转换为从卡方分布的抽样。为表示方便, 记

$$
X = H(t)|\{H(0) = 0, H(\tau) = h\}
$$

$$
f_X(x) = p_{H(t)|H(0),H(\tau)}(x|0,h)
$$

$$
g(x) = \frac{1}{\zeta} \left(\frac{\Lambda(t)^2}{x} + \frac{(\Lambda(\tau) - \Lambda(t))^2}{h-x} - \frac{\Lambda(\tau)^2}{h} \right), \ x \in (0, h)
$$

并考虑变量 $Y = g(X)$。

下面考虑 Y 的分布。首先，容易验证函数 $g(x)$ 是一个 U 形的函数，满足

$$\lim_{x\to 0} g(x) = \infty, \quad \lim_{x\to h} g(x) = \infty$$

此外，$g(x)$ 在 $x_0 = h\Lambda(t)/\Lambda(\tau)$ 处取到极小值 $g(x_0) = 0$。因此，可以定义 $g(x)$ 在 $(0, x_0]$ 和 (x_0, h) 上的反函数 $g_l^{-1}(\cdot)$ 和 $g_r^{-1}(\cdot)$，使得对于任意给定的 $y > 0$，$g(x) = y$ 的两个根分别为 $g_l^{-1}(y)$ 和 $g_r^{-1}(y)$。这样，随机变量 Y 的分布可以表示为

$$P\{Y \leqslant y\} = P\{g_l^{-1}(y) \leqslant X \leqslant g_r^{-1}(y)\}$$

$$= \int_{g_l^{-1}(y)}^{y_r^{-1}(y)} f_X(x)\mathrm{d}x$$

$$= \int_{g_l^{-1}(y)}^{x_0} f_X(x)\mathrm{d}x + \int_{x_0}^{g_r^{-1}(y)} f_X(x)\mathrm{d}x$$

$$= \int_y^0 f_X(g_l^{-1}(z))\mathrm{d}g_l^{-1}(z) + \int_0^y f_X(g_r^{-1}(z))\mathrm{d}g_r^{-1}(z)$$

$$= \int_0^y -f_X(g_l^{-1}(z))\frac{\mathrm{d}g_l^{-1}(z)}{\mathrm{d}z}\mathrm{d}z + \int_0^y f_X(g_r^{-1}(z))\frac{\mathrm{d}g_r^{-1}(z)}{\mathrm{d}z}\mathrm{d}z$$

根据式(6.11)，化简后可得

$$P\{Y \leqslant y\} = \int_0^y \frac{1}{\sqrt{2\pi}} z^{-\frac{1}{2}} \exp\left(-\frac{z}{2}\right)\mathrm{d}z \qquad (6.12)$$

式 (6.12) 恰好是自由度为 1 的卡方分布 χ_1^2 随机变量的累积分布函数。

进一步地

$$P\{y < Y \leqslant y + \Delta y\} = P\{y < Y \leqslant y + \Delta y\}$$

$$\times \left(\frac{P\{X \leqslant x_0, y < Y \leqslant y + \Delta y\}}{P\{y < Y \leqslant y + \Delta y\}} + \frac{P\{X > x_0, y < Y \leqslant y + \Delta y\}}{P\{y < Y \leqslant y + \Delta y\}}\right)$$

其中

$$P\{X \leqslant x_0, y < Y \leqslant y + \Delta y\} = P\{g_l^{-1}(y + \Delta y) < X \leqslant g_l^{-1}(y)\}$$

$$= -f_X(g_l^{-1}(y))\frac{\mathrm{d}g_l^{-1}(y)}{\mathrm{d}y}\Delta y = -\frac{f_X(g_l^{-1}(y))}{g'(g_l^{-1}(y))}$$

$$P\{X > x_0, y < Y \leqslant y + \Delta y\} = P\{g_r^{-1}(y) < X \leqslant g_r^{-1}(y + \Delta y)\}$$

$$= f_X(g_r^{-1}(y)) \frac{\mathrm{d}g_r^{-1}(y)}{\mathrm{d}y} \Delta y = \frac{f_X(g_r^{-1}(y))}{g'(g_r^{-1}(y))}$$

式中，$g'(x) = ((\Lambda(\tau) - \Lambda(t))^2/(h-x)^2 - \Lambda(t)^2/x^2)/\zeta$ 为 $g(\cdot)$ 的一阶导数。由此可见

$$p(Y = y) = \lim_{\Delta y \to 0} \frac{P\{y < Y \leqslant y + \Delta y\}}{\Delta y}$$

$$= p(Y = y) \left(P\{X \leqslant x_0 | Y = y\} + P\{X > x_0 | Y = y\} \right)$$

其中

$$P\{X \leqslant x_0 | Y = y\} = \frac{-f_X(g_l^{-1}(y))/g'(g_l^{-1}(y))}{f_X(g_r^{-1}(y))/g'(g_r^{-1}(y)) - f_X(g_l^{-1}(y))g'(g_l^{-1}(y))}$$

$$P\{X > x_0 | Y = y\} = 1 - P\{X \leqslant x_0 | Y = y\}$$

因此，对随机变量 X 的抽样可以转化为对 $Y = g(X)$ 的抽样：从 χ_1^2 中抽取一个样本 y，并计算 $g_l^{-1}(y)$ 和 $g_r^{-1}(y)$，并以概率 $P\{X \leqslant x_0 | Y = y\}$ 取 $g_l^{-1}(y)$ 作为 X 的样本，以概率 $1 - P\{X \leqslant x_0 | Y = y\}$ 取 $g_r^{-1}(y)$ 作为 X 的样本。这样，便可以得到给定 $H(0) = 0$ 和 $H(\tau) = h$ 的条件下，任意给定时刻 t 处 $H(t)$ 的样本。

根据上述方法，可以首先在给定 $\{H(0), H(\tau)\}$ 的条件下，抽样得到 $\tau/2$ 处随机时间尺度 $H(\tau/2)$；随后，在给定 $\{H(0), H(\tau), H(\tau/2)\}$ 及 $\{Z(0), Z(\tau)\}$ 的条件下，抽取 $Z(\tau/2)$。当给定随机时间尺度 H 时，$Z(t)|H$ 为一个维纳过程，因此，$\{Z(t)|H, t \in (0, \tau), Z(0), Z(\tau)\}$ 为一个布朗桥，在任意给定时刻 $t \in (0, \tau)$ 处，$Z(t)|\{H, Z(0), Z(\tau)\}$ 服从如下的正态分布

$$\mathcal{N}\left(\frac{H(t)}{H(\tau)}(Z(\tau)), \kappa^2 \frac{(H(\tau) - H(t))(H(t))}{H(\tau)} \right)$$

因此，很容易得到 $Z(\tau/2)$ 的样本。

同样地，$X_k(s)|\{H(0), H(\tau), H(\tau/2), X_k(\tau), X_k(0)\}$，$k = 1, 2, \cdots, K$ 服从如下的正态分布

$$\mathcal{N}\left(\frac{H(t)}{H(\tau)}(X_k(\tau)), \sigma_k^2 \frac{(H(\tau) - H(t))(H(t))}{H(\tau)} \right)$$

根据这一结果很容易得到 $X_j(\tau/2)$，$k = 1, 2, \cdots, K$ 处的样本。这样，便实现了对 K 维随机过程 $(Y_1(t), Y_2(t), \cdots, Y_K(t))$ 在 $\tau/2$ 处的抽样。

根据 $(Y_1(\tau/2), Y_2(\tau/2), \cdots, Y_K(\tau/2))$ 的值，若它处在可工作区域 $\mathbb{D}_f^K$ 外，则该轨迹在 $\tau/2$ 处超出了失效阈值，判定这一轨迹为失效轨迹。否则，根据命题 6.1，

可以计算 $[0, \tau/2]$ 和 $[\tau/2, \tau]$ 上该轨迹不超出可工作区域概率的上界：二者的和则给出了该轨迹在 $[0, \tau]$ 上不超出可工作区域的概率的上界。若该上界小于等于规定的阈值 ϵ，则表明此时将该轨迹判断为成功时，出现错判的概率不会超过 ϵ，此时认为这一轨迹对应于成功轨迹并结束针对该轨迹的采样。若该上界大于规定的阈值 ϵ，则需要继续增加对该轨迹在 $[0, \tau]$ 上的采样。此时已经在 $\{0, \tau/2, \tau\}$ 上进行了采样，可以比较该轨迹在 $[0, \tau/2]$ 和 $[\tau/2, \tau]$ 上超出可工作区域的概率上界，并选择概率较大的区间进行二分。例如，该轨迹在 $[0, \tau/2]$ 上超出 $\mathbb{D}_f^K$ 的概率上界较大，则在 0 和 $\tau/2$ 的中点，即 $\tau/4$ 处抽样

$$(Y_1(\tau/4), Y_2(\tau/4), \cdots, Y_K(\tau/4))$$

并根据其取值判断在给定的 ϵ 下该轨迹是成功还是失效，是否需要继续增加采样及在何处进行采样。

可以看到，以上方法总是通过将某个错判概率最大的区间进行二分，并在该区间中点增加采样，使得整体上该轨迹出现错判的概率不断降低。直观地，随着采样的不断加密，将一条轨迹错判为成功的概率会越来越小，直到满足规定的阈值 ϵ，可以判定该轨迹成功；或者在某个采样点处，轨迹超出了可工作区域 $\mathbb{D}_f^K$，判定该轨迹失效。根据采样的原理，新增加的采样点总是取在错判概率最大的区间的中点位置，这使得该抽样过程是"自适应"的：它总是在需要加密采样的位置处抽样。直观地，当 K 维随机过程的轨迹越靠近 $\mathbb{D}_f^K$ 边界时，采样会越密集；而当轨迹离 $\mathbb{D}_f^K$ 边界很远时，则不需要太多采样。这样就可以把采样分配到更需要的位置，减少不必要采样，以降低整体的计算量。

针对该多元退化过程，自适应抽样的整体流程如算法 6.1所示。

算法 6.1　利用自适应抽样得到 $[0, \tau]$ 上多元随机过程 $(Y_1(t), Y_2(t), \cdots, Y_K(t))$ 的轨迹并判断是否超出可工作区域 $\mathbb{D}_f^K$

　　输入：模型参数 $\boldsymbol{\theta}$；τ; 错判概率阈值 ϵ

　　对 $H(\tau)$、$Z(\tau)$ 和 $X_k(\tau), k = 1, 2, \cdots, K$ 进行抽样；

　　If 存在 k 使得 $Z(\tau) + X_k(\tau) > D_{f,k}$

　　　　Return：该轨迹为失效轨迹。

　　End

　　While 根据当前轨迹，错判概率大于 ϵ

　　　1　确定错判概率最大的区间 (t_{j-1}, t_j);

　　　2　在 $(t_{j-1} + t_j)/2$ 处对 H、Z 和 $X_k, k = 1, 2, \cdots, K$ 进行抽样；

　　　　If 任意 $Y_k((t_{j-1} + t_j)/2) \leqslant D_{f,k}$

　　　　　　Return：该轨迹为失效轨迹。

End

3 根据命题 6.1及概率次可加性得到 $(t_{j-1}, (t_{j-1} + t_j)/2]$ 和 $((t_{j-1} + t_j)/2, t_j]$ 上的错判概率（的上界）；

4 计算当前轨迹的错判概率。

End

Return：该轨迹为成功轨迹。

输出：轨迹成功或失效。

6.2 模型参数估计

本节考虑式 (6.1)、式(6.2)、式(6.5)中退化模型参数的估计问题。该模型的参数包括 $\boldsymbol{\theta} = (\boldsymbol{\mu}, \boldsymbol{\sigma}^2, \kappa^2, \zeta, \boldsymbol{\alpha})$，其中，$\boldsymbol{\mu} = (\mu_1, \mu_2, \cdots, \mu_K)$，$\boldsymbol{\sigma} = (\sigma_1, \sigma_2, \cdots, \sigma_K)$。假设实际中收集了 n 个个体的退化数据，对于第 $i = 1, 2, \cdots, n$ 个个体，在 m_i 个时间点 $\boldsymbol{T}_i = (t_{i,1}, t_{i,2}, \cdots, t_{i,m_i})$ 收集了其 K 个性能指标的退化水平，记为 $\boldsymbol{Y}_{i,k} = (Y_{i,k,1}, Y_{i,k,2}, \cdots, Y_{i,k,m_i})$，$k = 1, 2, \cdots, K$。

对于第 i 个个体，记 $(t_{i,j-1}, t_{i,j}]$ 间第 k 个性能指标的退化增量为

$$\Delta Y_{i,k,j} \triangleq Y_{i,k,j} - Y_{i,k,j-1}, \; j = 1, 2, \cdots, m_i$$

其中，$t_{i,0} = 0$，$Y_{i,k,0} = 0$。在给定 H 的条件下，$(Y_1(t), Y_2(t), \cdots, Y_K(t))$ 为多元维纳过程，具有独立增量，且服从正态分布，满足

$$\mathbb{E}[\Delta Y_{i,k,j}|H_i] = \mu_k \Delta H_{i,j} \tag{6.13}$$

$$\mathrm{Var}[\Delta Y_{i,k,j}|H_i] = (\kappa^2 + \sigma_k^2)\Delta H_{i,j}, \; k = 1, 2, \cdots, K \tag{6.14}$$

$$\mathrm{Cov}[\Delta Y_{i,k_1,j}, \Delta Y_{i,k_2,j}|H_i] = \kappa^2 \Delta H_{i,j}, \; k_1 \neq k_2, \; k_1, k_2 = 1, 2, \cdots, K \tag{6.15}$$

其中，$\Delta H_{i,j} \triangleq H_i(t_{i,j}) - H_i(t_{i,j-1})$。记 $\Delta \boldsymbol{Y}_{i,:,j} = (\Delta Y_{i,1,j}, \Delta Y_{i,2,j}, \cdots, \Delta Y_{i,K,j})$，则有

$$\Delta \boldsymbol{Y}_{i,:,j}|H_i \sim \mathcal{N}(\boldsymbol{\mu}\Delta H_{i,j}, (\kappa^2 \mathbf{1}_K + \mathrm{diag}(\boldsymbol{\sigma}^2))\Delta H_{i,j}) \tag{6.16}$$

其中，$\mathbf{1}_K$ 表示所有元素都等于 1 的 $K \times K$ 矩阵，$\mathrm{diag}(\boldsymbol{\sigma}^2)$ 表示对角线为 $\boldsymbol{\sigma}^2$ 的对角矩阵。为叙述方便，令 $\boldsymbol{\Sigma} = \kappa^2 \mathbf{1}_K + \mathrm{diag}(\boldsymbol{\sigma}^2)$。

另外，随机时间尺度服从逆高斯过程，具有独立且服从逆高斯分布的增量，$\Delta H_{i,j} \sim \mathcal{IG}(\Delta\Lambda_{i,j}, \zeta^{-1}\Delta\Lambda_{i,j}^2)$，其分布为

$$p(\Delta H_{i,j}) = \sqrt{\frac{\Delta\Lambda_{i,j}^2}{2\pi\zeta\Delta H_{i,j}^3}} \exp\left(-\frac{(\Delta H_{i,j} - \Delta\Lambda_{i,j})^2}{2\zeta\Delta H_{i,j}}\right) \tag{6.17}$$

其中，$\Delta\Lambda_{i,j} = \Lambda(t_{i,j}) - \Lambda(t_{i,j-1})$。因此，对 $\Delta\boldsymbol{Y}_{i,:,j}|H_i$ 关于 $\Delta H_{i,j}$ 求期望，可以得到 $\Delta\boldsymbol{Y}_{i,:,j}$ 的无条件分布

$$
\begin{aligned}
p(\Delta\boldsymbol{Y}_{i,:,j}) &= \int_0^\infty p(\Delta\boldsymbol{Y}_{i,:,j}|\Delta H_{i,j})p(\Delta H_{i,j})\mathrm{d}\Delta H_{i,j} \\
&= \int_0^\infty \frac{1}{(2\pi)^{K/2}}|\boldsymbol{\Sigma}\Delta H_{i,j}|^{-1/2} \\
&\quad \times \exp\left[-\frac{1}{2}(\Delta\boldsymbol{Y}_{i,:,j} - \boldsymbol{\mu}\Delta H_{i,j})(\boldsymbol{\Sigma}\Delta H_{i,j})^{-1}(\Delta\boldsymbol{Y}_{i,:,j} - \boldsymbol{\mu}\Delta H_{i,j})^\top\right] \\
&\quad \times \sqrt{\frac{\Delta\Lambda_{i,j}^2}{2\pi\zeta\Delta H_{i,j}^3}} \exp\left(-\frac{(\Delta H_{i,j} - \Delta\Lambda_{i,j})^2}{2\zeta\Delta H_{i,j}}\right)\mathrm{d}\Delta H_{i,j} \\
&= \frac{\Delta\Lambda_{i,j}|\boldsymbol{\Sigma}|^{-1/2}}{(2\pi)^{(K+1)/2}\zeta^{1/2}} \exp\left(\boldsymbol{\mu}\boldsymbol{\Sigma}^{-1}\Delta\boldsymbol{Y}_{i,:,j}^\top + \Delta\Lambda_{i,j}\zeta^{-1}\right) \\
&\quad \times \int_0^\infty \Delta H_{i,j}^{-\frac{K+3}{2}} \exp\left[-\frac{1}{2}\left(\frac{\Delta\boldsymbol{Y}_{i,:,j}\boldsymbol{\Sigma}^{-1}\Delta\boldsymbol{Y}_{i,:,j}^\top + \zeta^{-1}\Delta\Lambda_{i,j}^2}{\Delta H_{i,j}}\right.\right. \\
&\quad \left.\left. + \Delta H_{i,j}\left(\boldsymbol{\mu}\boldsymbol{\Sigma}^{-1}\boldsymbol{\mu}^\top + \zeta^{-1}\right)\right)\right]\mathrm{d}\Delta H_{i,j} \\
&= \frac{(2\pi)^c\Delta\Lambda_{i,j}}{\zeta^{1/2}|\boldsymbol{\Sigma}|^{1/2}} \exp\left(\boldsymbol{\mu}\boldsymbol{\Sigma}^{-1}\Delta\boldsymbol{Y}_{i,:,j}^\top + \Delta\Lambda_{i,j}\zeta^{-1}\right) \\
&\quad \times \int_0^\infty \Delta H_{i,j}^{c-1} \exp\left[-\frac{1}{2}\left(a\Delta H_{i,j} + b_{i,j}\Delta H_{i,j}^{-1}\right)\right]\mathrm{d}\Delta H_{i,j} \\
&= \frac{(2\pi)^c\Delta\Lambda_{i,j}}{\zeta^{1/2}|\boldsymbol{\Sigma}|^{1/2}} \exp\left(\boldsymbol{\mu}\boldsymbol{\Sigma}^{-1}\Delta\boldsymbol{Y}_{i,:,j}^\top + \Delta\Lambda_{i,j}\zeta^{-1}\right) 2\mathcal{K}_c(\sqrt{ab_{i,j}})\left(\frac{b_{i,j}}{a}\right)^{c/2}
\end{aligned}
\tag{6.18}
$$

其中

$$
\begin{aligned}
a &= \boldsymbol{\mu}\boldsymbol{\Sigma}^{-1}\boldsymbol{\mu}^\top + \zeta^{-1} \\
b_{i,j} &= \Delta\boldsymbol{Y}_{i,:,j}\boldsymbol{\Sigma}^{-1}\Delta\boldsymbol{Y}_{i,:,j}^\top + \zeta^{-1}\Delta\Lambda_{i,j}^2 \\
c &= -(K+1)/2
\end{aligned}
\tag{6.19}
$$

$\mathcal{K}_c(z)$ 表示第二类修正贝塞尔函数。

由于随机的时间尺度 $H(t)$ 及多元的维纳过程 $(Y_1(t), Y_2(t), \cdots, Y_K(t))|H$ 均具有独立增量，容易看到 $\Delta \boldsymbol{Y}_{i,:,j}, j = 1, 2, \cdots, m_i$ 是独立的。记 $\boldsymbol{Y} = \{\boldsymbol{Y}_{i,1},$ $\boldsymbol{Y}_{i,2}, \cdots, \boldsymbol{Y}_{i,K}\}$, $O_i = \{m_i, \boldsymbol{T}_i, \boldsymbol{Y}\}$, $\mathcal{O} = \{O_1, O_2, \cdots, O_n\}$。基于退化观测数据 $\mathcal{O}$ 很容易得到关于模型参数 $\boldsymbol{\theta}$ 的对数似然

$$\ell(\boldsymbol{\theta}|\mathcal{O}) = \sum_{i=1}^{n} \sum_{j=1}^{m_i} \ln p(\Delta \boldsymbol{Y}_{i,:,j}|\boldsymbol{\theta}) \tag{6.20}$$

通过最大化对数似然函数，可以得到模型参数 $\boldsymbol{\theta}$ 的估计。但是，观察 $p(\Delta \boldsymbol{Y}_{i,:,j}|\boldsymbol{\theta})$ 的形式，可知对数似然是关于 $\boldsymbol{\theta}$ 的复杂函数，特别是其中有第二类修正贝塞尔函数。如果最大化对数似然，只能采用数值优化算法。仿真实验中发现，直接应用通用的数值优化算法会存在数值不稳定的问题。因此，本节仍通过补充缺失数据，构造 EM 算法，以方便模型的估计。

6.2.1 点估计

根据模型的结构可见，随机时间尺度 $H_{i,j}$ 及不同指标的共同效应 $Z_{i,j} = Z_i(t_{i,j})$ 均是未观测的。记 $\boldsymbol{H}_i = (H_{i,1}, H_{i,2}, \cdots, H_{i,m_i})^{\top}$。在给定随机时间尺度 $\boldsymbol{H}_i$ 的条件下，共同效应 $Z_i(t)$ 的增量 $\Delta Z_{i,j} = Z_{i,j} - Z_{i,j-1}$ 服从正态分布

$$\Delta Z_{i,j}|\boldsymbol{H}_i \sim \mathcal{N}(0, \kappa^2 \Delta H_{i,j}) \tag{6.21}$$

记 $\boldsymbol{Z}_i = (Z_{i,1}, Z_{i,2}, \cdots, Z_{i,m_i})^{\top}$。在给定 $\boldsymbol{H}_i$ 和 $\boldsymbol{Z}_i$ 的条件下，各性能指标的退化是独立的，且退化增量服从如下的正态分布

$$\Delta Y_{i,k,j}|\{\boldsymbol{Z}_i, \boldsymbol{H}_i\} \sim \mathcal{N}(\mu_k \Delta H_{i,j} + \Delta Z_{i,j}, \sigma_k^2 \Delta H_{i,j}) \tag{6.22}$$

令 $\mathbf{Z} = \{\boldsymbol{Z}_1, \boldsymbol{Z}_2, \cdots, \boldsymbol{Z}_n\}$, $\mathbf{H} = \{\boldsymbol{H}_1, \boldsymbol{H}_2, \cdots, \boldsymbol{H}_n\}$。则在给定完全数据 $\{\mathcal{O}, \mathbf{H}, \mathbf{Z}\}$ 时，对数完全似然函数为

$$\ell_{\mathrm{c}}(\boldsymbol{\theta}|\mathcal{O}, \mathbf{Z}, \mathbf{H}) = \sum_{i=1}^{n} \sum_{j=1}^{m_i} \left[\sum_{k=1}^{K} \ln p(\Delta Y_{i,k,j}|\Delta Z_{i,j}, \Delta H_{i,j}, \mu_k, \sigma_k^2) \right.$$
$$\left. + \ln p(\Delta Z_{i,j}|\Delta H_{i,j}, \kappa^2) + \ln p(\Delta H_{i,j}|\zeta) \right] \tag{6.23}$$

其中

$$\ln p(\Delta Y_{i,k,j}|\Delta Z_{i,j}, \Delta H_{i,j}, \mu_k, \sigma_k^2)$$

$$= -\frac{1}{2}\ln(2\pi\sigma_k^2\Delta H_{i,j}) - \frac{(\Delta Y_{i,k,j} - \Delta Z_{i,j} - \mu_k\Delta H_{i,j})^2}{2\sigma_k^2\Delta H_{i,j}} \tag{6.24}$$

$$\ln p(\Delta Z_{i,j}|\Delta H_{i,j},\kappa^2) = -\frac{1}{2}\ln(2\pi\kappa^2\Delta H_{i,j}) - \frac{\Delta Z_{i,j}^2}{2\kappa^2\Delta H_{i,j}} \tag{6.25}$$

$$\ln p(\Delta H_{i,j}|\zeta) = -\frac{1}{2}\ln(2\pi\zeta\Delta H_{i,j}^3) + \ln\Delta\Lambda_{i,j} - \frac{(\Delta H_{i,j} - \Delta\Lambda_{i,j})^2}{2\zeta\Delta H_{i,j}} \tag{6.26}$$

在 EM 算法的第 s 步迭代后，假设得到了模型参数的估计 $\boldsymbol{\theta}^{(s)}$。在第 $(s+1)$ 步迭代中，首先需要执行 E 步，计算在给定 $\boldsymbol{\theta}^{(s)}$ 和观测数据 $\mathcal{O}$ 的条件下，完全似然函数 ℓ_{c} 关于缺失数据的条件分布 $p(\mathbf{Z},\mathbf{H}|\mathcal{O},\boldsymbol{\theta}^{(s)})$ 的期望，即如下的 Q 函数

$$Q\left(\boldsymbol{\theta}|\boldsymbol{\theta}^{(s)}\right) = \mathbb{E}\left[\ell_{\mathrm{c}}(\boldsymbol{\theta}|\mathcal{O},\mathbf{Z},\mathbf{H})|\mathcal{O},\boldsymbol{\theta}^{(s)}\right]$$

根据式 (6.23) 的完全似然函数，可见在 Q 函数中需要计算

$$\mathbb{E}[\Delta H_{i,j}|\Delta \boldsymbol{Y}_{i,:,j},\boldsymbol{\theta}^{(s)}],\ \mathbb{E}[\Delta H_{i,j}^{-1}|\Delta \boldsymbol{Y}_{i,:,j},\boldsymbol{\theta}^{(s)}],\ \mathbb{E}[\Delta Z_{i,j}|\Delta \boldsymbol{Y}_{i,:,j},\boldsymbol{\theta}^{(s)}]$$
$$\mathbb{E}[\Delta Z_{i,j}\Delta H_{i,j}^{-1}|\Delta \boldsymbol{Y}_{i,:,j},\boldsymbol{\theta}^{(s)}],\ \mathbb{E}[\Delta Z_{i,j}^2\Delta H_{i,j}^{-1}|\Delta \boldsymbol{Y}_{i,:,j},\boldsymbol{\theta}^{(s)}] \tag{6.27}$$

下面给出以上各量的具体表达式。在每一个 EM 的迭代中 $\boldsymbol{\theta}^{(s)}$ 是给定的，为了简化符号，随后的推导中省略 $\boldsymbol{\theta}^{(s)}$。

首先考虑给定 $\Delta \boldsymbol{Y}_{i,:,j}$ 的条件下 $\Delta H_{i,j}$ 的分布。根据式 (6.16) 和式(6.17)，容易得到

$$p(\Delta H_{i,j}|\Delta \boldsymbol{Y}_{i,:,j}) \propto p(\Delta \boldsymbol{Y}_{i,:,j}|\Delta H_{i,j})p(\Delta H_{i,j})$$
$$\propto \Delta H_{i,j}^{v-1}\exp\left(-\frac{1}{2}\left(a\Delta H_{i,j} + b_{i,j}\Delta H_{i,j}^{-1}\right)\right) \tag{6.28}$$

这表明，给定 $\Delta \boldsymbol{Y}_{i,:,j}$ 的条件下 $\Delta H_{i,j}$ 服从广义逆高斯分布 $\mathcal{GIG}(a,b_{i,j},c)$，其中，模型参数 $(a,b_{i,j},c)$ 由式 (6.19) 给出。根据广义逆高斯分布的性质，容易得到 $\Delta H_{i,j}$ 和 $\Delta H_{i,j}^{-1}$ 的如下条件期望

$$\mathbb{E}[\Delta H_{i,j}|\Delta \boldsymbol{Y}_{i,:,j}] = \frac{\sqrt{b_{i,j}}\mathcal{K}_{c+1}(\sqrt{ab_{i,j}})}{\sqrt{a}\mathcal{K}_c(\sqrt{ab_{i,j}})}$$

$$\mathbb{E}[\Delta H_{i,j}^{-1}|\Delta \boldsymbol{Y}_{i,:,j}] = \frac{\sqrt{a}\mathcal{K}_{c+1}(\sqrt{ab_{i,j}})}{\sqrt{b_{i,j}}\mathcal{K}_c(\sqrt{ab_{i,j}})} - \frac{2c}{b_{i,j}} \tag{6.29}$$

下面，为计算式 (6.27)中与 $\Delta Z_{i,j}$ 相关的条件期望，考虑给定 $\Delta \boldsymbol{Y}_{i,:,j}$ 和 $\Delta H_{i,j}$ 的条件下，$\Delta Z_{i,j}$ 的分布。根据式 (6.21)和式(6.22)，可得

$$p(\Delta Z_{i,j}|\Delta H_{i,j}, \Delta \boldsymbol{Y}_{i,:,j}) \propto p(\Delta Z_{i,j}|\Delta H_{i,j}) \prod_{k=1}^{K} p(\Delta Y_{i,k,j}|\Delta Z_{i,j}, \Delta H_{i,j}) \quad (6.30)$$

经过化简可见 $\Delta Z_{i,j}|\{\Delta \boldsymbol{Y}_{i,:,j}, \Delta H_{i,j}\}$ 服从如下的正态分布

$$\Delta Z_{i,j}|\{\Delta H_{i,j}, \Delta \boldsymbol{Y}_{i,:,j}\} \sim \mathcal{N}\left(\frac{\sum_{k=1}^{K} \sigma_k^{-2}(\Delta Y_{i,k,j} - \mu_k \Delta H_{i,j})}{\sum_{k=1}^{K} \sigma_k^{-2} + \kappa^{-2}}, \frac{\Delta H_{i,j}}{\sum_{k=1}^{K} \sigma_k^{-2} + \kappa^{-2}}\right)$$

由此可得

$$\mathbb{E}[\Delta Z_{i,j}|\Delta H_{i,j}, \Delta \boldsymbol{Y}_{i,:,j}] = \frac{\sum_{k=1}^{K} \sigma_k^{-2}(\Delta Y_{i,k,j} - \mu_k \Delta H_{i,j})}{\sum_{k=1}^{K} \sigma_k^{-2} + \kappa^{-2}}$$

$$\mathbb{E}[\Delta Z_{i,j}^2|\Delta H_{i,j}, \Delta \boldsymbol{Y}_{i,:,j}]$$

$$= \frac{\Delta H_{i,j}}{\sum_{k=1}^{K} \sigma_k^{-2} + \kappa^{-2}} + \left[\frac{\sum_{k=1}^{K} \sigma_k^{-2}(\Delta Y_{i,k,j} - \mu_k \Delta H_{i,j})}{\sum_{k=1}^{K} \sigma_k^{-2} + \kappa^{-2}}\right]^2 \quad (6.31)$$

$$= \left(\frac{\sum_{k=1}^{K} \sigma_k^{-2} \Delta Y_{i,k,j}}{\sum_{k=1}^{K} \sigma_k^{-2} + \kappa^{-2}}\right)^2 + \left(\frac{\sum_{k=1}^{K} \sigma_k^{-2} \mu_k}{\sum_{k=1}^{K} \sigma_k^{-2} + \kappa^{-2}}\right)^2 \Delta H_{i,j}^2$$

$$+ \left[\frac{1}{\sum_{k=1}^{K} \sigma_k^{-2} + \kappa^{-2}} - 2\frac{\sum_{k=1}^{K} \sigma_k^{-2} \Delta Y_{i,k,j} \sum_{k=1}^{K} \sigma_k^{-2} \mu_k}{\left(\sum_{k=1}^{K} \sigma_k^{-2} + \kappa^{-2}\right)^2}\right] \Delta H_{i,j}$$

根据以上结果，可以得到

$$\mathbb{E}[\Delta Z_{i,j}|\Delta \boldsymbol{Y}_{i,:,j}] = \mathbb{E}[\mathbb{E}[\Delta Z_{i,j}|\Delta H_{i,j}, \Delta \boldsymbol{Y}_{i,:,j}]|\Delta \boldsymbol{Y}_{i,:,j}]$$

$$= \frac{\sum_{k=1}^{K} \sigma_k^{-2}(\Delta Y_{i,k,j} - \mu_k \mathbb{E}[\Delta H_{i,j}|\Delta \boldsymbol{Y}_{i,:,j}])}{\sum_{k=1}^{K} \sigma_k^{-2} + \kappa^{-2}} \quad (6.32)$$

$$\mathbb{E}[\Delta Z_{i,j} \Delta H_{i,j}^{-1}|\Delta \boldsymbol{Y}_{i,:,j}] = \mathbb{E}[\mathbb{E}[\Delta Z_{i,j}|\Delta H_{i,j}, \Delta \boldsymbol{Y}_{i,:,j}] \Delta H_{i,j}^{-1}|\Delta \boldsymbol{Y}_{i,:,j}]$$

$$= \frac{\sum_{k=1}^{K} \sigma_k^{-2}(\Delta Y_{i,k,j} \mathbb{E}[\Delta H_{i,j}^{-1}|\Delta \boldsymbol{Y}_{i,:,j}] - \mu_k)}{\sum_{k=1}^{K} \sigma_k^{-2} + \kappa^{-2}} \quad (6.33)$$

以及

$$
\begin{aligned}
& \mathbb{E}[\Delta Z_{i,j}^2 \Delta H_{i,j}^{-1} | \Delta \boldsymbol{Y}_{i,:,j}] = \mathbb{E}[\mathbb{E}[\Delta Z_{i,j}^2 | \Delta H_{i,j}, \Delta \boldsymbol{Y}_{i,:,j}] \Delta H_{i,j}^{-1} | \Delta \boldsymbol{Y}_{i,:,j}] \\
& = \frac{1}{\sum_{k=1}^K \sigma_k^{-2} + \kappa^{-2}} - 2 \frac{\sum_{k=1}^K \sigma_k^{-2} \Delta Y_{i,k,j} \sum_{k=1}^K \sigma_k^{-2} \mu_k}{\left(\sum_{k=1}^K \sigma_k^{-2} + \kappa^{-2} \right)^2} \\
& + \left(\frac{\sum_{k=1}^K \sigma_k^{-2} \Delta Y_{i,k,j}}{\sum_{k=1}^K \sigma_k^{-2} + \kappa^{-2}} \right)^2 \mathbb{E}[\Delta H_{i,j}^{-1} | \Delta \boldsymbol{Y}_{i,:,j}] \\
& + \left(\frac{\sum_{k=1}^K \sigma_k^{-2} \mu_k}{\sum_{k=1}^K \sigma_k^{-2} + \kappa^{-2}} \right)^2 \mathbb{E}[\Delta H_{i,j} | \Delta \boldsymbol{Y}_{i,:,j}]
\end{aligned} \tag{6.34}
$$

这样便得到了式 (6.27) 中各条件期望的表达式。在得到 Q 函数后，通过最大化 Q 函数，可以更新参数 $\boldsymbol{\theta}$ 的估计值

$$
\boldsymbol{\theta}^{(s+1)} = \arg \max_{\boldsymbol{\theta}} Q\left(\boldsymbol{\theta} | \boldsymbol{\theta}^{(s)} \right)
$$

通过对 Q 函数关于模型参数 $\boldsymbol{\theta}$ 求偏导，并令偏导数为 0，化简可得

$$
\mu_k^{(s+1)} = \frac{\sum_{i=1}^n \sum_{j=1}^{m_i} (\Delta Y_{i,k,j} - \mathbb{E}[\Delta Z_{i,j} | \Delta \boldsymbol{Y}_{i,:,j}])}{\sum_{i=1}^n \sum_{j=1}^{m_i} \mathbb{E}[\Delta H_{i,j} | \Delta \boldsymbol{Y}_{i,:,j}]}
$$

$$
\begin{aligned}
[\sigma_k^{(s+1)}]^2 = \frac{1}{\sum_{i=1}^n m_i} \sum_{i=1}^n \sum_{j=1}^{m_i} \Big\{ & \Delta Y_{i,k,j}^2 \mathbb{E}[\Delta H_{i,j}^{-1} | \Delta \boldsymbol{Y}_{i,:,j}] \\
& - 2 \Delta Y_{i,k,j} \mathbb{E}[\Delta Z_{i,j} \Delta H_{i,j}^{-1} | \Delta \boldsymbol{Y}_{i,:,j}] \\
& + \mathbb{E}[\Delta Z_{i,j}^2 \Delta H_{i,j}^{-1} | \Delta \boldsymbol{Y}_{i,:,j}] - [\mu_k^{(s+1)}]^2 \mathbb{E}[\Delta H_{i,j} | \Delta \boldsymbol{Y}_{i,:,j}] \Big\}
\end{aligned}
$$

$$
[\kappa^{(s+1)}]^2 = \frac{1}{\sum_{i=1}^n m_i} \sum_{i=1}^n \sum_{j=1}^{m_i} \mathbb{E}[\Delta Z_{i,j}^2 \Delta H_{i,j}^{-1} | \Delta \boldsymbol{Y}_{i,:,j}]
$$

$$
\zeta^{(s+1)} = \frac{1}{\sum_{i=1}^n m_i} \sum_{i=1}^n \sum_{j=1}^{m_i} \Big\{ \mathbb{E}[\Delta H_{i,j} | \Delta \boldsymbol{Y}_{i,:,j}] + \Delta \Lambda_{i,j}^2 \mathbb{E}[\Delta H_{i,j}^{-1} | \Delta \boldsymbol{Y}_{i,:,j}] - 2 \Delta \Lambda_{i,j} \Big\}
$$

另外，$\boldsymbol{\alpha}^{(s+1)}$ 是

$$
\sum_{i=1}^n \sum_{j=1}^{m_i} \left[\frac{1}{\Delta \Lambda_{i,j}} - \frac{1}{\zeta^{(s+1)}} (\Delta \Lambda_{i,j} \mathbb{E}[\Delta H_{i,j}^{-1} | \Delta \boldsymbol{Y}_{i,:,j}] - 1) \right] \frac{\partial \Delta \Lambda_{i,j}}{\partial \boldsymbol{\alpha}} = 0
$$

的解。基于前面所述结果，可以迭代地进行 EM 算法的 E 步和 M 步，直到参数估计的变化小于某一给定阈值，如两步估计之间的 L_1 距离小于 10^{-6}。这样便得到模型参数的极大似然估计 $\hat{\boldsymbol{\theta}}$。

6.2.2 区间估计

为了得到模型参数的区间估计，这里采用参数自助法。在获得模型参数的点估计 $\hat{\boldsymbol{\theta}}$ 后，根据所提出的模型生成实际观测退化数据 $\mathcal{O}$ 的自助抽样，进而得到 $\hat{\boldsymbol{\theta}}$ 的自助估计。将这一过程重复 B 次，可得 B 组极大似然估计的自助估计 $\{\hat{\boldsymbol{\theta}}_1^*, \hat{\boldsymbol{\theta}}_2^*, \cdots, \hat{\boldsymbol{\theta}}_B^*\}$，其经验分布可作为 $\hat{\boldsymbol{\theta}}$ 分布的近似。因此，基于 $\hat{\boldsymbol{\theta}}$ 的自助分布可以构造模型参数的区间估计。算法 6.2 给出了获得点估计 $\hat{\boldsymbol{\theta}}$ 的自助分布 $\{\hat{\boldsymbol{\theta}}_1^*, \hat{\boldsymbol{\theta}}_2^*, \cdots, \hat{\boldsymbol{\theta}}_B^*\}$ 的具体流程。

算法 6.2 区间估计的参数自助法

输入： 极大似然点估计 $\hat{\boldsymbol{\theta}}$

重复 B **次**

（1）考虑某一个体 i。对于 $j = 1, 2, \cdots, m_i$，根据如下逆高斯分布生成随机时间尺度在 $(t_{i,j-1}, t_{i,j}]$ 上的增量

$$\Delta \tilde{H}_{i,j} \sim \mathcal{IG}(\Delta \hat{\Lambda}_{i,j}, \hat{\zeta}^{-1} \Delta \hat{\Lambda}_{i,j}^2)$$

其中，$\Delta \hat{\Lambda}_{i,j} = \Lambda(t_{i,j}; \hat{\boldsymbol{\alpha}}) - \Lambda(t_{i,j-1}; \hat{\boldsymbol{\alpha}})$。

（2）对于 $j = 1, 2, \cdots, m_i$，生成共同效应在 $(t_{i,j-1}, t_{i,j}]$ 上的增量 $\Delta \tilde{Z}_{i,j} \sim \mathcal{N}(0, \hat{\kappa}^2 \Delta \tilde{H}_{i,j})$。

（3）对于 $j = 1, 2, \cdots, m_i$，生成 $(t_{i,j-1}, t_{i,j}]$ 上第 $k = 1, 2, \cdots, K$ 个性能指标退化的个体效应的增量 $\Delta \tilde{X}_{i,k,j} \sim \mathcal{N}(\hat{\mu}_k \Delta \tilde{H}_{i,j}, \hat{\sigma}_k^2 \tilde{H}_{i,j})$。进而得到各性能指标退化增量的抽样 $\Delta \tilde{Y}_{i,k,j} = \Delta \tilde{Z}_{i,j} + \Delta \tilde{X}_{i,k,j}$。

（4）得到第 i 个个体退化观测数据的重抽样 $\tilde{O}_i = \{m_i, \boldsymbol{T}_i, \boldsymbol{Y}_i^*\}$，其中，$\tilde{\boldsymbol{Y}}_i = \{\Delta \tilde{\boldsymbol{Y}}_{i,:,1}, \Delta \tilde{\boldsymbol{Y}}_{i,:,2}, \cdots, \Delta \tilde{\boldsymbol{Y}}_{i,:,m_i}\}$，$\Delta \boldsymbol{Y}_{i,:,j} = (\Delta \tilde{Y}_{i,1,j}, \Delta \tilde{Y}_{i,2,j}, \cdots, \Delta \tilde{Y}_{i,K,j})$。

（5）对所有 $i = 1, 2, \cdots, n$，重复以上步骤 (1)~(4)，得到退化数据 $\mathcal{O}$ 的自助抽样 $\tilde{\mathcal{O}} = \{\tilde{O}_1, \tilde{O}_2, \cdots, \tilde{O}_n\}$。

（6）将自助抽样 $\tilde{\mathcal{O}}$ 作为退化数据，利用 EM 算法得到对应的估计 $\hat{\boldsymbol{\theta}}^*$ 作为 $\hat{\boldsymbol{\theta}}$ 的重抽样。

输出： B 组自助估计 $\{\hat{\boldsymbol{\theta}}_1^*, \hat{\boldsymbol{\theta}}_2^*, \cdots, \hat{\boldsymbol{\theta}}_B^*\}$。

6.2.3 估计效果

本小节利用蒙特卡罗仿真来验证所提模型及 EM 算法在有限样本下的表现。考虑一个具有三个关键性能指标同时发生退化的产品，即 $K = 3$ 的情形。真实的模型参数设定为

$$\boldsymbol{\mu} = (2.8, 3.3, 1.9), \ \boldsymbol{\sigma} = (3.8, 7.9, 2.8), \ \kappa = 4.2, \ \zeta = 4.8$$

考虑非线性的退化趋势, 并假设 $\Lambda(t)$ 具有幂函数形式, $\Lambda(t) = t^{\alpha}$, 其中, $\alpha = 1.2$.

假设收集到 n 个个体的退化数据, 所有个体的退化观测时间相同, 即 $m_1 = m_2 = \cdots = m_n = m$; 观测时间间隔固定为 $\Delta t = 1$. 为检验模型参数的估计与个体数 n 和观测数 m 的关系, 本小节考虑四组不同的 $\{n, m\}$, 即 $\{10, 50\}$, $\{10, 100\}$, $\{50, 50\}$ 和 $\{50, 100\}$. 在每一组合下, 仿真重复 1000 次.

1. 模型参数估计效果

在给定的 $\{n, m\}$ 下, 根据所提模型生成退化数据的仿真值并利用所提 EM 算法估计模型参数. 基于 1000 次仿真, 表 6.1 给出了不同 $\{n, m\}$ 下, 由 EM 算法得到的模型参数点估计的偏差和均方误差. 可以看到, 各参数点估计的偏差和均方误差都比较小, 且随着 n 或 m 的增大, 各参数的均方误差显著减小. 这表明在中等量级的 n 和 m 下, 模型参数的估计具有比较好的表现.

表 6.1　不同 $\{n, m\}$ 下模型参数点估计的偏差和均方误差（MSE）

$\{n, m\}$		$\{10, 50\}$	$\{10, 100\}$	$\{50, 50\}$	$\{50, 100\}$
$\hat{\mu}_1$	偏差	0.041	0.040	0.003	0.002
	MSE	0.320	0.195	0.060	0.034
$\hat{\mu}_2$	偏差	0.056	0.049	0.007	−0.001
	MSE	0.489	0.286	0.089	0.050
$\hat{\mu}_3$	偏差	0.031	0.024	0.004	0.000
	MSE	0.158	0.096	0.030	0.016
$\hat{\sigma}_1$	偏差	0.000	0.010	−0.002	−0.004
	MSE	0.172	0.104	0.032	0.017
$\hat{\sigma}_2$	偏差	0.021	0.035	−0.005	0.001
	MSE	0.653	0.390	0.124	0.073
$\hat{\sigma}_3$	偏差	0.002	0.014	−0.007	−0.000
	MSE	0.122	0.067	0.023	0.012
$\hat{\kappa}$	偏差	0.010	0.003	−0.000	0.000
	MSE	0.199	0.117	0.038	0.022
$\hat{\zeta}$	偏差	0.035	−0.000	0.009	0.022
	MSE	0.969	0.623	0.193	0.114
$\hat{\alpha}$	偏差	−0.0001	−0.0011	0.0004	0.0004
	MSE	0.0019	0.0009	0.0004	0.0002

此外, 在每次仿真中, 可利用 6.2.2 小节中的自助法构造模型参数的区间估计. 表 6.2 给出了 1000 次仿真中由自助法构造的 90% 置信区间的实际覆盖率. 可以看到, 对于各模型参数其 90% 置信区间的实际覆盖率均很接近名义值. 这表明在

仿真实验中自助法构造的置信区间达到很好的估计效果。

表 6.2 不同 $\{n,m\}$ 下模型参数 90% 置信区间的覆盖率

$\{n,m\}$	$\{10,50\}$	$\{10,100\}$	$\{50,50\}$	$\{50,100\}$
$\hat{\mu}_1$	89.6%	89.9 %	90.4 %	90.2 %
$\hat{\mu}_2$	89.6%	91.1 %	90.5 %	91.2 %
$\hat{\mu}_3$	88.8%	90.7 %	89.6 %	91.4 %
$\hat{\sigma}_1$	88.9%	89.5 %	90.4 %	92.0%
$\hat{\sigma}_2$	89.8%	91.4 %	90.5 %	90.8%
$\hat{\sigma}_3$	88.9%	89.8 %	90.3 %	90.2%
$\hat{\kappa}$	91.0%	90.5 %	91.8 %	92.4%
$\hat{\zeta}$	90.6%	89.6 %	91.1%	90.2%
$\hat{\alpha}$	91.1%	90.3%	90.1%	92.0%

2. 相关系数估计效果

根据式 (6.8)可计算得到三个性能指标退化间的相关系数

$$\rho[Y_1,Y_2] = 0.6455, \ \rho[Y_1,Y_3] = 0.7904, \ \rho[Y_2,Y_3] = 0.6343$$

在每次仿真中,根据模型参数的点估计,可以得到各相关系数的估计。表 6.3给出了不同的 $\{n,m\}$ 下 1000 次仿真中各相关系数估计值的偏差和均方误差。与模型参数的点估计类似,各相关系数点估计的偏差也很小,均方误差随着 n 和 m 的增大显著下降。另外,根据自助法中模型参数的自助估计,可以很容易得到相关系数自助估计,进而对各相关系数构造置信区间。表 6.3也给出了不同的 $\{n,m\}$ 下 1000 次仿真中 90% 置信区间的覆盖率。可见,相关系数置信区间的实际覆盖率很接近 90% 的名义值。这表明对于相关系数而言,由自助法构造的区间估计也具有良好的效果。

表 6.3 不同 $\{n,m\}$ 下各相关系数点估计偏差、均方误差及 90% 置信区间覆盖率

$\{n,m\}$		$\{10,50\}$	$\{10,100\}$	$\{50,50\}$	$\{50,100\}$
$\hat{\rho}[Y_1,Y_2]$	偏差	−0.0028	−0.0022	−0.0005	0.0002
	MSE	0.0014	0.0006	0.0003	0.0001
	覆盖率	87.9%	89.6%	89.6%	90.0%
$\hat{\rho}[Y_1,Y_3]$	偏差	−0.0017	−0.0020	−0.0001	0.0001
	MSE	0.0007	0.0003	0.0001	0.0001
	覆盖率	89.7%	90.5%	91.1%	90.4%
$\hat{\rho}[Y_2,Y_3]$	偏差	−0.0025	−0.0026	−0.0002	0.0001
	MSE	0.0013	0.0006	0.0002	0.0001
	覆盖率	89.1%	90.3%	90.1%	89.6%

6.3　实例验证

本节考虑一组实际的涂层性能退化数据。该数据来自美国国家标准与技术研究院针对胺固化环氧树脂涂料的退化试验 (Gu 等, 2009)。该涂料为有机涂料, 在连续紫外照射下其组分会分解老化, 导致防护性能下降。为了研究该涂料的退化过程, 将该涂料涂覆到标准件表面制成试件, 并对其在规定的试验条件下进行退化试验。试验过程中, 为监测涂层的性能, 对涂层利用傅里叶变换红外光谱仪进行测试分析, 得到对应的红外光谱。在涂层材料中, 由于不同官能团（化学键）振动频率不同, 因此红外光照射后不同频率的光吸收的比例也不同, 光谱图中不同频率对应不同的吸收度, 进而可从光谱图中读取官能团的信息。随着退化的进行, 涂料中的官能团会分解, 有效成分下降, 使得光谱图中对应频率处的吸收度下降。因此, 通过观察记录某个频率处吸收度的变化, 可以反映涂料中某些官能团含量的下降。

针对该型涂料, 光谱图中以下波数处对应的官能团对涂料性能的影响较大:

(1) 波数 1250cm^{-1} 对应于聚芳醚 C-O 键, 记为 Y_1;

(2) 波数 1510cm^{-1} 对应于苯环, 记为 Y_2;

(3) 波数 2925cm^{-1} 对应于亚甲基, 记为 Y_3。

因此, 在红外光谱图中, 重点看这三个波数处峰值随试验时间的变化。这样, 本例中退化过程的维度为 $K = 3$。在一组试验中, 共有四个试样的退化数据, 即 $n = 4$。其中, 对前两个试样在 $m_1 = m_2 = 59$ 个时刻点上的退化量进行了观测, 对另外两个试样在 $m_3 = m_4 = 62$ 个时刻点的退化量进行了观测, 具体退化数据可见附表 A.8。

图 6.1 绘制了四个试样的 3 个关键性能指标随时间的退化。可以看出, 3 个性能指标的退化特征有明显区别。波数 2925cm^{-1} 处 (Y_3) 的退化速率要显著低于其他波数处的退化, 而波数 1510cm^{-1} 处的退化速率最大。另外, 3 个性能指标的退化间存在一定的正相关性, 如 4 号试样的所有 3 个指标的退化都快于 2 号试样的对应指标。根据对退化数据的观察, 3 个性能指标的退化间存在一定的正相关性。

本节将用所提多元退化模型拟合该涂料退化数据。由于该组退化数据看起来存在一定的非线性, 因此, 这里首先考虑幂函数形式的退化趋势 $\Lambda(t; \alpha) = t^{\alpha}$。利用前面所述的 EM 算法及自助法, 可以获得各模型参数的点估计及 90% 置信区间, 如表 6.4所示。

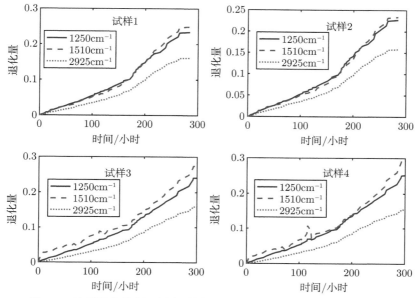

图 6.1 涂料退化数据：四个试样的 3 个关键性能指标随时间的退化

表 6.4 基于涂层退化数据的估计结果

	点估计	90% 置信区间
$\hat{\mu}_1(\times 10^{-4})$	−2.959	[−4.490, −1.976]
$\hat{\mu}_2(\times 10^{-4})$	−3.266	[−5.011, −2.148]
$\hat{\mu}_3(\times 10^{-4})$	−1.967	[−3.007, −1.293]
$\hat{\sigma}_1^2(\times 10^{-7})$	1.515	[0.963, 2.367]
$\hat{\sigma}_2^2(\times 10^{-7})$	7.902	[4.958, 12.061]
$\hat{\sigma}_3^2(\times 10^{-8})$	2.782	[0.589, 5.575]
$\hat{\kappa}^2(\times 10^{-7})$	1.797	[1.103, 2.806]
$\hat{\zeta}$	4.834	[2.920, 7.824]
$\hat{\alpha}$	1.179	[1.106, 1.253]
对数似然值	3391.7	

根据模型参数的估计，可见在波数 2925cm^{-1}（Y_3）处的退化确实是最慢的，而在波数 1510cm^{-1}（Y_2）处的退化要比 1250cm^{-1}（Y_1）处略快。这与从图 6.1 观察到的现象相符。图 6.2 绘制了 3 个性能指标各自的期望退化轨迹以及 90% 置信区间。由图可见，各指标的 90% 置信区间均覆盖了实际的退化数据，表明所提模型具有较好的拟合效果。

观察 $\hat{\kappa}^2$ 与 $\hat{\sigma}_k^2$, $k=1,2,3$，可见它们的量级相同。由式(6.4)可知，共同效应 $Z(t)$ 在该涂料 3 个性能指标的退化中具有重要影响。事实上，可以根据式(6.4)计算给定随机时间尺度 H 的条件下 3 个性能退化间的相关系数及 90% 置信区间

$$\hat{\rho}[Y_1, Y_2|H] = 0.317 \quad ([0.255, 0.372])$$

$$\hat{\rho}[Y_1, Y_3|H] = 0.685 \quad ([0.603, 0.749])$$

$$\hat{\rho}[Y_2, Y_3|H] = 0.401 \quad ([0.328, 0.464])$$

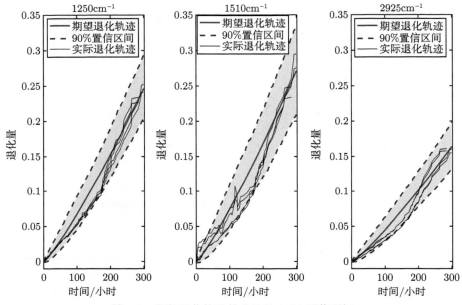

图 6.2　期望退化轨迹的估计及 90% 置信区间

可见，在给定 H 的条件下，Y_1（波数 1250cm^{-1}）与 Y_3（波数 2925cm^{-1}）间的相关系数最大。此外，由 $\hat{\zeta}$ 的值可知，随机时间尺度具有显著的波动性，这表明随机时间尺度也会引起显著的相关性。根据式(6.8)可计算 3 个性能退化间的无条件相关系数和 90% 置信区间

$$\hat{\rho}[Y_1, Y_2] = 0.611 \quad ([0.545, 0.666])$$

$$\hat{\rho}[Y_1, Y_3] = 0.845 \quad ([0.805, 0.876])$$

$$\hat{\rho}[Y_2, Y_3] = 0.640 \quad ([0.578, 0.694])$$

显然，各退化过程间具有显著的相关性，且 Y_1（波数 1250cm^{-1}）与 Y_3（波数 2925cm^{-1}）间具有很强的正相关性。这表明在该涂料的使用过程中，在紫外线的作用下，三个官能团会发生一定的相依退化。

为验证多元退化过程中相关性是否显著，本节考虑所提模型的几种特殊情况：

（1）不考虑共同效应，即令 $\kappa = 0$；

（2）不考虑随机时间尺度，即令 $\zeta = 0$；

（3）既不考虑共同效应也不考虑随机时间尺度，即令 $\kappa = \zeta = 0$。

对于涂层退化数据，利用以上三种模型分别拟合，得到模型参数的估计，如表 6.5 所示。对比各模型估计结果可见，当令所提模型中的某参数为 0，改变多元退化间相关性的结构后，模型参数的估计值会发生明显变化。这在一定程度表明不同性能指标退化间的相关性是显著的，且两种导致相关性的来源均起到明显作用。比较不同模型对应的对数似然和 AIC 值，可以看到同时考虑随机时间尺度与共同效应的原模型拟合效果最佳。这进一步说明仅使用随机时间尺度或仅考虑共同效应无法完全刻画不同性能指标退化间的相关性。

表 6.5　不同程度相关性下本章模型的估计结果

	本章模型	$\kappa = 0$	$\zeta = 0$	$\zeta = \kappa = 0$
$\hat{\mu}_1$	-2.959×10^{-4}	-4.455×10^{-4}	-1.078×10^{-4}	-5.213×10^{-5}
$\hat{\mu}_2$	-3.266×10^{-4}	-4.917×10^{-4}	-1.185×10^{-4}	-5.754×10^{-5}
$\hat{\mu}_3$	-1.967×10^{-4}	-2.961×10^{-4}	-7.316×10^{-5}	-3.464×10^{-5}
$\hat{\sigma}_1^2$	1.515×10^{-7}	2.361×10^{-7}	1.555×10^{-7}	3.837×10^{-7}
$\hat{\sigma}_2^2$	7.902×10^{-7}	1.628×10^{-6}	1.278×10^{-6}	1.244×10^{-6}
$\hat{\sigma}_3^2$	2.782×10^{-8}	1.149×10^{-7}	4.448×10^{-8}	2.478×10^{-7}
$\hat{\kappa}^2$	1.797×10^{-7}	\	4.948×10^{-7}	\
$\hat{\zeta}$	4.834	4.036	\	\
$\hat{\alpha}$	1.179	1.107	1.364	1.485
对数似然值	3391.7	3342.6	3095.8	2884.5
AIC 值	-6765.4	-6669.2	-6175.6	-5775.0

前面的分析中，假设整体的退化趋势服从幂函数规律 $\Lambda(t) = t^{\alpha}$。根据不同情形下 α 的估计值，可知该涂料的多元退化过程具有一定的非线性。为了验证退化的非线性趋势是否显著，以及是否有更合适的退化趋势形式，这里进一步考虑 $\Lambda(t)$ 具有指数函数的形式 $\Lambda(t) = \exp(\alpha t) - 1$ 和线性形式 $\Lambda(t) = t$ 两种情形。表 6.6 给出了采用不同形式 $\Lambda(t)$ 后模型的拟合效果。根据模型的对数似然和 AIC 值可知，指数形式的 $\Lambda(t)$ 具有最佳的拟合效果。当然，幂函数形式和指数形式的 $\Lambda(t)$ 均明显优于线性 $\Lambda(t)$ 情形的模型拟合效果。

为了进一步验证所提模型在拟合该涂层退化数据时的优越性，采用如下的多元维纳过程拟合该退化数据

$$\mathbf{Y}(t) = \boldsymbol{\mu}\Lambda(t) + \boldsymbol{\mathcal{B}}(\Lambda(t))\boldsymbol{\Sigma}^{1/2}$$

其中

$$\mathbf{Y}(t) = (Y_1(t), Y_2(t), \cdots, Y_K(t))$$

$$\boldsymbol{\mu} = (\mu_1, \mu_2, \cdots, \mu_K)$$

$\boldsymbol{\mathcal{B}}(t) = (\mathcal{B}_1(t), \mathcal{B}_2(t), \cdots, \mathcal{B}_K(t))$ 表示独立的 K 维维纳过程，$\boldsymbol{\Sigma}$ 为 $K \times K$ 的协方差矩阵。对于多元退化过程建模，多元维纳过程是一个很自然的选择，通过协方差矩阵 $\boldsymbol{\Sigma}$ 很容易引入不同指标退化间的相关性。但是该模型共有 $K(K+3)/2$ 个未知参数（不包括 $\Lambda(t)$ 的未知参数）：K 个漂移率参数和 $K(K+1)/2$ 个协方差矩阵参数。随着多元退化过程维度 K 的增大，模型参数数量增加较快，这会增加模型的复杂度和对数据量的要求。与之对比，不考虑 $\Lambda(t)$ 的未知参数，本章所提模型的参数包括 $(\boldsymbol{\mu}, \boldsymbol{\sigma}, \kappa, \zeta)$，数量为 $2K+2$。可见，当 $K \geqslant 3$ 时，所提模型中未知参数的数量总是少于同等维度的多元维纳过程模型，且模型复杂度的差距在高维下更为突出。

表 6.6　不同形式 $\Lambda(t)$ 下本章模型的估计结果

	幂律	指数	线性
$\hat{\mu}_1$	-2.959×10^{-4}	-0.2016	-8.171×10^{-4}
$\hat{\mu}_2$	-3.266×10^{-4}	-0.2225	-9.019×10^{-4}
$\hat{\mu}_3$	-1.967×10^{-4}	-0.1340	-5.430×10^{-4}
$\hat{\sigma}_1^2$	1.515×10^{-7}	1.078×10^{-4}	3.907×10^{-7}
$\hat{\sigma}_2^2$	7.902×10^{-7}	5.531×10^{-4}	2.069×10^{-6}
$\hat{\sigma}_3^2$	2.782×10^{-8}	1.768×10^{-5}	8.133×10^{-8}
$\hat{\kappa}^2$	1.797×10^{-7}	1.293×10^{-4}	4.751×10^{-7}
$\hat{\zeta}$	4.834	6.293×10^{-3}	2.088
$\hat{\alpha}$	1.179	2.674×10^{-3}	$\backslash$
对数似然值	3391.7	3396.3	3384.9
AIC 值	-6765.4	-6774.6	-6753.8

表 6.7给出了利用有不同形式 $\Lambda(t)$ 的 3 维维纳过程拟合涂层退化数据的结果。可见，尽管此时 3 维维纳过程比所提模型多一个参数，但是其对应的对数似然值要明显小于所提模型的对数似然。因此，无论根据对数似然还是 AIC 值，所提模型总是优于 3 维维纳过程。

表 6.7　不同形式 $\Lambda(t)$ 下 3 维维纳过程的拟合结果

	幂律		指数		线性	
	本章模型	3 维维纳	本章模型	3 维维纳	本章模型	3 维维纳
对数似然值	3391.7	3130.9	3396.3	3126.5	3384.9	3100.0
AIC 值	-6765.4	-6241.8	-6774.6	-6233.0	-6753.8	-6182.0

参考 Lu 等 (2021)，假设三个性能指标的退化阈值为 $(0.4, 0.58, 0.27)$。图 6.3给出了基于所提模型估计得到的可靠度及 90% 逐点置信区间。作为对比，这里也计算了假设 3 个性能指标独立并用维纳过程分别进行拟合得到的可靠度及 90% 置

信区间。对比独立退化过程假设下的可靠度与考虑相关性的可靠度，可见任意给定时刻处考虑相关性情形下产品的可靠度更大。这是因为当不考虑不同指标间退化相关性时，该产品的可靠度等于每一性能指标不超过阈值概率的乘积。这样得到的产品可靠度偏保守，而过分保守的可靠度估计会带来不必要的维修保养，增加产品的寿命周期费用。

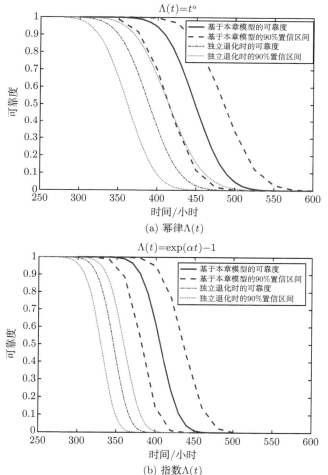

图 6.3　本章模型和独立维纳过程下可靠度的估计及 90% 置信区间

6.4　本章小结

本章围绕产品具有多个关键性能指标同时退化的情形，提出了一种具有随机时间尺度的多元维纳过程模型。该模型考虑了可能引起不同性能退化间相关性的两种不同机理，利用随机时间尺度刻画由动态环境作用带来的退化相关性。在给定随机时间尺度的条件下，每一维度的退化分解为共同效应和个体效应，利用其中的共同效应刻画工作过程中不同退化间的耦合效应。可以看到，在给定随机时间尺度的条件下，所提模型本身属于多元维纳过程。但是，该多元维纳过程具有特殊的分解结构，增强了模型的可解释性，同时降低了模型的复杂度。

针对所提出的模型，本章给出了一种基于自适应抽样蒙特卡罗模拟的可靠度评估方法。提出该方法的主要原因在于针对复杂的多元退化过程，难以得到解析的可靠度函数，而利用简单的格点采样方法会存在不可控误差。所提出的自适应采样的主要思想是通过计算离散化误差的上界，在误差大的位置增加采样，以控制总体的离散化误差。这样，可以在给定的误差容许范围内更少地采样，以减少评估可靠度的计算量。可以看到，该自适应采样方法也适用于 $K = 1$ 的情形。因此，第 5 章退化模型的可靠度分析也可以基于该方法实现。

第 7 章　带测量误差退化数据建模

在退化数据的测量和收集过程中，由于测量设备的精度有限、外界的随机干扰等原因，导致得到的退化数据存在一定的测量误差。当真实退化过程叠加了测量误差，收集的退化数据便无法准确地反映真实的退化过程。如果在建模时不能认识到这一点，则容易给退化过程的建模与可靠性的分析带来偏差。为了处理退化数据中可能存在的测量误差，一种自然的处理方式是在原退化模型的基础上加入误差项。具体地，假如用 $X(t)$ 表示真实退化过程，则数据测量或收集过程 $Y(t)$ 可表示为

$$Y(t) = X(t) + \epsilon_t$$

其中，ϵ_t 是独立同分布的测量误差。这样，实际测得的退化数据可以认为是来自于 $Y(t)$ 的样本。有时测量误差对实际数据的影响可能并不总是加性的。例如，若称重传感器出现漂移，则可能使得读取的质量是真实质量的倍数，而不是加和。不过，这种乘积误差可通过对相应的指标取对数，使得乘积误差变为加和误差。因此，本章仅考虑加和误差。

当退化过程 $X(t)$ 由维纳过程建模时，最为常用的测量误差模型是正态误差模型，即 $\epsilon_t \sim \mathcal{N}(0, \kappa^2)$。一方面，考虑测量误差可能是由众多微小、不确定的因素共同造成的，根据中心极限定理，使用正态分布刻画测量误差是很自然且合理的选择。另一方面，由于维纳过程本身就是高斯的，假设测量误差服从正态分布有利于模型参数的估计。不过，尽管正态误差假设方便了数据的分析处理，该假设也在实际中得到了广泛应用，在退化建模中采用这一假设时仍需慎重。这是因为，当退化建模中需要考虑测量误差的影响时，意味着测量误差的影响是不可忽视的。当测量误差的影响无法忽略时，则表明测量过程中存在显著的干扰或波动。在显著的干扰下，测量过程很容易出现异常值。由于正态分布对异常值是敏感的，此时利用带正态误差的模型分析带测量误差的退化数据容易导致模型估计出现偏差。

基于这一考虑，本章针对存在测量误差的退化数据，从退化模型估计的稳健性出发，利用对异常值不敏感的 t 分布对测量误差进行建模，以抑制测量误差异常值的影响，改善退化模型参数估计的稳健性。

7.1　模　型　描　述

对于产品的真实退化过程，仍用一般的非线性维纳过程刻画，即

$$X(t) = \mu\Lambda(t) + \sigma\mathcal{B}\left(\Lambda(t)\right), \ t > 0 \tag{7.1}$$

其中，$\mu > 0$ 为漂移率，$\sigma > 0$ 为扩散系数，$\mathcal{B}(\cdot)$ 为标准布朗运动，$\Lambda(t)$ 为时间尺度变换函数。

针对该退化过程进行观测，在任意时刻 t 观测到的退化量为

$$Y(t) = X(t) + \epsilon_t \tag{7.2}$$

其中，ϵ_t 表示独立同分布的测量误差，与 $X(t)$ 独立。与常用的正态误差模型假设不同，这里假设测量误差 ϵ_t 服从两参数的 t 分布 $\mathcal{T}(\kappa^2, \nu)$，具有如下概率密度函数

$$f_{\epsilon_t}(\epsilon) = \frac{\Gamma\left(\dfrac{\nu+1}{2}\right)}{\kappa\sqrt{\nu\pi}\Gamma\left(\dfrac{\nu}{2}\right)}\left[1 + \frac{1}{\nu}\left(\frac{\epsilon}{\kappa}\right)^2\right]^{-\frac{\nu+1}{2}} \tag{7.3}$$

其中，κ 为 t 分布的尺度函数，ν 为 t 分布的自由度，$\Gamma(a) = \int_0^\infty x^{a-1}\mathrm{e}^{-x}\mathrm{d}x$ 为伽马函数。与常见的单参数 t 分布相比，双参数 t 分布多了尺度参数 κ，当 $\kappa = 1$ 时，双参数 t 分布变为只包含自由度参数 ν 的单参数 t 分布。

t 分布的自由度参数 ν 决定了其密度的形状，特别是密度函数尾部对应的概率。图 7.1给出了 $\kappa = 1$ 时不同自由度 ν 下 t 分布的密度函数。可以看到，与标准正态分布的密度相比，自由度为 1 的 t 分布（即标准柯西分布）的密度函数中间更低，而双侧尾部更高。这意味着对于服从 t 分布的随机变量，出现远离中心点样本的可能性更大。反过来，t 分布容许出现偏离中心较大的样本。这样，假设测量误差服从 t 分布，等价于默认测量中可能会出现较大的偏差。因此，利用带 t 分布误差的维纳模型，对带测量误差的退化数据进行拟合，会降低由测量误差异常值引起的模型参数估计偏差。随着自由度 ν 的增大，t 分布密度函数中间越来越高，而双侧尾部越来越低。当 $\nu = 20$ 时，t 分布的密度函数便非常接近标准正态分布的密度函数了。

利用 t 分布对测量误差进行建模，能够抑制测量误差异常值的影响，使得退化模型参数的估计更为稳健。但是从估计值计算求解的角度，带 t 分布误差的模型更为复杂，模型参数估计的求解更困难。这是因为，尽管根据退化过程 $X(t)$ 与测量误差 ϵ_t 的密度函数，可以得到 $Y(t)$ 的分布，但是维纳过程是高斯的，而 t

分布的密度和正态分布的密度相去甚远,观测过程 $Y(t)$ 的分布涉及积分,不存在简单形式。所以,基于带误差退化过程 $Y(t)$ 的观测值进行统计分析时,这些观测值的联合分布涉及高维积分,给模型参数的估计带来计算困难。

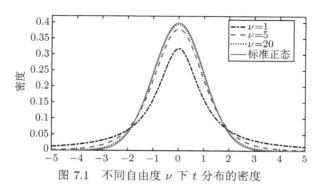

图 7.1 不同自由度 ν 下 t 分布的密度

为了对带 t 分布的退化模型进行参数估计,可引入一个随机权重 S_t,将 t 分布表示为具有随机尺度的正态分布的混合分布

$$f_{\epsilon_t}(\epsilon) = \int_0^\infty f_{\epsilon_t|S_t}(\epsilon|S_t = s) f_{S_t}(s) \mathrm{d}s$$

$$= \int_0^\infty \sqrt{\frac{s}{2\pi\kappa^2}} \exp\left(-\frac{s\epsilon^2}{2\kappa^2}\right) \cdot \frac{(\nu/2)^{\nu/2} s^{\nu/2-1}}{\Gamma\left(\frac{\nu}{2}\right)} \exp\left(-\frac{\nu}{2}s\right) \mathrm{d}s$$

其中,$(\epsilon_t|S_t)$ 服从依赖于权重 S_t 的正态分布 $\mathcal{N}(0, \kappa^2/S_t)$,随机权重 S_t 服从伽马分布 $\mathrm{Ga}(\nu/2, \nu/2)$,具有如下概率密度函数

$$f_{S_t}(s) = \frac{(\nu/2)^{\nu/2} s^{\nu/2-1}}{\Gamma\left(\frac{\nu}{2}\right)} \exp\left(-\frac{\nu}{2}s\right)$$

这样,通过把 t 分布表示为具有随机尺度的正态分布的混合分布,将误差项 ϵ_t 与正态分布建立了联系。由于真实退化过程 $X(t)$ 是高斯的,在给定 S_t 的条件下,有

$$Y(t)|S_t \sim \mathcal{N}\left(\mu\Lambda(t), \sigma^2\Lambda(t) + \kappa^2/S_t\right)$$

因此,当给定 S_t 时,模型又是高斯的,而正态分布的参数估计是容易进行的。这为模型参数的估计指明了方向。

7.2 模型参数估计

考虑带有 t 分布测量误差的维纳过程模型的估计问题。

　　假定在时刻 $t_1, t_2, \cdots, t_m$ 处对某个体的退化过程进行观测，得到退化测量值 $\boldsymbol{Y} = (Y_1, Y_2, \cdots, Y_m)^\top$。根据前节思路，首先将各测量值中的测量误差表示为随机尺度正态分布的混合分布。由于测量误差是独立的，因此，混合正态分布中引入的随机权重也是独立的。记观测值中测量误差对应的随机权重为 $\boldsymbol{S} = (S_1, S_2, \cdots, S_m)^\top$，各时刻未观测到的真实退化量为 $\boldsymbol{X} = (X_1, X_2, \cdots, X_m)^\top$。根据式(7.2)的模型性质，有

$$
\begin{aligned}
&Y_j | \{X_j, S_j\} \sim \mathcal{N}(X_j, \kappa^2 / S_j), \;\; S_j \sim \text{Ga}\left(\frac{\nu}{2}, \frac{\nu}{2}\right)\\
&\Delta X_j = X_j - X_{j-1} \sim \mathcal{N}(\mu \Delta \Lambda_j, \sigma^2 \Delta \Lambda_j) \\
&\text{Cov}(\Delta X_{j_1}, \Delta X_{j_2}) = 0, \;\; j_1 \neq j_2
\end{aligned}
\tag{7.4}
$$

其中，$\Lambda_j = \Lambda(t_j)$，$\Lambda_0 = 0$，$\Delta \Lambda_j = \Lambda_j - \Lambda_{j-1}$。

　　由此可得退化观测值 $\boldsymbol{Y}$ 的联合分布

$$
p(\boldsymbol{Y}) = \iint \prod_{j=1}^{m} p(Y_j | X_j, S_j) p(\Delta X_j) p(S_j) \mathrm{d}\boldsymbol{X} \mathrm{d}\boldsymbol{S}
$$

　　根据退化观测值的分布，可以利用极大似然方法估计模型参数。但是，这里 $\boldsymbol{Y}$ 的联合分布涉及关于 $\boldsymbol{X}$ 与 $\boldsymbol{S}$ 的多维积分。其中，关于 $\boldsymbol{X}$ 的积分可进一步简化，但关于 $\boldsymbol{S}$ 的积分无法得到简单形式。这样，在对似然或对数似然函数进行最大化时，需要利用数值方法计算高维积分，计算量较大。为避开高维积分问题，一个自然的想法是将未观测到的 $\boldsymbol{X}$ 与 $\boldsymbol{S}$ 作为缺失数据，通过构造 EM 算法求解模型参数的极大似然估计。

7.2.1　EM 算法

　　首先假设时间尺度变换函数 $\Lambda(t)$ 是给定的，考虑模型参数 $\boldsymbol{\theta} = (\mu, \sigma, \kappa, \nu)$ 的估计。

　　将未观测到的真实退化水平 $\boldsymbol{X}$ 与 t 分布误差的随机权重 $\boldsymbol{S}$ 作为缺失数据。这时，完全数据为 $\{\boldsymbol{Y}, \boldsymbol{X}, \boldsymbol{S}\}$，关于模型参数 $\boldsymbol{\theta}$ 的对数完全似然函数为

$$
\begin{aligned}
&\ell_c(\boldsymbol{\theta} | \boldsymbol{Y}, \boldsymbol{X}, \boldsymbol{S}) \\
&= \ell_1(\kappa^2 | \boldsymbol{Y}, \boldsymbol{X}, \boldsymbol{S}) + \ell_2(\mu, \sigma^2 | \boldsymbol{X}) + \ell_3(\nu | \boldsymbol{S}) \\
&= \sum_{j=1}^{m} \ell_{1,j}(\kappa^2 | Y_j, X_j, S_j) + \sum_{j=1}^{m} \ell_{2,j}(\mu, \sigma^2 | \Delta X_j) + \sum_{j=1}^{m} \ell_{3,j}(\nu | S_j)
\end{aligned}
\tag{7.5}
$$

其中

$$
\begin{aligned}
\ell_{1,j}(\kappa^2|Y_j, X_j, S_j) &= \ln p(Y_j|X_j, S_j, \kappa^2) \\
&= -\frac{1}{2}\ln 2\pi\kappa^2 + \frac{1}{2}\ln S_j - \frac{S_j\,(Y_j - X_j)^2}{2\kappa^2} \\
\ell_{2,j}(\mu, \sigma^2|\Delta X_j) &= \ln p(\Delta X_j|\mu, \sigma^2) \\
&= -\frac{1}{2}\ln 2\pi\sigma^2 - \frac{1}{2}\ln \Delta\Lambda_i - \frac{(\Delta X_j - \mu\Delta\Lambda_j)^2}{2\sigma^2\Delta\Lambda_j} \\
\ell_{3,j}(\nu|S_j) &= \ln p(S_j|\nu) \\
&= \frac{\nu}{2}\ln\frac{\nu}{2} + \left(\frac{\nu}{2} - 1\right)\ln S_j - \ln\Gamma\left(\frac{\nu}{2}\right) - \frac{\nu}{2}S_j
\end{aligned}
\tag{7.6}
$$

下面考虑 EM 算法的迭代。假设在第 s 步迭代后，模型参数的估计值为 $\boldsymbol{\theta}^{(s)}$。在第 $(s+1)$ 步的迭代中，需要在 E 步计算对数完全似然函数关于条件分布 $p(\boldsymbol{X}, \boldsymbol{S}|\boldsymbol{Y}, \boldsymbol{\theta}^{(s)})$ 的期望，即如下的 Q 函数

$$
Q\left(\boldsymbol{\theta}|\boldsymbol{\theta}^{(s)}\right) = \mathbb{E}\left[\ell_{\mathrm{c}}(\boldsymbol{\theta}|\boldsymbol{Y}, \boldsymbol{X}, \boldsymbol{S})|\boldsymbol{Y}, \boldsymbol{\theta}^{(s)}\right]
$$

随后，在 M 步中，通过对 Q 函数求关于 $\boldsymbol{\theta}$ 的最大值更新参数的估计

$$
\boldsymbol{\theta}^{(s+1)} = \arg\max_{\boldsymbol{\theta}} Q\left(\boldsymbol{\theta}|\boldsymbol{\theta}^{(s)}\right)
\tag{7.7}
$$

对 Q 函数关于 $\boldsymbol{\theta}$ 求偏导，并令偏导为 0，可得

$$
\begin{aligned}
\mu^{(s+1)} &= \frac{\mathbb{E}\left[X_m|\boldsymbol{Y}, \boldsymbol{\theta}^{(s)}\right]}{\Lambda_m} \\
\left[\sigma^{(s+1)}\right]^2 &= \frac{1}{m}\sum_{j=1}^{m}\frac{\mathbb{E}\left[\left(\Delta X_j - \mu^{(s+1)}\Delta\Lambda_j\right)^2|\boldsymbol{Y}, \boldsymbol{\theta}^{(s)}\right]}{\Delta\Lambda_j} \\
\left[\kappa^{(s+1)}\right]^2 &= \frac{1}{m}\sum_{j=1}^{m}\mathbb{E}\left[S_j(Y_j - X_j)^2|\boldsymbol{Y}, \boldsymbol{\theta}^{(s)}\right]
\end{aligned}
\tag{7.8}
$$

$\nu^{(s+1)}$ 满足下列方程

$$
\ln\frac{\nu^{(s+1)}}{2} + 1 + \frac{1}{m}\sum_{j=1}^{m}\mathbb{E}\left[\ln S_j - S_j|\boldsymbol{Y}, \boldsymbol{\theta}^{(s)}\right] - \psi\left(\frac{\nu^{(s+1)}}{2}\right) = 0
\tag{7.9}
$$

其中，$\psi(a) = \mathrm{d}\ln\Gamma(a)/\mathrm{d}a = \Gamma'(a)/\Gamma(a)$ 为 digamma 函数。

根据完全似然函数的形式可知，在 EM 迭代中需要计算以下变量

$$\Delta X_j, \quad \Delta X_j^2, \quad S_j, \quad S_j X_j, \quad \ln S_j$$

关于条件分布 $p(\boldsymbol{X}, \boldsymbol{S}|\boldsymbol{Y}, \boldsymbol{\theta}^{(s)})$ 的期望。因此，若能够计算以上条件期望，则可以很容易实现 EM 算法的迭代过程。下面讨论关于分布 $p(\boldsymbol{X}, \boldsymbol{S}|\boldsymbol{Y}, \boldsymbol{\theta}^{(s)})$ 的条件期望的计算方法。

1. 变分贝叶斯近似

本小节将讨论基于变分贝叶斯对条件密度 $p(\boldsymbol{X}, \boldsymbol{S}|\boldsymbol{Y}, \boldsymbol{\theta}^{(s)})$ 进行近似的方法，并基于 $p(\boldsymbol{X}, \boldsymbol{S}|\boldsymbol{Y}, \boldsymbol{\theta}^{(s)})$ 的近似密度计算 Q 函数。在每一步 EM 迭代中，都需要计算得到 $p(\boldsymbol{X}, \boldsymbol{S}|\boldsymbol{Y}, \boldsymbol{\theta}^{(s)})$ 的近似密度。由于 $\boldsymbol{\theta}^{(s)}$ 是给定的，为了推导方便，本节后面推导中，相关密度函数的表达式中均省略模型参数符号 $\boldsymbol{\theta}^{(s)}$。例如，$p(\boldsymbol{X}, \boldsymbol{S}|\boldsymbol{Y}, \boldsymbol{\theta}^{(s)})$ 将记为 $p(\boldsymbol{X}, \boldsymbol{S}|\boldsymbol{Y})$。

根据贝叶斯公式，条件分布 $p(\boldsymbol{X}, \boldsymbol{S}|\boldsymbol{Y})$ 可以表示为

$$p(\boldsymbol{X}, \boldsymbol{S}|\boldsymbol{Y}) = \frac{p(\boldsymbol{Y}, \boldsymbol{X}, \boldsymbol{S})}{p(\boldsymbol{Y})} = \frac{1}{p(\boldsymbol{Y})} \prod_{j=1}^{m} p(Y_j|X_j, S_j) p(X_j|X_{j-1}) p(S_j)$$

$$= \frac{1}{p(\boldsymbol{Y})} \prod_{j=1}^{m} S_j^{\frac{\nu-1}{2}} \exp\left(-\frac{S_j(Y_j - X_j)^2}{2\kappa^2} - \frac{(X_j - X_{j-1} - \mu\Delta\Lambda_j)^2}{2\sigma^2\Delta\Lambda_j} - \frac{\nu}{2}S_j\right) \tag{7.10}$$

可以看到，$p(\boldsymbol{X}, \boldsymbol{S}|\boldsymbol{Y})$ 的表达式很复杂，且涉及归一化常数 $1/p(\boldsymbol{Y})$。直接关于该分布求期望需要进行数值积分，计算量较大。为了更为便捷地得到 EM 算法中需要的各条件期望，本节基于变分贝叶斯近似方法，利用简单的密度近似 $p(\boldsymbol{X}, \boldsymbol{S}|\boldsymbol{Y})$，以简化条件期望的计算。

具体地，考虑利用具有分解形式的密度 $q(\boldsymbol{X}|\boldsymbol{Y})q(\boldsymbol{S}|\boldsymbol{Y})$ 来近似 $p(\boldsymbol{X}, \boldsymbol{S}|\boldsymbol{Y})$，即

$$p(\boldsymbol{X}, \boldsymbol{S}|\boldsymbol{Y}) \approx q(\boldsymbol{X}|\boldsymbol{Y})q(\boldsymbol{S}|\boldsymbol{Y})$$

为了减少近似误差，需要使近似密度 $q(\boldsymbol{X}|\boldsymbol{Y})q(\boldsymbol{S}|\boldsymbol{Y})$ 尽可能接近 $p(\boldsymbol{X}, \boldsymbol{S}|\boldsymbol{Y})$。如第 3 章所述，当采用如下的 K-L 散度作为两个密度函数偏离程度的度量时，推导过程通常较为简单。

$$\begin{aligned} &D_{\mathrm{KL}}\big(q(\boldsymbol{X}|\boldsymbol{Y})q(\boldsymbol{S}|\boldsymbol{Y}) \| p(\boldsymbol{X}, \boldsymbol{S}|\boldsymbol{Y})\big) \\ &= \int q(\boldsymbol{X}|\boldsymbol{Y})q(\boldsymbol{S}|\boldsymbol{Y}) \ln \frac{q(\boldsymbol{X}|\boldsymbol{Y})q(\boldsymbol{S}|\boldsymbol{Y})}{p(\boldsymbol{X}, \boldsymbol{S}|\boldsymbol{Y})} \mathrm{d}\boldsymbol{X}\mathrm{d}\boldsymbol{S} \end{aligned} \tag{7.11}$$

对于式(7.11)，注意到

$$
D_{\mathrm{KL}}\big(q(\boldsymbol{X}|\boldsymbol{Y})q(\boldsymbol{S}|\boldsymbol{Y})\|p(\boldsymbol{X},\boldsymbol{S}|\boldsymbol{Y})\big)
$$
$$
= \int q(\boldsymbol{X}|\boldsymbol{Y})q(\boldsymbol{S}|\boldsymbol{Y})\ln\frac{q(\boldsymbol{X}|\boldsymbol{Y})q(\boldsymbol{S}|\boldsymbol{Y})}{p(\boldsymbol{Y},\boldsymbol{X},\boldsymbol{S})}\mathrm{d}\boldsymbol{X}\mathrm{d}\boldsymbol{S}
$$
$$
\quad + \int q(\boldsymbol{X}|\boldsymbol{Y})q(\boldsymbol{S}|\boldsymbol{Y})\ln\frac{p(\boldsymbol{Y},\boldsymbol{X},\boldsymbol{S})}{p(\boldsymbol{X},\boldsymbol{S}|\boldsymbol{Y})}\mathrm{d}\boldsymbol{X}\mathrm{d}\boldsymbol{S} \tag{7.12}
$$
$$
= D_{\mathrm{KL}}\big(q(\boldsymbol{X}|\boldsymbol{Y})q(\boldsymbol{S}|\boldsymbol{Y})\|p(\boldsymbol{Y},\boldsymbol{X},\boldsymbol{S})\big) + \ln p(\boldsymbol{Y})
$$

根据式 (7.12) 可以看到，由于 $\ln p(\boldsymbol{Y})$ 与 $\boldsymbol{X}$ 和 $\boldsymbol{S}$ 无关，因此，最小化从条件密度 $p(\boldsymbol{X},\boldsymbol{S}|\boldsymbol{Y})$ 到近似密度 $q(\boldsymbol{X}|\boldsymbol{Y})q(\boldsymbol{S}|\boldsymbol{Y})$ 的 K-L 散度，等价于最小化从联合密度 $p(\boldsymbol{Y},\boldsymbol{X},\boldsymbol{S})$ 到近似密度 $q(\boldsymbol{X}|\boldsymbol{Y})q(\boldsymbol{S}|\boldsymbol{Y})$ 的 K-L 散度。

对于某一给定的 $q(\boldsymbol{X}|\boldsymbol{Y})$，有

$$
D_{\mathrm{KL}}\big(q(\boldsymbol{X}|\boldsymbol{Y})q(\boldsymbol{S}|\boldsymbol{Y})\|p(\boldsymbol{Y},\boldsymbol{X},\boldsymbol{S})\big)
$$
$$
= \int q(\boldsymbol{X}|\boldsymbol{Y})q(\boldsymbol{S}|\boldsymbol{Y})\ln\frac{q(\boldsymbol{X}|\boldsymbol{Y})q(\boldsymbol{S}|\boldsymbol{Y})}{p(\boldsymbol{Y},\boldsymbol{X},\boldsymbol{S})}\mathrm{d}\boldsymbol{X}\mathrm{d}\boldsymbol{S}
$$
$$
= \int q(\boldsymbol{X}|\boldsymbol{Y})\ln q(\boldsymbol{X}|\boldsymbol{Y})\mathrm{d}\boldsymbol{X} \tag{7.13}
$$
$$
\quad + \int q(\boldsymbol{S}|\boldsymbol{Y})\left[\ln q(\boldsymbol{S}|\boldsymbol{Y}) - \int q(\boldsymbol{X}|\boldsymbol{Y})\ln p(\boldsymbol{Y},\boldsymbol{X},\boldsymbol{S})\mathrm{d}\boldsymbol{X}\right]\mathrm{d}\boldsymbol{S}
$$

若令

$$
\ln q^*(\boldsymbol{S}|\boldsymbol{Y}) = \int q(\boldsymbol{X}|\boldsymbol{Y})\ln p(\boldsymbol{Y},\boldsymbol{X},\boldsymbol{S})\mathrm{d}\boldsymbol{X} + C
$$

其中，C 是归一化常数，使得

$$
q^*(\boldsymbol{S}|\boldsymbol{Y}) = \exp\left\{\int q(\boldsymbol{X}|\boldsymbol{Y})\ln p(\boldsymbol{Y},\boldsymbol{X},\boldsymbol{S})\mathrm{d}\boldsymbol{X} + C\right\}
$$

是一个密度函数，则

$$
D_{\mathrm{KL}}\big(q(\boldsymbol{X}|\boldsymbol{Y})q(\boldsymbol{S}|\boldsymbol{Y})\|p(\boldsymbol{Y},\boldsymbol{X},\boldsymbol{S})\big)
$$
$$
= \int q(\boldsymbol{X}|\boldsymbol{Y})\ln q(\boldsymbol{X}|\boldsymbol{Y})\mathrm{d}\boldsymbol{X} + D_{\mathrm{KL}}(q(\boldsymbol{S}|\boldsymbol{Y})\|q^*(\boldsymbol{S}|\boldsymbol{Y})) + C \tag{7.14}
$$

显然，当 $q(\boldsymbol{S}|\boldsymbol{Y})$ 等于 $q^*(\boldsymbol{S}|\boldsymbol{Y})$ 时，K-L 散度 $D_{\mathrm{KL}}\big(q(\boldsymbol{X}|\boldsymbol{Y})q(\boldsymbol{S}|\boldsymbol{Y})\|p(\boldsymbol{Y},\boldsymbol{X},\boldsymbol{S})\big)$ 最小。由此可见，当给定 $q(\boldsymbol{X}|\boldsymbol{Y})$ 时，最优的 $q^*(\boldsymbol{S}|\boldsymbol{Y})$ 为

$$
\ln q^*(\boldsymbol{S}|\boldsymbol{Y}) = \mathbb{E}_{\boldsymbol{X}|\boldsymbol{Y}}[\ln p(\boldsymbol{Y},\boldsymbol{X},\boldsymbol{S})] + C
$$

此时，$p(\boldsymbol{X}, \boldsymbol{S}|\boldsymbol{Y})$ 到 $q(\boldsymbol{X}|\boldsymbol{Y})q^*(\boldsymbol{S}|\boldsymbol{Y})$ 的 K-L 散度最小。

根据式(7.5)的对数完全似然函数 $\ln p(\boldsymbol{Y}, \boldsymbol{X}, \boldsymbol{S})$，容易得到

$$
\begin{aligned}
\ln q^*(\boldsymbol{S}|\boldsymbol{Y}) &= \mathbb{E}_{\boldsymbol{X}|\boldsymbol{Y}}\left[\ln p(\boldsymbol{Y}, \boldsymbol{X}, \boldsymbol{S})\right] + C \\
&= -\sum_{j=1}^{m}\left(\frac{\nu}{2} + \frac{\mathbb{E}\left[(Y_j - X_j)^2|\boldsymbol{Y}\right]}{2\kappa^2}\right)S_j + \left(\frac{\nu+1}{2} - 1\right)\sum_{j=1}^{m}\ln S_i + C \\
&= \ln \prod_{j=1}^{m} q^*(S_j|\boldsymbol{Y})
\end{aligned}
\tag{7.15}
$$

其中，$q^*(S_j|\boldsymbol{Y})$ 为如下伽马分布的密度函数

$$
\mathrm{Ga}\left(\frac{\nu+1}{2}, \frac{\nu}{2} + \frac{\mathbb{E}\left[(Y_j - X_j)^2|\boldsymbol{Y}\right]}{2\kappa^2}\right)
\tag{7.16}
$$

式 (7.16) 表明，在给定 $q(\boldsymbol{X}|\boldsymbol{Y})$ 时，最优的近似密度 $q^*(\boldsymbol{S}|\boldsymbol{Y})$ 是 m 个独立伽马随机变量密度函数的乘积，且 $q^*(S_i|\boldsymbol{Y})$ 仅依赖于 $\mathbb{E}\left[(Y_j - X_j)^2|\boldsymbol{Y}\right]$，而与 $q(\boldsymbol{X}|\boldsymbol{Y})$ 的形式无关。

根据类似的推导，当给定 $q(\boldsymbol{S}|\boldsymbol{Y})$ 时，最优的 $q^*(\boldsymbol{X}|\boldsymbol{Y})$ 为

$$
\ln q^*(\boldsymbol{X}|\boldsymbol{Y}) = \mathbb{E}_{\boldsymbol{S}|\boldsymbol{Y}}\left[\ln p(\boldsymbol{Y}, \boldsymbol{X}, \boldsymbol{S})\right] + C
$$

这时，$p(\boldsymbol{X}, \boldsymbol{S}|\boldsymbol{Y})$ 到 $q^*(\boldsymbol{X}|\boldsymbol{Y})q(\boldsymbol{S}|\boldsymbol{Y})$ 的 K-L 散度最小。根据式(7.5)的对数完全似然函数，最优 $q^*(\boldsymbol{X}|\boldsymbol{Y})$ 为

$$
\begin{aligned}
&\ln q^*(\boldsymbol{X}|\boldsymbol{Y}) \\
&= \mathbb{E}_{\boldsymbol{S}|\boldsymbol{Y}}[\ln p(\boldsymbol{Y}, \boldsymbol{X}, \boldsymbol{S})] + C \\
&= -\frac{1}{2\sigma^2}\sum_{j=1}^{m}\frac{(X_j - X_{j-1} - \mu\Delta\Lambda_j)^2}{\Delta\Lambda_j} - \sum_{j=1}^{m}\frac{(Y_j - X_j)^2}{2\kappa^2}\mathbb{E}[S_j|\boldsymbol{Y}] + C \\
&= \ln p\left(\boldsymbol{X}|\boldsymbol{Y}, \boldsymbol{S} = (\mathbb{E}[S_1|\boldsymbol{Y}], \mathbb{E}[S_2|\boldsymbol{Y}], \cdots, \mathbb{E}[S_m|\boldsymbol{Y}])^\top\right)
\end{aligned}
\tag{7.17}
$$

式中，$p(\boldsymbol{X}|\boldsymbol{Y}, \boldsymbol{S})$ 表示给定 $\{\boldsymbol{Y}, \boldsymbol{S}\}$ 的条件下 $\boldsymbol{X}$ 的密度函数。根据式(7.4)，可见 $(\boldsymbol{X}, \boldsymbol{Y}|\boldsymbol{S})$ 服从多元正态分布，其均值与协方差分别为

$$
\begin{aligned}
\boldsymbol{\mu}_{\boldsymbol{X}, \boldsymbol{Y}|\boldsymbol{S}} &= \mu(\boldsymbol{\Lambda}^\top, \boldsymbol{\Lambda}^\top)^\top \\
\boldsymbol{\Sigma}_{\boldsymbol{X}, \boldsymbol{Y}|\boldsymbol{S}} &= \begin{pmatrix} \sigma^2\mathbf{P} & \sigma^2\mathbf{P} \\ \sigma^2\mathbf{P} & \sigma^2\mathbf{P} + \kappa^2\mathbf{D} \end{pmatrix}
\end{aligned}
\tag{7.18}
$$

其中, $\boldsymbol{\Lambda} = (\Lambda_1, \Lambda_2, \cdots, \Lambda_m)^\top$, $\mathbf{P}$ 是 $m \times m$ 方阵, 其第 (i,j) 个元素为 $\mathbf{P}(i,j) = \min(\Lambda_i, \Lambda_j)$, $\mathbf{D}$ 是如下的对角阵

$$\mathbf{D} = \mathrm{diag}\left(\frac{1}{S_1}, \frac{1}{S_2}, \cdots, \frac{1}{S_m}\right)$$

注意到, $\boldsymbol{S}$ 与 $\boldsymbol{X}$ 是独立的, $\boldsymbol{X}|\boldsymbol{S} = \boldsymbol{X}$; $\boldsymbol{X}$ 的协方差矩阵为 $\mathbf{P}$, 因此, $\boldsymbol{X}|\boldsymbol{S}$ 的协方差矩阵是 $\mathbf{P}$, 且 $\mathrm{Cov}(\boldsymbol{X}, \boldsymbol{Y}|\boldsymbol{S})$ 也等于 $\mathbf{P}$。这样, $(\boldsymbol{X}|\boldsymbol{Y}, \boldsymbol{S})$ 也服从多元正态分布, 具有如下均值和协方差

$$\begin{aligned}
\boldsymbol{\mu}_{\boldsymbol{X}|\boldsymbol{Y}, \boldsymbol{S}} &= \mu\boldsymbol{\Lambda} + \sigma^2\mathbf{P}(\sigma^2\mathbf{P} + \kappa^2\mathbf{D})^{-1}(\boldsymbol{Y} - \mu\boldsymbol{\Lambda}) \\
&= \mu\boldsymbol{\Lambda} + \left(\frac{\mathbf{D}^{-1}}{\kappa^2} + \frac{\mathbf{P}^{-1}}{\sigma^2}\right)^{-1}\frac{\mathbf{D}^{-1}}{\kappa^2}(\boldsymbol{Y} - \mu\boldsymbol{\Lambda}) \\
\boldsymbol{\Sigma}_{\boldsymbol{X}|\boldsymbol{Y}, \boldsymbol{S}} &= \sigma^2\mathbf{P}(\sigma^2\mathbf{P} + \kappa^2\mathbf{D})^{-1}\kappa^2\mathbf{D} \\
&= \left(\frac{\mathbf{D}^{-1}}{\kappa^2} + \frac{\mathbf{P}^{-1}}{\sigma^2}\right)^{-1} \triangleq \boldsymbol{\Pi}^{-1}
\end{aligned} \tag{7.19}$$

其中, $\boldsymbol{\Pi} = (\mathbf{D}^{-1}/\kappa^2 + \mathbf{P}^{-1}/\sigma^2)$。

这样, 对于给定的 $q(\boldsymbol{S}|\boldsymbol{Y})$, 仅需要计算 $(\mathbb{E}[S_1|\boldsymbol{Y}], \mathbb{E}[S_2|\boldsymbol{Y}], \cdots, \mathbb{E}[S_m|\boldsymbol{Y}])^\top$, 并将其替换至式(7.19), 便可以得到式(7.17)的最优近似密度 $q^*(\boldsymbol{X}|\boldsymbol{Y})$。注意到, $\boldsymbol{\mu}_{\boldsymbol{X}|\boldsymbol{Y}, \boldsymbol{S}}$ 可以通过求解下面的方程得到

$$\boldsymbol{\Pi}(\boldsymbol{\mu}_{\boldsymbol{X}|\boldsymbol{Y}, \boldsymbol{S}} - \mu\boldsymbol{\Lambda}) = \frac{\mathbf{D}^{-1}}{\kappa^2}(\boldsymbol{Y} - \mu\boldsymbol{\Lambda}) \tag{7.20}$$

由于矩阵 $\mathbf{P}$ 的逆 $\mathbf{P}^{-1}$ 具有如下形式

$$\mathbf{P}^{-1} = \begin{pmatrix}
\dfrac{1}{\Delta\Lambda_1} + \dfrac{1}{\Delta\Lambda_2} & -\dfrac{1}{\Delta\Lambda_2} & \cdots & 0 & 0 \\
-\dfrac{1}{\Delta\Lambda_2} & \dfrac{1}{\Delta\Lambda_2} + \dfrac{1}{\Delta\Lambda_3} & \cdots & 0 & 0 \\
\vdots & \vdots & & \vdots & \vdots \\
0 & 0 & \cdots & \dfrac{1}{\Delta\Lambda_{m-1}} + \dfrac{1}{\Delta\Lambda_m} & -\dfrac{1}{\Delta\Lambda_m} \\
0 & 0 & \cdots & -\dfrac{1}{\Delta\Lambda_m} & \dfrac{1}{\Delta\Lambda_m}
\end{pmatrix}$$

是对称的三对角阵, 且 $\mathbf{D}^{-1}$ 是对角阵 $\mathrm{diag}(S_1, S_2, \cdots, S_m)$, 因此, $\boldsymbol{\Pi}$ 也是一个对称的三对角阵。当 $\boldsymbol{\Pi}$ 为对称三对角阵时, 存在求解式(7.20)的高效算法, 例如,

可见 Golub 等 (2013) 的 176~178 页，其计算复杂度为 $O(m)$。另一方面，求解 $\mathbf{\Sigma}_{\boldsymbol{X}|\boldsymbol{Y},\boldsymbol{S}}$ 时对 $\mathbf{\Pi}$ 取逆的计算复杂度为 $O(m^2)$(El-Mikkawy 等, 2006)。不过，由于变分贝叶斯近似算法中只需要计算 $\mathbb{E}[(Y_j - X_j)^2|\boldsymbol{Y}]$，仅用到 $\mathbf{\Sigma}_{\boldsymbol{X}|\boldsymbol{Y},\boldsymbol{S}}$ 的对角线，需要的计算复杂度实际上是 $O(m)$。因此，变分贝叶斯方法整体的计算复杂度为 $O(m)$。

基于前面的讨论，对于任意给定的 $q(\boldsymbol{X}|\boldsymbol{Y})$，最优的 $q^*(\boldsymbol{S}|\boldsymbol{Y})$ 总是可以表示为伽马密度的乘积；给定 $q(\boldsymbol{S}|\boldsymbol{Y})$ 时，最优的 $q^*(\boldsymbol{X}|\boldsymbol{Y})$ 总是多元正态的密度。因此，最优的 $q^*(\boldsymbol{X}|\boldsymbol{Y})q^*(\boldsymbol{S}|\boldsymbol{Y})$ 可以通过如下迭代得到。

首先，假定初始时

$$q^{(0)}(\boldsymbol{S}|\boldsymbol{Y}) = \prod_{j=1}^{m} q^{(0)}(S_j|\boldsymbol{Y})$$

$$S_j|\boldsymbol{Y} \sim \mathrm{Ga}\left(\frac{\nu+1}{2}, \frac{\nu+1}{2}\right), \quad j=1,2,\cdots,m$$

根据 $q^{(0)}(\boldsymbol{S}|\boldsymbol{Y})$，计算条件期望 $\mathbb{E}^{(0)}[S_j|\boldsymbol{Y}]$ 并代入式(7.17)，可以得到在给定 $q(\boldsymbol{S}|\boldsymbol{Y}) = q^{(0)}(\boldsymbol{S}|\boldsymbol{Y})$ 时的最优近似密度 $q^{(1)}(\boldsymbol{X}|\boldsymbol{Y})$。根据 $q^{(1)}(\boldsymbol{X}|\boldsymbol{Y})$，可以计算 $\mathbb{E}^{(1)}[(Y_i - X_i)^2|\boldsymbol{Y}]$。将其代入式(7.16)，可以得到在给定 $q(\boldsymbol{X}|\boldsymbol{Y}) = q^{(1)}(\boldsymbol{X}|\boldsymbol{Y})$ 时的最优近似密度 $q^{(1)}(\boldsymbol{S}|\boldsymbol{Y})$。这样，便得到 $p(\boldsymbol{X},\boldsymbol{S}|\boldsymbol{Y})$ 的近似密度

$$q^{(1)}(\boldsymbol{X}|\boldsymbol{Y})q^{(1)}(\boldsymbol{S}|\boldsymbol{Y})$$

通过交替地迭代计算 $q(\boldsymbol{X}|\boldsymbol{Y})$ 与 $q(\boldsymbol{S}|\boldsymbol{Y})$，可以得到

$$\{q^{(2)}(\boldsymbol{X}|\boldsymbol{Y}),q^{(2)}(\boldsymbol{S}|\boldsymbol{Y})\}, \{q^{(3)}(\boldsymbol{X}|\boldsymbol{Y}),q^{(3)}(\boldsymbol{S}|\boldsymbol{Y})\}, \cdots$$

在这一过程中，近似密度不断更新，式(7.11)的 K-L 散度会不断减小，直至收敛。例如，当近似密度 $q^{(l)}(\boldsymbol{X}|\boldsymbol{Y})q^{(l)}(\boldsymbol{S}|\boldsymbol{Y})$ 的参数在两步迭代中的变化小于 10^{-6} 时，可认为迭代收敛。图 7.2 给出了上述变分近似方法的整体流程。通过大量仿真实验和实例应用发现，上述求解近似密度的迭代过程的收敛速度通常很快。

这里，求解 $p(\boldsymbol{X},\boldsymbol{S}|\boldsymbol{Y})$ 近似分布的变分贝叶斯方法是整个 EM 算法中的子程序。在每一步 EM 迭代中，首先在 E 步利用变分贝叶斯方法得到近似的条件分布

$$p(\boldsymbol{X},\boldsymbol{S}|\boldsymbol{Y}) \approx q^*(\boldsymbol{X}|\boldsymbol{Y})q^*(\boldsymbol{S}|\boldsymbol{Y})$$

基于近似的条件分布，根据式(7.8)与式(7.9)，计算 M 步中需要的条件期望。这样，EM 算法便可以迭代进行下去，直至模型参数的估计值收敛。图 7.3 给出了整个 EM 算法的流程图。

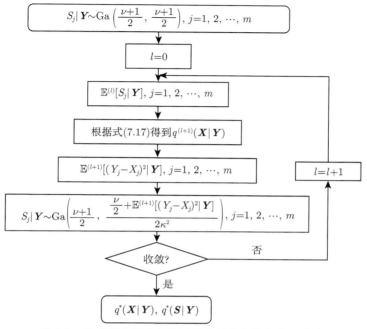

图 7.2 基于变分贝叶斯的近似条件分布迭代求解算法

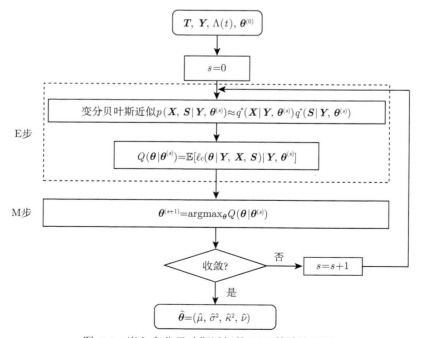

图 7.3 嵌入变分贝叶斯近似的 EM 算法流程图

2. EM 算法的加速方法

根据大量仿真实验发现，在利用前面提到的 EM 算法进行模型参数估计时，若固定自由度参数 ν，则 EM 算法收敛很快；若在每一步迭代中根据式(7.9)更新 ν，则 EM 算法会收敛比较慢。这表明自由度参数 ν 的迭代影响了 EM 算法的收敛速度，在已有关于利用 EM 算法估计 t 分布参数的研究中，也发现了类似现象 (Liu 等, 1994)。针对这一问题，可利用一些技巧提高 EM 算法的收敛速度，见 Liu 等 (1994); Liu (1997)。例如，根据 Liu (1997) 的思想，可以对 EM 算法的迭代过程进行如下调整，提高 EM 算法的收敛速度。

在第 s 步 EM 迭代中，可首先根据式(7.8)更新得到 $(\mu^{(s+1)}, \sigma^{(s+1)}, \kappa^{(s+1)})$。记 $\boldsymbol{\theta}^{(s+1/2)} = \left(\mu^{(s+1)}, \sigma^{(s+1)}, \kappa^{(s+1)}, \nu^{(s)}\right)$，有

$$
\begin{aligned}
& G\left(\boldsymbol{\theta}^{(s+1/2)}|\boldsymbol{Y}\right) \\
&= \ln p(\boldsymbol{Y}|\boldsymbol{\theta}^{(s+1/2)}) \\
&\quad - D_{\mathrm{KL}}\left(q^*(\boldsymbol{X}|\boldsymbol{Y}, \boldsymbol{\theta}^{(k+1/2)})q^*(\boldsymbol{S}|\boldsymbol{Y}, \boldsymbol{\theta}^{(s+1/2)})\|p(\boldsymbol{X}, \boldsymbol{S}|\boldsymbol{Y}, \boldsymbol{\theta}^{(s+1/2)})\right) \\
&\leqslant \max_{\nu}\left\{ \ln p(\boldsymbol{Y}|\boldsymbol{\theta}^{(s+1)}(\nu)) \right. \\
&\qquad \left. - \min_{q(\boldsymbol{S}|\boldsymbol{Y}, \boldsymbol{\theta}^{(s+1)}(\nu))} D_{\mathrm{KL}}\left(q^*(\boldsymbol{X}|\boldsymbol{Y}, \boldsymbol{\theta}^{(s+1/2)})q(\boldsymbol{S}|\boldsymbol{Y}, \boldsymbol{\theta}^{(s+1)}(\nu)) \right.\right. \\
&\qquad\qquad\qquad\qquad\qquad\quad \left.\left. \|p(\boldsymbol{X}, \boldsymbol{S}|\boldsymbol{Y}, \boldsymbol{\theta}^{(s+1)}(\nu)))\right) \right\}
\end{aligned} \tag{7.21}
$$

其中

$$
\boldsymbol{\theta}^{(s+1)}(\nu) = (\mu^{(s+1)}, \sigma^{(s+1)}, \kappa^{(s+1)}, \nu)
$$

对于任意给定的 ν，可根据式(7.15)和式(7.16)得到最小化 K-L 散度

$$
D_{\mathrm{KL}}\left(q^*(\boldsymbol{X}|\boldsymbol{Y}, \boldsymbol{\theta}^{(s+1/2)})q(\boldsymbol{S}|\boldsymbol{\theta}^{(s+1)}(\nu))\|p(\boldsymbol{X}, \boldsymbol{S}|\boldsymbol{Y}, \boldsymbol{\theta}^{(s+1)}(\nu))\right)
$$

的 $q^*(\boldsymbol{S}|\boldsymbol{Y}, \nu)$

$$
q^*(\boldsymbol{S}|\boldsymbol{Y}, \boldsymbol{\theta}^{(s+1)}(\nu)) = \prod_{j=1}^{m} q^*(S_j|\boldsymbol{\theta}^{(s+1)}(\nu))
$$

$$
q^*(S_j|\boldsymbol{Y}, \boldsymbol{\theta}^{(s+1)}(\nu)) \sim \mathrm{Ga}\left(\frac{\nu+1}{2}, \frac{\mathbb{E}[(Y_i - X_i)^2|\boldsymbol{Y}, \boldsymbol{\theta}^{(s+1/2)}]}{2[\kappa^{(s+1)}]^2} + \frac{\nu}{2}\right)
$$

将 $q^*(\boldsymbol{S}|\boldsymbol{Y},\boldsymbol{\theta}^{(s+1)}(\nu))$ 代入式(7.21)可得

$$
\begin{aligned}
&\ln p(\boldsymbol{Y}|\boldsymbol{\theta}^{(s+1)}(\nu)) \\
&\quad - D_{\mathrm{KL}}\big(q^*(\boldsymbol{X}|\boldsymbol{Y},\boldsymbol{\theta}^{(s+1/2)})q^*(\boldsymbol{S}|\boldsymbol{Y},\boldsymbol{\theta}^{(s+1)}(\nu))\|p(\boldsymbol{X},\boldsymbol{S}|\boldsymbol{Y},\boldsymbol{\theta}^{(s+1)}(\nu))\big) \\
&= C + \frac{m}{2}\left[\nu\ln\frac{\nu}{2} - 2\ln\Gamma\left(\frac{\nu}{2}\right) + 2\ln\Gamma\left(\frac{\nu+1}{2}\right)\right. \\
&\qquad\left. - \frac{\nu+1}{2m}\sum_{j=1}^{m}\ln\left(\frac{\nu}{2} + \frac{\mathbb{E}[(Y_j-X_j)^2|\boldsymbol{Y},\boldsymbol{\theta}^{(s+1/2)}]}{2[\kappa^{(s+1)}]^2}\right)\right] \\
&\triangleq C + \frac{m}{2}g(\nu)
\end{aligned}
$$

其中

$$
\begin{aligned}
g(\nu) = &\ \nu\ln\frac{\nu}{2} - 2\ln\Gamma\left(\frac{\nu}{2}\right) + 2\ln\Gamma\left(\frac{\nu+1}{2}\right) \\
&- \frac{\nu+1}{2m}\sum_{j=1}^{m}\ln\left(\frac{\nu}{2} + \frac{\mathbb{E}[(Y_j-X_j)^2|\boldsymbol{Y},\boldsymbol{\theta}^{(s+1/2)}]}{2[\kappa^{(s+1)}]^2}\right)
\end{aligned} \tag{7.22}
$$

这样，可以通过最大化 $g(\nu)$ 来更新 ν 的估计：$\nu^{(s+1)} = \arg\max_\nu g(\nu)$。与常规 EM 算法的更新公式(7.9)相比，这里多了一步更新 $q(\boldsymbol{S}|\boldsymbol{Y},\boldsymbol{\theta}^{(s+1)}(\nu))$ 的步骤，而 $q(\boldsymbol{S}|\boldsymbol{Y},\boldsymbol{\theta}^{(s+1)}(\nu))$ 是依赖于 ν 且随 ν 变化的。因此，这样更新的 ν 更可能在迭代中有更大的步长。不过，由于 $q^*(\boldsymbol{S}|\boldsymbol{Y},\boldsymbol{\theta}^{(s+1)}(\nu))$ 有解析表示，由上面的推导可见，其实并不需要真实地执行这步更新，而只是将 $q^*(\boldsymbol{S}|\boldsymbol{Y},\boldsymbol{\theta}^{(s+1)}(\nu))$ 带回求得 $g(\nu)$，而求解 $g(\nu)$ 的复杂度与求解式(7.9)相当。因此，这种加速机制并不会带来额外的计算量，但会显著提高 EM 算法的收敛速度。

7.2.2　似然值计算

根据式(7.12)，有

$$
\begin{aligned}
\ln p(\boldsymbol{Y}) = &-D_{\mathrm{KL}}(q(\boldsymbol{X}|\boldsymbol{Y})q(\boldsymbol{S}|\boldsymbol{Y})\|p(\boldsymbol{Y},\boldsymbol{X},\boldsymbol{S})) \\
&+ D_{\mathrm{KL}}(q(\boldsymbol{X}|\boldsymbol{Y})q(\boldsymbol{S}|\boldsymbol{Y})\|p(\boldsymbol{X},\boldsymbol{S}|\boldsymbol{Y}))
\end{aligned} \tag{7.23}
$$

由于 K-L 散度是非负的，$D_{\mathrm{KL}}(q(\boldsymbol{X}|\boldsymbol{Y})q(\boldsymbol{S}|\boldsymbol{Y})\|p(\boldsymbol{X},\boldsymbol{S}|\boldsymbol{Y})) \geqslant 0$，可见

$$
\ell(\boldsymbol{\theta}|\boldsymbol{Y}) = \ln p(\boldsymbol{Y}|\boldsymbol{\theta}) \geqslant -D_{\mathrm{KL}}(q^*(\boldsymbol{X}|\boldsymbol{Y},\boldsymbol{\theta})q^*(\boldsymbol{S}|\boldsymbol{Y},\boldsymbol{\theta})\|p(\boldsymbol{Y},\boldsymbol{X},\boldsymbol{S}|\boldsymbol{\theta}))
$$

因此，可以将

$$
G(\boldsymbol{\theta}|\boldsymbol{Y}) \triangleq -D_{\mathrm{KL}}(q^*(\boldsymbol{X}|\boldsymbol{Y},\boldsymbol{\theta})q^*(\boldsymbol{S}|\boldsymbol{Y},\boldsymbol{\theta})\|p(\boldsymbol{Y},\boldsymbol{X},\boldsymbol{S}|\boldsymbol{\theta}))
$$

作为对数似然的一个近似 (总是不大于对数似然 $\ell(\boldsymbol{\theta}|\boldsymbol{Y})$)。

另一方面，在 EM 算法中，模型参数 $\boldsymbol{\theta}$ 在第 s 步中根据

$$\boldsymbol{\theta}^{(s+1)}$$
$$= \arg\max_{\boldsymbol{\theta}} \int q^*(\boldsymbol{X}|\boldsymbol{Y},\boldsymbol{\theta}^{(s)})q^*(\boldsymbol{S}|\boldsymbol{Y},\boldsymbol{\theta}^{(s)}) \ln p(\boldsymbol{Y},\boldsymbol{X},\boldsymbol{S}|\boldsymbol{\theta})\mathrm{d}\boldsymbol{X}\mathrm{d}\boldsymbol{S} \tag{7.24}$$

更新。根据这一更新方式，有

$$G(\boldsymbol{\theta}^{(s)}|\boldsymbol{Y})$$
$$= \int q^*(\boldsymbol{X}|\boldsymbol{Y},\boldsymbol{\theta}^{(s)})q^*(\boldsymbol{S}|\boldsymbol{Y},\boldsymbol{\theta}^{(s)}) \ln \frac{p(\boldsymbol{Y},\boldsymbol{X},\boldsymbol{S}|\boldsymbol{\theta}^{(s)})}{q^*(\boldsymbol{X}|\boldsymbol{Y},\boldsymbol{\theta}^{(s)})q^*(\boldsymbol{S}|\boldsymbol{Y},\boldsymbol{\theta}^{(s)})}\mathrm{d}\boldsymbol{X}\mathrm{d}\boldsymbol{S}$$
$$\leqslant \int q^*(\boldsymbol{X}|\boldsymbol{Y},\boldsymbol{\theta}^{(s)})q^*(\boldsymbol{S}|\boldsymbol{Y},\boldsymbol{\theta}^{(s)}) \ln \frac{p(\boldsymbol{Y},\boldsymbol{X},\boldsymbol{S}|\boldsymbol{\theta}^{(s+1)})}{q^*(\boldsymbol{X}|\boldsymbol{Y},\boldsymbol{\theta}^{(s)})q^*(\boldsymbol{S}|\boldsymbol{Y},\boldsymbol{\theta}^{(s)})}\mathrm{d}\boldsymbol{X}\mathrm{d}\boldsymbol{S}$$
$$= \ln p(\boldsymbol{Y}|\boldsymbol{\theta}^{s+1}) - D_{\mathrm{KL}}\left(q^*(\boldsymbol{X}|\boldsymbol{Y},\boldsymbol{\theta}^{(s)})q^*(\boldsymbol{S}|\boldsymbol{Y},\boldsymbol{\theta}^{(s)})\|p(\boldsymbol{X},\boldsymbol{S}|\boldsymbol{Y},\boldsymbol{\theta}^{(s+1)})\right)$$
$$\leqslant \ln p(\boldsymbol{Y}|\boldsymbol{\theta}^{(s+1)}) - D_{\mathrm{KL}}\left(q^*(\boldsymbol{X}|\boldsymbol{Y},\boldsymbol{\theta}^{(s+1)})q^*(\boldsymbol{S}|\boldsymbol{Y},\boldsymbol{\theta}^{(s+1)})\|p(\boldsymbol{X},\boldsymbol{S}|\boldsymbol{Y},\boldsymbol{\theta}^{(s+1)})\right)$$
$$= -D_{\mathrm{KL}}\left(q^*(\boldsymbol{X}|\boldsymbol{Y},\boldsymbol{\theta}^{(s+1)})q^*(\boldsymbol{S}|\boldsymbol{Y},\boldsymbol{\theta}^{(s+1)})\|p(\boldsymbol{Y},\boldsymbol{X},\boldsymbol{S}|\boldsymbol{\theta}^{(s+1)})\right)$$
$$= G(\boldsymbol{\theta}^{(s+1)})$$
$$\tag{7.25}$$

式中，第一个不等式由式(7.24)可得。第二个不等式是因为，根据变分贝叶斯方法，$q^*(\boldsymbol{X}|\boldsymbol{Y},\boldsymbol{\theta}^{(s+1)})q^*(\boldsymbol{S}|\boldsymbol{Y},\boldsymbol{\theta}^{(s+1)})$ 是最小化到 $p(\boldsymbol{X},\boldsymbol{S}|\boldsymbol{Y},\boldsymbol{\theta}^{(s+1)})$ 的 K-L 散度的密度。

式(7.25)表明，对数似然的下界满足 $G(\boldsymbol{\theta}^{(s)}|\boldsymbol{Y}) \leqslant G(\boldsymbol{\theta}^{(s+1)}|\boldsymbol{Y})$，即 $G(\boldsymbol{\theta}|\boldsymbol{Y})$ 在 EM 迭代中是单调递增的。综上可知，在利用变分贝叶斯近似的 EM 算法中，实际上最大化的是对数似然的下界 $G(\boldsymbol{\theta}|\boldsymbol{Y})$，而不是最大化对数似然本身。

根据变分贝叶斯的推导，最优的 $q^*(\boldsymbol{X}|\boldsymbol{Y})$ 总是服从某一多元正态分布，而 $q^*(\boldsymbol{S}|\boldsymbol{Y})$ 总是可以表示成独立的、形状参数为 $(\nu+1)/2$ 的伽马密度的乘积，即

$$q^*(\boldsymbol{X}|\boldsymbol{Y}) \sim \mathcal{N}(\boldsymbol{\mu_X},\boldsymbol{\Sigma_X})$$
$$q^*(\boldsymbol{S}|\boldsymbol{Y}) = \prod_{i=1}^{n} q^*(S_i|\boldsymbol{Y}), q^*(S_i|\boldsymbol{Y}) \sim \mathrm{Ga}\left(\frac{\nu+1}{2},\frac{1}{\mathbb{E}[S_i|\boldsymbol{Y}]}\frac{\nu+1}{2}\right).$$

式中，$\mathbb{E}[S_i|\boldsymbol{Y}]$ 是密度为 $q^*(S_i|\boldsymbol{Y})$ 的伽马变量的期望（对于伽马随机变量，其期

望等于形状参数与率参数之比）。将该式代入 $G(\boldsymbol{\theta})$ 可得

$$
G(\boldsymbol{\theta}|\boldsymbol{Y}) = \int q(\boldsymbol{X}|\boldsymbol{Y})q(\boldsymbol{S}|\boldsymbol{Y})\ln\frac{p(\boldsymbol{Y},\boldsymbol{X},\boldsymbol{S}|\boldsymbol{\theta})}{q(\boldsymbol{X}|\boldsymbol{Y})q(\boldsymbol{S}|\boldsymbol{Y})}\mathrm{d}\boldsymbol{X}\mathrm{d}\boldsymbol{S}
$$

$$
\begin{aligned}
&= -\frac{n}{2}\ln 2\pi - \frac{1}{2}\sum_{i=1}^{n}\ln\Delta\Lambda_i - \frac{n}{2}\ln\sigma^2 - \frac{n}{2}\ln\kappa^2 + n\frac{\nu}{2}\ln\frac{\nu}{2} - n\ln\Gamma\left(\frac{\nu}{2}\right) \\
&\quad - \frac{1}{2\sigma^2}\sum_{i=1}^{n}\frac{(\mathbb{E}[X_i|\boldsymbol{Y}] - \mathbb{E}[X_{i-1}|\boldsymbol{Y}] - \mu\Delta\Lambda_i)^2}{\Delta\Lambda_i} - \frac{1}{2\sigma^2}\mathrm{tr}(\boldsymbol{\Sigma_X}\mathbf{P}^{-1}) \\
&\quad - \sum_{i=1}^{n}\left(\frac{\mathbb{E}[(Y_i - X_i)^2|\boldsymbol{Y}]}{2\kappa^2} + \frac{\nu}{2}\right)\mathbb{E}[S_i|\boldsymbol{Y}] + \frac{1}{2}n - n\frac{(\nu+1)}{2}\ln\frac{(\nu+1)}{2} \\
&\quad + \frac{1}{2}\ln|\boldsymbol{\Sigma_X}| + \frac{(\nu+1)}{2}\sum_{i=1}^{n}\ln\mathbb{E}[S_i|\boldsymbol{Y}] + n\ln\Gamma\left(\frac{\nu+1}{2}\right) + n\frac{\nu+1}{2}
\end{aligned}
\tag{7.26}
$$

根据式 (7.26)，对数似然的下界 $G(\boldsymbol{\theta}|\boldsymbol{Y})$ 对于给定的 $\boldsymbol{\theta}$ 都是可计算的，其中，$q^*(\boldsymbol{X}|\boldsymbol{Y},\boldsymbol{\theta})$ 与 $q^*(\boldsymbol{S}|\boldsymbol{Y},\boldsymbol{\theta})$ 的具体分布参数可通过变分贝叶斯方法得到。

最后，根据 $G(\boldsymbol{\theta}|\boldsymbol{Y})$，可以利用截面似然方法估计时间尺度变换函数 $\Lambda(t)$ 中的未知参数。对于给定形式的 $\Lambda(t) = \Lambda(t;\boldsymbol{\alpha})$，其中，$\boldsymbol{\alpha}$ 是待估计的未知参数，则对于任意给定的 $\boldsymbol{\alpha}$，总是可以通过前面的 EM 算法求解一组其他模型参数的估计值 $\hat{\boldsymbol{\theta}}$，以及相应对数似然的下界 $G(\hat{\boldsymbol{\theta}}|\boldsymbol{Y})$。显然，这里的参数估计及对数似然的下界均是 $\boldsymbol{\alpha}$ 的函数，即 $\hat{\boldsymbol{\theta}} = \hat{\boldsymbol{\theta}}(\boldsymbol{\alpha})$，$G(\hat{\boldsymbol{\theta}}|\boldsymbol{Y}) = G(\hat{\boldsymbol{\theta}}(\boldsymbol{\alpha})|\boldsymbol{Y})$。$\boldsymbol{\alpha}$ 的估计可通过最大化截面似然 $G_p(\boldsymbol{\alpha}|\boldsymbol{Y}) = G(\hat{\boldsymbol{\theta}}(\boldsymbol{\alpha})|\boldsymbol{Y})$ 得到。

7.2.3 多个体退化数据的统计分析

前述的 EM 算法可推广至具有多个个体退化数据情形下的统计分析。假设实际中对 n 个个体进行了退化观测。对第 i 个个体，在时间 $\boldsymbol{T}_i = (t_{i,1}, t_{i,2}, \cdots, t_{i,m_i})^\top$ 处，收集了退化观测值 $\boldsymbol{Y}_i = (Y_{i,1}, Y_{i,2}, \cdots, Y_{i,m_i})^\top$。以下考虑这些个体具有同质的漂移率和异质的漂移率两种情形，分别讨论其模型估计问题。

1. 同质漂移率情形

当所有个体的漂移率 μ 与扩散系数 σ^2 相同时，可以直接将前面的算法推广到多个体情形。此时，对数完全似然函数为

$$
\ell_c(\boldsymbol{\theta}|\boldsymbol{Y}_1, \boldsymbol{Y}_2, \cdots, \boldsymbol{Y}_n, \boldsymbol{X}_1, \boldsymbol{X}_2, \cdots, \boldsymbol{X}_n, \boldsymbol{S}_1, \boldsymbol{S}_2, \cdots, \boldsymbol{S}_n) = \sum_{i=1}^{n}\ell_c(\boldsymbol{\theta}|\boldsymbol{Y}_i, \boldsymbol{X}_i, \boldsymbol{S}_i)
$$

其中，$\ell_c(\boldsymbol{\theta}|\boldsymbol{Y}_i, \boldsymbol{X}_i, \boldsymbol{S}_i)$ 见式(7.6)。

注意到，对于给定的模型参数，不同个体的数据 $\{Y_i, X_i, S_i\}$ 是独立的，即

$$p(X_1, X_2, \cdots, X_n, S_1, S_2, \cdots, S_n | Y_1, Y_2, \cdots, Y_n, \theta) = \prod_{i=1}^{n} p(X_i, S_i | Y_i, \theta)$$

因此，在 EM 算法的 E 步中，可以对每一个 $p(X_i, S_i | Y_i, \theta^{(s)}), i = 1, 2, \cdots, n$，独立地进行变分贝叶斯近似。同样，在 M 步中，模型参数 (μ, σ, κ) 可以类似式(7.8)进行更新

$$
\begin{aligned}
\mu^{(s+1)} &= \frac{\sum_{i=1}^{n} \mathbb{E}[X_{i,m_i} | Y_i, \theta^{(s)}]}{\sum_{i=1}^{n} \Lambda_{i,m_i}} \\
[\sigma^{(s+1)}]^2 &= \frac{1}{\sum_{i=1}^{n} m_i} \sum_{i=1}^{n} \sum_{j=1}^{m_i} \frac{\mathbb{E}\left[(X_{i,j} - X_{i,j-1} - \mu \Delta \Lambda_{i,j})^2 | Y_i, \theta^{(s)}\right]}{\Delta \Lambda_{i,j}} \\
[\kappa^{(s+1)}]^2 &= \frac{1}{\sum_{i=1}^{n} m_i} \sum_{i=1}^{n} \sum_{j=1}^{m_i} \mathbb{E}[S_{i,j} | Y_i, \theta^{(s)}] \mathbb{E}[(Y_{i,j} - X_{i,j})^2 | Y_i, \theta^{(s)}]
\end{aligned}
\tag{7.27}
$$

类似第 7.2.1 小节中式 (7.22)，ν 通过最大化下式更新

$$
\begin{aligned}
&\nu \ln \frac{\nu}{2} - 2 \ln \Gamma \left(\frac{\nu}{2}\right) + 2 \ln \Gamma \left(\frac{\nu+1}{2}\right) \\
&- \frac{\nu+1}{2 \sum_{i=1}^{n} m_i} \sum_{i=1}^{n} \sum_{j=1}^{m_i} \ln \left(\frac{\nu}{2} + \frac{\mathbb{E}[(Y_{i,j} - X_{i,j})^2 | Y_i, \theta^{(s+1/2)}]}{2[\kappa^{(s+1)}]^2}\right)
\end{aligned}
\tag{7.28}
$$

图 7.4 给出了具有多个体退化数据时，在同质漂移率下估计退化模型参数的 EM 算法。

2. 异质漂移率情形

由于制造过程的波动及使用环境的差异，同一产品不同个体的退化速率会呈现一定的异质性。假设某一批产品的漂移率 μ 服从正态分布 $\mathcal{N}(\eta, \beta^2)$，而扩散系数 σ 及时间尺度变换函数 $\Lambda(t)$ 是同质的。这时，模型参数为 $\theta = (\eta, \beta^2, \sigma^2, \kappa^2, \nu)$。在异质漂移率情形下，第 i 个个体的退化量 X_i 服从如下的正态分布

$$
\begin{aligned}
&X_i | \mu \sim \mathcal{N}(\mu \Lambda_i, \sigma^2 \mathbf{P}_i), \quad \mu \sim \mathcal{N}(\eta, \beta^2) \\
&\Rightarrow X_i \sim \mathcal{N}(\eta \Lambda_i, \sigma^2 \mathbf{P}_i + \beta^2 \Lambda_i \Lambda_i^\top)
\end{aligned}
\tag{7.29}
$$

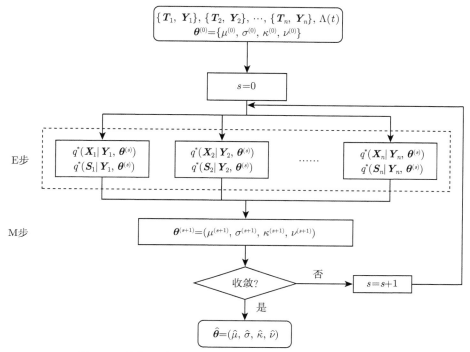

图 7.4 具有同质漂移率的多个体退化模型估计的 EM 算法

其中，$\mathbf{P}_i$ 与 $\mathbf{\Lambda}_i$ 见 7.2.1 小节。这样，n 个个体的对数完全似然函数为

$$
\begin{aligned}
&\ell_c(\boldsymbol{\theta}|\mathbf{Y}_1, \mathbf{Y}_2, \cdots, \mathbf{Y}_m, \boldsymbol{X}_1, \boldsymbol{X}_2, \cdots, \boldsymbol{X}_m, \boldsymbol{S}_1, \boldsymbol{S}_2, \cdots, \boldsymbol{S}_m) \\
&= \ell_1(\eta, \beta^2, \sigma^2) + \ell_2(\kappa^2) + \ell_3(\nu)
\end{aligned} \tag{7.30}
$$

其中

$$
\begin{aligned}
\ell_1(\eta, \beta^2, \sigma^2) = &-\frac{\sum_{i=1}^n m_i}{2} \ln 2\pi - \frac{1}{2}\sum_{i=1}^n \ln|\sigma^2\mathbf{P}_i + \beta^2\mathbf{\Lambda}_i\mathbf{\Lambda}_i^\top| \\
&- \frac{1}{2}\sum_{i=1}^n (\boldsymbol{X}_i - \eta\mathbf{\Lambda}_i)^\top (\sigma^2\mathbf{P}_i + \beta^2\mathbf{\Lambda}_i\mathbf{\Lambda}_i^\top)^{-1}(\boldsymbol{X}_i - \eta\mathbf{\Lambda}_i) \\
\ell_2(\kappa^2) = &-\frac{\sum_{i=1}^n m_i}{2} \ln(2\pi\kappa^2) + \frac{1}{2}\sum_{i=1}^n\sum_{j=1}^{m_i} \ln S_{i,j} \\
&- \frac{1}{2\kappa^2}\sum_{i=1}^n\sum_{j=1}^{m_i} S_{i,j}(Y_{i,j} - X_{i,j})^2
\end{aligned} \tag{7.31}
$$

$$\ell_3(\nu) = \frac{\nu}{2} \ln \frac{\nu}{2} \sum_{i=1}^{n} m_i + \left(\frac{\nu}{2} - 1\right) \sum_{i=1}^{n} \sum_{j=1}^{m_i} \ln S_{i,j}$$

$$- \ln \Gamma\left(\frac{\nu}{2}\right) \sum_{i=1}^{n} m_i - \frac{\nu}{2} \sum_{i=1}^{n} \sum_{j=1}^{m_i} S_{i,j}$$

类似于同质漂移率的情形，各个体对应的随机变量是独立的，有

$$p(\boldsymbol{X}_1, \boldsymbol{X}_2, \cdots, \boldsymbol{X}_n, \boldsymbol{S}_1, \boldsymbol{S}_2, \cdots, \boldsymbol{S}_n | \boldsymbol{Y}_1, \boldsymbol{Y}_2, \cdots, \boldsymbol{Y}_n) = \prod_{i=1}^{n} p(\boldsymbol{X}_i, \boldsymbol{S}_i | \boldsymbol{Y}_i)$$

因此,在 EM 算法的 E 步中,可以对各个体分别利用变分贝叶斯近似 $p(\boldsymbol{X}_i, \boldsymbol{S}_i | \boldsymbol{Y}_i)$,得到近似的密度函数 $q^*(\boldsymbol{X}_i | \boldsymbol{Y}_i)$ 与 $q^*(S_{i,j} | \boldsymbol{Y}_i), j = 1, 2, \cdots, m_i$。其中, $q^*(S_{i,j} | \boldsymbol{Y}_i)$ 具有与式(7.15)相同的形式；而对于给定的 $\mathbb{E}[S_{i,j}], j = 1, 2, \cdots, m_i$，近似密度 $q^*(\boldsymbol{X}_i)$ 服从多元正态分布，具有如下均值和协方差

$$\boldsymbol{\mu}_{\boldsymbol{X}_i} = \eta \boldsymbol{\Lambda} + (\sigma^2 \mathbf{P}_i + \beta^2 \boldsymbol{\Lambda}_i^{\top} \boldsymbol{\Lambda}_i)(\sigma^2 \mathbf{P}_i + \beta^2 \boldsymbol{\Lambda}_i^{\top} \boldsymbol{\Lambda}_i + \kappa^2 \mathbf{D}_i)^{-1} (\boldsymbol{Y}_i - \mu \boldsymbol{\Lambda}_i)$$

$$\boldsymbol{\Sigma}_{\boldsymbol{X}_i} = \sigma^2 \mathbf{P}_i + \beta^2 \boldsymbol{\Lambda}_i^{\top} \boldsymbol{\Lambda}_i - (\sigma^2 \mathbf{P}_i + \beta^2 \boldsymbol{\Lambda}_i^{\top} \boldsymbol{\Lambda}_i) \qquad (7.32)$$

$$\times (\sigma^2 \mathbf{P}_i + \beta^2 \boldsymbol{\Lambda}_i^{\top} \boldsymbol{\Lambda}_i + \kappa^2 \mathbf{D}_i)^{-1} (\sigma^2 \mathbf{P}_i + \beta^2 \boldsymbol{\Lambda}_i^{\top} \boldsymbol{\Lambda}_i)$$

根据关系式

$$(\sigma^2 \mathbf{P}_i + \beta^2 \boldsymbol{\Lambda}_i^{\top} \boldsymbol{\Lambda}_i)^{-1} = \frac{\mathbf{P}_i^{-1}}{\sigma^2} - \frac{1}{\sigma^2} \frac{\beta^2}{\sigma^2 + \beta^2 \boldsymbol{\Lambda}_i^{\top} \mathbf{P}_i^{-1} \boldsymbol{\Lambda}_i} \mathbf{P}_i^{-1} \boldsymbol{\Lambda}_i \boldsymbol{\Lambda}_i^{\top} \mathbf{P}_i^{-1}$$

并注意到 $\mathbf{P}_i^{-1} \boldsymbol{\Lambda}_i = (0, 0, \cdots, 0, 1)^{\top}$，可得

$$\boldsymbol{\Sigma}_{\boldsymbol{X}_i} = \left(\frac{\mathbf{D}_i^{-1}}{\kappa^2} + \frac{\mathbf{P}_i^{-1}}{\sigma^2} - \frac{1}{\sigma^2} \frac{\beta^2}{\sigma^2 + \beta^2 \Lambda_{i,m_i}} \boldsymbol{Q}_i\right)^{-1} \triangleq \boldsymbol{\Psi}_i^{-1}$$

$$\boldsymbol{\mu}_{\boldsymbol{X}_i} = \eta \boldsymbol{\Lambda}_i + \boldsymbol{\Psi}_i^{-1} \frac{\mathbf{D}^{-1}}{\kappa^2} (\boldsymbol{Y}_i - \eta \boldsymbol{\Lambda}_i) \qquad (7.33)$$

其中, $\boldsymbol{Q}_i = \mathbf{P}_i^{-1} \boldsymbol{\Lambda}_i \boldsymbol{\Lambda}_i^{\top} \mathbf{P}_i^{-1}$ 为 $m_i \times m_i$ 对称阵，且除 $\boldsymbol{Q}_i(m_i, m_i) = 1$ 外其他元素均为 0, $\boldsymbol{\Psi}_i$ 为一对称三对角矩阵。因此, $\boldsymbol{\mu}_{\boldsymbol{X}_i}$ 和 $\boldsymbol{\Sigma}_{\boldsymbol{X}_i}$ 可以根据 7.2.1 小节中所述方法得到。

在 M 步中,参数 κ 与 ν 的更新公式如式(7.8)与式(7.9)所示,参数 $(\eta, \beta^2, \sigma^2)$ 通过最大化

$$h(\eta, \sigma^2, \beta^2)$$

$$= -\sum_{i=1}^{n} \ln |(\sigma^2 \mathbf{P}_i + \beta^2 \boldsymbol{\Lambda}_i^{\top} \boldsymbol{\Lambda}_i)|$$

$$- \sum_{i=1}^{n} \mathbb{E}[(\boldsymbol{X}_i - \eta \boldsymbol{\Lambda}_i)^{\top} (\sigma^2 \mathbf{P}_i + \beta^2 \boldsymbol{\Lambda}_i^{\top} \boldsymbol{\Lambda}_i)^{-1} (\boldsymbol{X}_i - \eta \boldsymbol{\Lambda}_i) | \boldsymbol{Y}_i, \boldsymbol{\theta}^{(s)}]$$

$$= -\ln \sigma^2 \sum_{i=1}^{n} m_i - \sum_{i=1}^{n} \sum_{j=1}^{m_i} \ln \Delta \Lambda_{i,j} - \sum_{i=1}^{n} \ln \left(1 + \frac{\beta^2}{\sigma^2} \Lambda_{i,m_i}\right) \quad (7.34)$$

$$- \frac{1}{\sigma^2} \sum_{i=1}^{n} \sum_{j=1}^{m_i} \frac{1}{\Delta \Lambda_{i,j}} \mathbb{E}[(X_{i,j} - X_{i,j-1} - \eta \Delta \Lambda_{i,j})^2 | \boldsymbol{Y}_i, \boldsymbol{\theta}^{(s)}]$$

$$+ \frac{1}{\sigma^2} \sum_{i=1}^{n} \frac{\beta^2}{\sigma^2 + \beta^2 \Lambda_{i,m_i}} \mathbb{E}[(X_{i,m_i} - \eta \Lambda_{i,m_i})^2 | \boldsymbol{Y}_i, \boldsymbol{\theta}^{(s)}]$$

更新。在该式中利用了如下结果

$$\left| \mathbf{P}_i + \frac{\beta^2}{\sigma^2} \boldsymbol{\Lambda}_i^{\top} \boldsymbol{\Lambda}_i \right| = |\mathbf{P}_i| \left(1 + \frac{\beta^2}{\sigma^2} \boldsymbol{\Lambda}_i^{\top} \mathbf{P}_i \boldsymbol{\Lambda}_i\right) = |\mathbf{P}_i| \left(1 + \frac{\beta^2}{\sigma^2} \Lambda_{i,m_i}\right)$$

$$(\sigma^2 \mathbf{P}_i + \beta^2 \boldsymbol{\Lambda}_i^{\top} \boldsymbol{\Lambda}_i)^{-1} = \frac{1}{\sigma^2} \left(\mathbf{P}_i^{-1} - \frac{\beta^2}{\sigma^2 + \beta^2 \Lambda_{i,m_i}} \boldsymbol{Q}_i \right)$$

$$(\boldsymbol{X}_i - \eta \boldsymbol{\Lambda}_i)^{\top} \mathbf{P}_i^{-1} (\boldsymbol{X}_i - \eta \boldsymbol{\Lambda}_i) = \sum_{j=1}^{m_i} \frac{(X_{i,j} - X_{i,j-1} - \eta \Delta \Lambda_{i,j})^2}{\Delta \Lambda_{i,j}}$$

$$|\mathbf{P}_i| = \prod_{j=1}^{m_i} \Delta \Lambda_{i,j}$$

记 $r = \beta^2/\sigma^2$，式(7.34)可重写为

$$h(\eta, \sigma^2, \beta^2)$$

$$= -\ln \sigma^2 \sum_{i=1}^{n} m_i - \sum_{i=1}^{n} \sum_{j=1}^{m_i} \ln \Delta \Lambda_{i,j} - \sum_{i=1}^{n} \ln \left(1 + r \Lambda_{i,m_i}\right)$$

$$- \frac{1}{\sigma^2} \sum_{i=1}^{n} \sum_{j=1}^{m_i} \frac{1}{\Delta \Lambda_{i,j}} \mathbb{E}[(X_{i,j} - X_{i,j-1} - \eta \Delta \Lambda_{i,j})^2 | \boldsymbol{Y}_i, \boldsymbol{\theta}^{(s)}]$$

$$+ \frac{1}{\sigma^2} \sum_{i=1}^{n} \frac{r}{1 + r \Lambda_{i,m_i}} \mathbb{E}[(X_{i,m_i} - \eta \Lambda_{i,m_i})^2 | \boldsymbol{Y}_i, \boldsymbol{\theta}^{(s)}]$$

$$\triangleq h(\eta, \sigma^2, r)$$

对该式关于 (η, σ^2, r) 求偏导并令偏导为 0，可得

$$\eta = \frac{\sum_{i=1}^n \dfrac{\mathbb{E}[X_{i,m_i}|\boldsymbol{Y}_i, \boldsymbol{\theta}^{(s)}]}{1 + r\Lambda_{i,m_i}}}{\sum_{i=1}^n \dfrac{\Lambda_{i,m_i}}{1 + r\Lambda_{i,m_i}}}$$

$$\sigma^2 = \frac{1}{\sum_{i=1}^n m_i}\Big(\sum_{i=1}^n \sum_{j=1}^{m_i} \frac{1}{\Delta\Lambda_{i,j}}\mathbb{E}[(X_{i,j} - X_{i,j-1} - \eta\Delta\Lambda_{i,j})^2|\boldsymbol{Y}_i, \boldsymbol{\theta}^{(s)}] \tag{7.35}$$

$$- \sum_{i=1}^n \frac{r}{1 + r\Lambda_{i,m_i}}\mathbb{E}[(X_{i,m_i} - \eta\Lambda_{i,m_i})^2|\boldsymbol{Y}_i, \boldsymbol{\theta}^{(s)}]\Big)$$

$$\sum_{i=1}^n \frac{\Lambda_{i,m_i}}{1 + r\Lambda_{i,m_i}} = \frac{1}{\sigma^2}\sum_{i=1}^n \frac{1}{(1 + r\Lambda_{i,m_i})^2}\mathbb{E}[(X_{i,m_i} - \eta\Lambda_{i,m_i})^2|\boldsymbol{Y}_i, \boldsymbol{\theta}^{(s)}]$$

这样，可以先将式(7.35)中关于 σ^2 与 η 的一、二式代入第三式，解得 r；然后将解得的 r 反代回一、二式，得到 η 与 σ^2。当所有 n 个个体的退化观测时间相同时，即对于 $i = 1, 2, \cdots, n$，有 $m_i = m, \boldsymbol{\Lambda}_i = \boldsymbol{\Lambda}, \mathbf{P}_i = \mathbf{P}$，则有

$$\eta^{(s+1)} = \frac{1}{n\Lambda_m}\sum_{i=1}^n \mathbb{E}[X_{i,m}|\boldsymbol{Y}_i, \boldsymbol{\theta}^{(s)}]$$

$$r^{(s+1)} = \frac{1}{\Lambda_m}\left(\frac{m-1}{\Lambda_m \dfrac{\sum_{i=1}^n \sum_{j=1}^m \mathbb{E}[(X_{i,j} - X_{i,j-1} - \eta\Delta\Lambda_j)^2|\boldsymbol{Y}_i, \boldsymbol{\theta}^{(s)}]/\Delta\Lambda_j}{\sum_{i=1}^n \mathbb{E}[(X_{i,m} - \eta\Lambda_m)^2|\boldsymbol{Y}_i, \boldsymbol{\theta}^{(s)}]} - 1} - 1\right)$$

$$[\sigma^{(s+1)}]^2 = \frac{1}{nm}\Big(\sum_{i=1}^n \sum_{j=1}^m \frac{1}{\Delta\Lambda_j}\mathbb{E}[(X_{i,j} - X_{i,j-1} - \eta\Delta\Lambda_j)^2|\boldsymbol{Y}_i, \boldsymbol{\theta}^{(s)}]$$

$$- \frac{r}{1 + r\Lambda_m}\sum_{i=1}^n \mathbb{E}[(X_{i,m} - \eta\Lambda_m)^2|\boldsymbol{Y}_i, \boldsymbol{\theta}^{(s)}]\Big)$$

$$\tag{7.36}$$

异质漂移率情形下，其 EM 算法整体步骤与同质漂移率的流程类似，如图 7.4 所示，这里不再赘述。

7.3　模型稳健性

当真实退化过程叠加非正态误差后，如果仍使用具有正态误差的模型对其进行建模分析，可能会使得退化过程模型的估计出现偏差。本节通过蒙特卡罗仿真实验，考虑受到不同类型非正态误差影响的退化数据，通过对比带 t 分布误差维纳过程模型与带正态误差模型的参数估计效果，验证带 t 分布误差模型的优势。

不失一般性，本节考虑退化过程具有线性趋势，即 $\Lambda(t) = t$，并假设其他模型参数为 $\mu = 3, \sigma = 3$。此外，本节考虑 $n = 1$，即仅有一个个体的退化数据的情形。

7.3.1　带混合正态和 t 分布误差的退化数据

首先考虑真实测量误差服从由正态分布与自由度为 1 的 t 分布混合得到的分布，具有如下分布形式

$$\epsilon_t \sim (1 - Z)\epsilon_{t,1} + Z\epsilon_{t,2}$$
$$\epsilon_{t,1} \sim \mathcal{N}(0, 5^2), \ \epsilon_{t,2} \sim \mathcal{T}(0, 5^2, 1) \tag{7.37}$$

其中，$Z \sim B(p)$ 是伯努利随机变量，$P\{Z = 1\} = p$。假定 $\epsilon_{t,1}, \epsilon_{t,2}$ 和 Z 相互独立。自由度为 1 的 t 分布也称为柯西分布，其概率密度具有厚尾特点。这里，通过考虑不同的 p 值，可以控制测量误差取到很大值的概率。

对于给定的 p，根据维纳过程模型和式(7.37)中测量误差模型，在时刻 $t = 1, 2, \cdots, 100$ 处生成长度为 $m = 100$ 的退化观测值，并利用带 t 分布误差的维纳过程模型拟合模拟数据。作为对比，也利用带正态测量误差的维纳过程模型拟合该数据。重复这一过程 1000 次，检查模型参数的估计效果。

图 7.5给出了 $p = 0.05$ 时一条仿真退化轨迹和对应的退化测量值。由图可见，退化观测中有几处时刻受到明显的测量误差的影响，使得观测值与真实值间存在很大偏差。对于这组数据，分别利用 t 分布误差维纳过程模型和正态误差维纳过程模型进行拟合，可基于拟合模型推断真实的退化程度 $\mathbb{E}[\boldsymbol{X}|\boldsymbol{Y}]$，如图 7.5所示。与正态误差模型相比，$t$ 分布误差模型能够更好地抑制误差对推断的影响，估计得到的 $\mathbb{E}[\boldsymbol{X}|\boldsymbol{Y}]$ 更加接近真实的退化水平。

图 7.6给出了不同 p 值下，1000 组仿真中两个模型估计得到的 μ 的分布情况。为更清晰地呈现结果，对图中纵轴采用了三段非均匀的尺度。由图可见，即使在观测中存在很小比例的非正态测量误差（如 $p = 0.05$），带正态误差模型给出的模型参数估计仍可能出现明显的偏差。例如，1000 次仿真中，带正态误差模型估计得到的漂移率可能取到 15.66，是真实漂移率 $\mu = 3$ 的 5 倍。随着非正态

误差混合比例 p 值的增大，误差取到很大值的概率增大，此时由正态误差模型给出 μ 的估计值也变得越来越不稳定。与之对比，t 分布误差模型很稳健，其给出的漂移率参数估计的波动性不随 p 值变化，与漂移率参数真值相符。

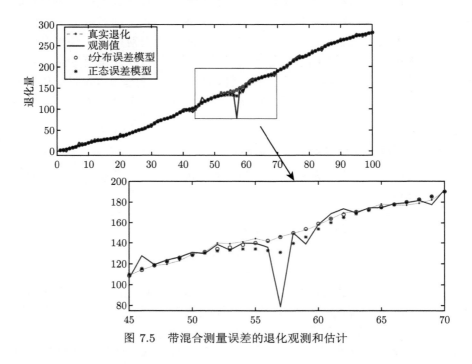

图 7.5　带混合测量误差的退化观测和估计

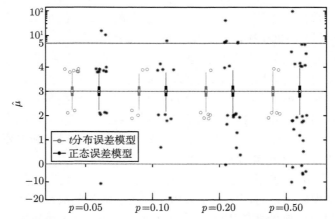

图 7.6　不同混合参数 p 下两种模型下漂移率估计值 $\hat{\mu}$ 的分布情况

图 7.7给出了不同 p 值下，1000 组仿真中两个模型估计得到 σ^2 的分布情

况。为更清晰地呈现结果，图中纵轴为对数坐标。与对漂移率参数 μ 的估计类似，t 分布误差维纳过程模型能够较好地抑制测量误差对退化模型估计的影响，而在这种厚尾误差影响下正态误差模型的估计结果则很不稳定。由于柯西分布具有无穷大的方差，而正态分布具有有限方差，因此，带正态误差的模型会将退化数据的随机性归因到维纳过程中，使得估计得到的 $\hat{\sigma}^2$ 比其真值大几个量级。由此可见，当退化测量值中存在异常数据时，可能会对退化模型参数的估计带来很大影响。

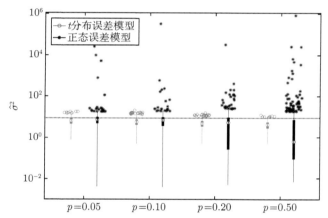

图 7.7　不同混合参数 p 下两种模型下扩散系数估计值 $\hat{\sigma}^2$ 的分布情况

除观察测量误差对模型参数估计的影响，还可比较由受误差污染的退化测量值推断的实际退化水平 $\hat{x}_j = \mathbb{E}[X_j|\boldsymbol{Y}]$，与真实的退化量 X_j 间的平均绝对偏差（mean absolute error, MAE）

$$\text{MAE} = \frac{1}{m}\sum_{j=1}^{m}|x_j - \hat{x}_j| \tag{7.38}$$

显然，MAE 度量了不同模型根据带误差的观测数据"还原"实际退化水平的能力。图 7.8 绘制了不同 p 值下 1000 组仿真中两个模型对应的 MAE。由图可见，t 分布误差维纳过程模型对不同 p 值均具有很小的 MAE，表明该模型可以从叠加了测量误差的退化测量值中还原实际的退化水平。与之对比，正态误差维纳过程模型具有非常大的 MAE，表明该模型在处理受非正态测量误差干扰的退化数据时，难以准确还原实际的退化水平。因此，当实际中产品的退化数据受到"异常"测量误差干扰时，使用正态误差维纳过程模型很可能无法识别实际的退化规律，而 t 分布误差维纳过程模型则可以较好地抑制测量误差的干扰，还原真实的退化特征。

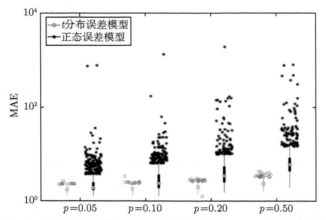

图 7.8　不同混合参数 p 下两种模型估计的 MAE 的分布情况

7.3.2　带混合正态和固定幅值误差的退化数据

为进一步对比验证所提模型效果，考虑受混合正态和固定幅值误差影响的退化数据。固定幅值误差可模拟实际中某种单边的系统性随机扰动。通过该仿真实验，可验证 t 分布误差维纳过程对受到此类误差影响的退化测量数据的拟合效果。具体地，首先考虑 $X(t)$ 受到正态随机误差影响

$$\tilde{Y}(t) = \mu t + \sigma \mathcal{B}(t) + \epsilon_t$$

其中，如前面设定，$\mu = 3$，$\sigma = 3$，$\epsilon_t \sim \mathcal{N}(0, 5^2)$。基于这一模型，在 $t = 1, 2, \cdots, 100$ 共 100 个测量时刻，生成退化观测值 $\tilde{Y}_1, \tilde{Y}_2, \cdots, \tilde{Y}_{100}$；随后，从 100 个测量值中随机选择 k 个观测点 $\mathcal{T}_k = \{i_1, i_2, \cdots, i_k\}$，附加幅值为 ξ 的偏差

$$Y_i = \tilde{Y}_i + 1(i \in \mathcal{T}_k)\xi,$$

其中，若 $i \in \mathcal{T}_i$，则 $1(i \in \mathcal{T}_k) = 1$；否则 $1(i \in \mathcal{T}_k) = 0$。这样得到的 $\{Y_1, Y_2, \cdots, Y_{100}\}$ 便受到随机正态误差与随机正向偏差的叠加影响。由前小节可见，很小比例的非正态误差就可能对正态误差维纳过程模型的估计带来很大影响。为更精确地比较两个模型的拟合效果，此处选择较小的 k。在仿真中，令 k 取 $\{3, 5, 10\}$ 三种水平；对于偏差的幅值 ξ，也考虑三种水平，即 $\xi \in \{10, 20, 30\}$，分别对应正态误差 ϵ_t 标准差的 2, 4, 6 倍。因此，本小节考虑 $\{k, \xi\}$ 的九种组合，生成带误差的退化数据，并分别利用 t 分布误差维纳过程模型及正态误差维纳过程模型对数据进行拟合。对每一 $\{k, \xi\}$ 组合，仿真重复 1000 次。

图 7.9 中给出了不同 $\{k, \xi\}$ 组合下，1000 次仿真中两个模型给出的漂移率估计 $\hat{\mu}$ 的均方误差。可见，在所有 $\{k, \xi\}$ 组合下，t 分布模型估计的 μ 总是具有更

小的 MSE。特别地，当正向偏差幅值比较大时（$\xi=30$），t 分布误差模型要显著优于正态误差模型。这表明，当测量中存在系统性误差且偏差幅值较大时（即使比例很小），t 分布误差维纳过程模型对漂移率的估计效果要优于正态误差维纳过程模型。

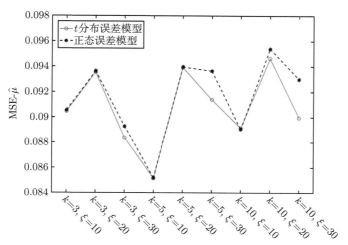

图 7.9 不同 k 和 ξ 下两种模型下漂移率估计值 $\hat{\mu}$ 的均方误差

图 7.10 给出了不同 $\{k,\xi\}$ 组合下，1000 次仿真中两个模型 σ^2 估计的均方误差。由图可见，t 分布误差模型估计的 σ^2 具有更小的 MSE。如同对 μ 的估计，当正

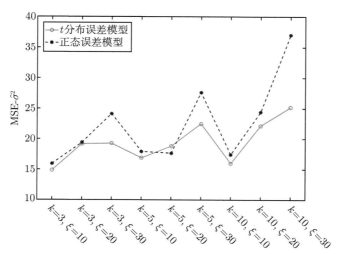

图 7.10 不同 k 和 ξ 下两种模型下扩散系数估计值 $\hat{\sigma}^2$ 的均方误差

向偏差的幅值较大时（$\xi = 30$），t 分布误差模型给出的 $\hat{\sigma}^2$ 的 MSE 会显著小于正态误差模型。这是因为，单向的系统性偏差与正态误差的假设不符，而当这种误差一旦出现且幅值较大时，正态误差模型便不能很好地拟合该类误差，使得估计得到的模型参数显著偏离其真实值。作为对比，t 分布误差模型较为稳健，能够抑制这种误差的影响并较好地还原实际的退化数据。因此，当退化过程受到随机正向偏差影响时，t 分布误差维纳过程模型的表现要优于正态误差维纳过程模型。

最后，图 7.11 给出了两种模型估计的实际退化值与真实退化间的 MAE 对比。显然，t 分布误差维纳过程模型在不同的 $\{k, \xi\}$ 组合下均得到更小的 MAE。特别地，在应用正态误差模型拟合数据时，其 MAE 随着 k 与 ξ 的增大而增大，且当 k 与 ξ 较大时，大量级 MAE 出现得更加频繁。与之对比，t 分布误差维纳过程模型则能够较好地抑制误差的影响，其 MAE 随 k 与 ξ 变化的幅度不大。这进一步表明 t 分布误差模型在处理含噪退化观测数据的优势：该模型能够从含有不同类型噪声的退化观测中更好地还原实际的退化水平。

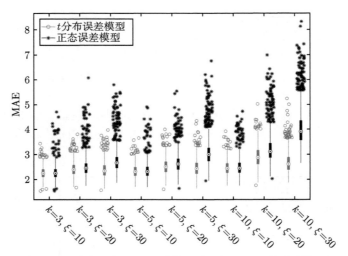

图 7.11　不同 k 和 ξ 下两种模型估计的 MAE 的分布情况

7.4　实　例　验　证

7.4.1　锂电池退化数据分析

为验证本章带 t 分布误差模型的实际效果，本节考虑一组锂电池容量退化数据，并利用该模型对数据进行建模分析 (Saha 等，2007)。该组数据来自于某种锂电池在 24°C 下的充放电试验，其中电池容量会随充放电循环而下降，当容量降至标称容量的 20% ~ 30% 时停止试验。电池容量是用于衡量锂电池特性的重要性能指标，而容量随着充放电循环逐渐下降，影响锂电池的使用性能，因此，锂电池的容量退化特性是人们关注的焦点。作为示例，考虑 Saha 等 (2007) 的试验中标号为 B0006 的电池的容量退化数据。图 7.12给出了该电池容量随充放电循环的变化情况。

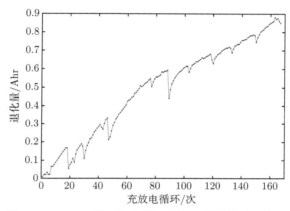

图 7.12　B0006 号电池容量随充放电循环的退化情况

由图可见，电池容量的退化轨迹并不是光滑变化的，而是有许多尖峰和毛刺。需要说明的是，该退化数据并不一定存在由测量过程引入的误差，但数据中的尖峰显然不是由退化导致的，而是由其他机理导致的。为了提取退化规律，可将数据中的尖峰和毛刺作为叠加在退化过程中的误差，并利用带 t 分布误差的维纳过程模型拟合该数据。

由于退化轨迹表现出一定的非线性，因此，针对维纳过程考虑幂函数形式的时间尺度变换函数 $\Lambda(t) = t^\alpha$。模型参数可利用 7.2节中 EM 算法进行估计，其中，时间尺度变换函数的未知参数 α 由截面似然法估计得到。退化过程 $X(t)$ 的漂移率与扩散系数的估计值分别为：$\hat{\mu} = 0.0204, \hat{\sigma}^2 = 3.277 \times 10^{-4}$。对于 t 分布的测量误差，其参数估计值为 $\hat{\kappa}^2 = 4.466 \times 10^{-5}, \hat{\nu} = 2.095$。幂函数形式的时间尺度变换函数中，幂的估计为 $\hat{\alpha} = 0.731$。此外，计算得到的对数似然值的下界为 409.77。

根据估计得到的模型，图 7.13绘制了还原的实际退化 $\mathbb{E}[\boldsymbol{X}|\boldsymbol{Y}]$ 及期望的退化轨迹 $\hat{\mu}\hat{\Lambda}(t) = 0.0204t^{0.731}$。由 $\mathbb{E}[\boldsymbol{X}|\boldsymbol{Y}]$ 可见，t 分布误差模型抹平了退化数据中的尖峰，使得还原的 $\mathbb{E}[\boldsymbol{X}|\boldsymbol{Y}]$ 更为光滑，估计得到的期望退化轨迹 $\mathbb{E}[X(t)]$ 则较好地拟合了整体的退化趋势。

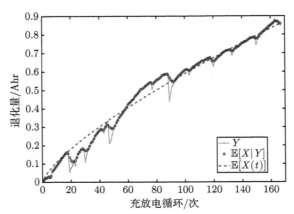

图 7.13　带 t 分布误差的维纳过程给出的 $\mathbb{E}[\boldsymbol{X}|\boldsymbol{Y}]$ 及 $\mathbb{E}[X(t)]$

作为比较，利用带正态误差维纳过程模型对该数据进行拟合，其中，时间尺度变换函数仍采用幂函数形式。此时，退化模型参数的估计值为：$\hat{\mu} = 0.032$，$\hat{\sigma}^2 = 2.882 \times 10^{-3}$，正态测量误差的方差为 4.233×10^{-5}，时间尺度变换函数的估计为 $\hat{\Lambda}(t) = t^{0.641}$。比较退化过程的扩散系数 $\hat{\sigma}^2$ 与正态误差参数的估计值，可见正态误差模型将退化数据中的大部分波动归因到退化过程 $X(t)$ 本身而不是误差项。基于正态误差模型，图 7.14 给出了还原的退化水平 $\mathbb{E}[\boldsymbol{X}|\boldsymbol{Y}]$ 及期望的退化轨迹 $\mathbb{E}[X(t)]$。比较正态误差模型和 t 分布误差模型估计得到的期望退化轨迹 $\hat{\mu}\hat{\Lambda}(t)$，可以看到 t 分布误差模型能更好地抑制尖峰的影响，刻画整体退化趋势。

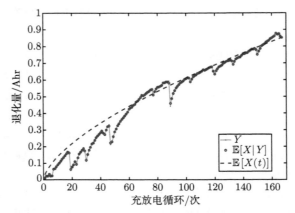

图 7.14　带正态误差的维纳过程给出的 $\mathbb{E}[\boldsymbol{X}|\boldsymbol{Y}]$ 及 $\mathbb{E}[X(t)]$

对于正态误差维纳过程模型，可计算其对数似然值为 396.62，显著低于 t 分布误差维纳过程模型对应的对数似然下界。考虑到 t 分布误差模型比正态误差模型多一个参数，为更公平地比较两个模型，可采用 AIC 准则。容易计算，t 分布误差模型与正态误差模型的 AIC 值分别为 -809.52 与 -785.24，表明 t 分布误差模型优于正态误差模型。

7.4.2 硬盘磁头退化数据分析

硬盘工作过程中，磁头与盘片的距离很近，盘片的转速很快，这就使得磁头很可能与盘片发生接触导致磁头的磨损。热粗糙度是衡量磁头磨损程度的一个重要指标，可通过专门的热粗糙度传感器进行测量 (Zhao 等, 2013)。不过，这种测量信号容易受到如振动或环境温度波动等因素的影响，使得信号中叠加测量误差。为了从含噪的退化测量数据中提取正确的退化规律，需要在退化分析时抑制测量误差的影响。

图 7.15 绘制了某个硬盘磁头随时间的退化情况。由图可见，退化量在 18 时刻有明显的下降，随后又"恢复"到正常的退化趋势。这种退化轨迹上的突然下降很可能是由环境波动引起的，无法正确反映实际的退化水平，简单将其剔除则会损失有用信息，也不是很好的处理方法。因此，这里采用本章提出的 t 分布误差维纳过程模型对数据进行建模分析。由于退化趋势呈现非线性，仍采用幂函数形式的时间尺度变换函数 $\Lambda(t) = t^{\alpha}$ 来刻画退化趋势。模型参数可根据 7.2 节中 EM 算法估计，具体估计值见表 7.1。为对比 t 分布误差维纳过程的拟合效果，该表也列出了利用正态误差模型拟合的结果。

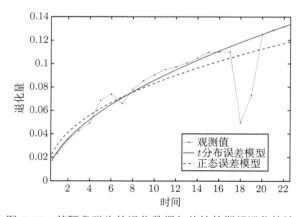

图 7.15 某硬盘磁头的退化数据与估计的期望退化轨迹

从 t 分布误差自由度参数的估计值 $\hat{\nu}$ 可知，此退化轨迹中的误差是显著区别于正态误差的。注意到，对于正态误差维纳过程模型，其退化过程扩散系数的估计值非常接近 0。这表明在正态误差假设下，维纳过程模型退化为确定性的退化

轨迹模型，即

$$Y(t) = \mu\Lambda(t) + \epsilon_t$$

其中，ϵ_t 表示独立同分布的正态误差。通过比较 t 分布误差与正态误差假设下的对数似然值与 AIC 值，可以看到 t 分布误差维纳过程模型显著优于正态误差维纳过程模型。

表 7.1 带 t 分布误差和带正态误差的维纳过程拟合结果

	t 分布误差	正态误差
$\hat{\Lambda}(t)$	$t^{0.5443}$	$t^{0.4358}$
$\hat{\mu}$	2.45×10^{-2}	3.05×10^{-2}
$\hat{\sigma}^2$	2.69×10^{-6}	$\to 0$
误差	$\mathcal{T}(3.39 \times 10^{-6}, 0.9341)$	$\mathcal{N}(0, 2.80 \times 10^{-4})$
对数似然	76.62	58.79
AIC	-143.24	-109.58

图 7.15也分别绘制了两个模型下的期望退化轨迹 $\mathbb{E}[X(t)]$ 的估计。显然，正态误差维纳过程模型显著受到了 18、19 两个测量点处突然下降的退化测量值的影响，使得估计得到的期望退化轨迹的右端下偏。与之对比，t 分布误差维纳过程模型则抑制了这两个异常测量点的影响，较好地反映了整体的退化趋势。对比硬盘退化数据的拟合结果，可见 t 分布误差维纳过程模型能够较好地抑制少量异常测量值的影响，更好地提取退化规律。

7.5 讨论和扩展

本章使用 t 分布对测量误差进行建模，主要有两个原因。首先，t 分布相比正态分布，密度函数尾部更厚，可容许退化数据中测量误差异常值的存在。其次，通过引入随机尺度，t 分布可以表示为混合正态分布，通过应用 EM 算法和变分贝叶斯方法，可以方便地进行模型估计，避免了数值积分计算，降低了模型应用的难度。这两个特点使得 t 分布可用于构建处理带测量误差退化数据的稳健模型。

由此可见，如果其他分布类型具有前面提到的 t 分布的特点，也可以用于构造类似的维纳过程模型。例如，Shen 等 (2018) 考虑了测量误差服从 Logistic 分布的维纳过程退化模型。事实上，具有这样特点的分布类型不止 t 分布，还包括拉普拉斯分布、Logistic 分布等。这些分布均可以写成方差服从某种分布的混合正态分布，属于被称为正态尺度混合分布的分布族 (Andrews 等, 1974)。具体地，若随机变量 X 服从正态尺度混合分布，则其密度可以写为

$$f_{X|S}(x|s) = \frac{1}{\sqrt{2\pi h(s)}} \exp\left(-\frac{x^2}{2h(s)}\right), \quad f_X(x) = \int_0^\infty f_{X|S}(x|s)\mathrm{d}G(s)$$

其中，S 是累积分布函数为 $G(s)$ 的随机尺度，$h(s)$ 是一确定性的连接函数，如 $h(s) = s^2$ 或 $h(s) = 1/s$。可见，在给定随机尺度 S（或 $h(S)$）时，正态尺度混合随机变量 X 的条件分布是正态的，S 调节了该条件分布的尺度参数（方差）。

表 7.2列出了 t 分布、拉普拉斯分布和 Logistic 分布的密度函数 $f_X(x)$、连接函数 $h(s)$ 及混合分布 $G(s)$。具体地，拉普拉斯分布对应的混合分布是均值为 1 的指数分布；Logistic 分布对应的混合分布为 Kolmogorov-Smirnov 分布，其累积分布函数为

$$G(s) = P(S \leqslant s) = 1 - 2 \sum_{k=1}^{\infty} (-1)^{(k-1)} \mathrm{e}^{-2k^2 s^2}$$

表 7.2　常见的正态尺度混合分布

分布类型	$f_X(x)$	$h(s)$	$G(s)$
t 分布	$\dfrac{\Gamma\left(\dfrac{\nu+1}{2}\right)}{\sigma\sqrt{\nu\pi}\,\Gamma\left(\dfrac{\nu}{2}\right)}\left[1 + \dfrac{x^2}{\nu\sigma^2}\right]^{-\frac{\nu+1}{2}}$	$\dfrac{\sigma^2}{s}$	$\mathrm{Ga}\left(s; \dfrac{\nu}{2}, \dfrac{\nu}{2}\right)$
拉普拉斯分布	$\dfrac{1}{2\sigma}\exp(-|x|/\sigma)$	$2\sigma^2 s$	$\mathrm{Exp}(s; 1)$
Logistic 分布	$\dfrac{\mathrm{e}^{-x/\sigma}}{\sigma(1 + \mathrm{e}^{-x/\sigma})^2}$	$4\sigma^2 s^2$	$KS(s)$

正态尺度混合分布均具有对称密度，具有厚尾特性。因此，可以用于构造带误差的稳健维纳过程退化模型。对于这类模型，可以类似于本章对 t 分布误差的处理方法，引入随机尺度变量，使得在给定随机尺度的条件下误差是正态的，进而构造基于 EM 算法和变分贝叶斯的模型参数估计方法。所得模型的性质和模型参数的估计流程与本章模型相似。具体论述可见 Ge 等 (2022)。

7.6　本章小结

实际中，退化数据收集过程常常受到环境、测量过程中干扰因素的影响，使得退化数据受到测量误差的污染。为抑制误差的影响，正确地提取退化规律，需要在退化建模中考虑误差项。对于测量误差，正态分布是最为常用的假设，但实际中误差类型多种多样，采用正态误差假设可能引起错误。本章利用 t 分布的厚尾特点，提出利用 t 分布对测量误差进行建模，可以更为有效地抑制不同类型误差的影响，使得退化过程 $X(t)$ 本身模型参数的估计更为稳健。

与正态误差模型相比，带 t 分布误差维纳过程模型的参数估计更为复杂。本章通过将 t 分布表示为混合正态分布，引入混合变量并采用变分贝叶斯近似技术，

规避了数值积分运算，使得模型参数可通过一个较为方便的 EM 算法进行估计。通过仿真验证和实际退化数据分析，验证了 t 分布误差模型在处理带误差退化数据建模的优势。因此，若实际应用中遇到带误差的退化数据，建议总是先使用带 t 分布误差的模型对数据进行拟合：若 t 分布误差的自由度参数的估计值较小，表明误差分布与正态假设存在较大偏差；否则，可以认为正态误差假设是可用的，此时可应用带正态误差模型对数据进行拟合分析。

参 考 文 献

管强, 汤银才, 2013. 基于 Gamma 过程加速退化试验的优化设计 (英文)[J]. 应用概率统计, 29
　　(2): 213-224.

郝旭东, 金光, 2011. 基于 RVM 的卫星蓄电池性能退化建模[J]. 科学技术与工程, 11(22):
　　5300-5303.

潘尔顺, 陈震, 2015. 高可靠性产品退化建模研究综述[J]. 工业工程与管理, 20: 1-6,13.

齐琦, 宋月, 2020. 带有测量误差的自适应维纳模型研究[J]. 统计与决策, 36(12): 55-58.

厉海涛, 金光, 周经伦, 等, 2011. 动量轮维纳过程退化建模与寿命预测[J]. 航空动力学报, 26:
　　622-627.

刘学娟, 赵斐, 2021. 考虑协变量的设备退化和生产批量整合模型[J]. 浙江大学学报 (工学版),
　　55(12): 2390-2396.

王浩伟, 滕克难, 李年亮, 2016. 随机环境应力冲击下基于多参数相关退化的导弹部件寿命预测
　　[J]. 航空学报, 37(11): 3404-3412.

王浩伟, 奚文骏, 冯玉光, 2016. 基于退化失效与突发失效竞争的导弹剩余寿命预测[J]. 航空学
　　报, 37(4): 1240-1248.

王泽洲, 陈云翔, 蔡忠义, 等, 2019. 考虑随机失效阈值的设备剩余寿命在线预测[J]. 系统工程与
　　电子技术, 41(5): 1162-1168.

王小林, 程志君, 郭波, 2011. 基于维纳过程金属化膜电容器的剩余寿命预测[J]. 国防科技大学
　　学报, 33(4): 146-151.

徐安察, 汤银才, 2010. 退化数据分析的 EM 算法 (英文)[J]. 华东师范大学学报: 自然科学版,
　　5: 38-48.

许焕卫, 黄鑫, 黄洪钟, 等, 2022. 多退化指标条件下卫星动量轮可靠性建模与评估[J]. 机械工程
　　学报, 58(17): 67-74.

翟科达, 顾晓辉, 孙丽, 等, 2022. 基于多元随机效应 Wiener 过程的某弹用弹簧可靠性评估[J].
　　装备环境工程, 19(4): 1-7.

张立杰, 阿喜塔, 田笑, 等, 2022. 基于 Gamma 过程的加速退化试验多目标优化设计[J]. 吉林
　　大学学报 (工学版), 52(2): 361-367.

张鹏, 胡昌华, 白灿, 等, 2019. 考虑随机效应的两阶段退化系统剩余寿命预测方法[J]. 中国测
　　试, 45(1): 1-7.

赵洪山, 李自立, 2020. 风电机组轴系的剩余寿命预估[J]. 电力自动化设备, 40(6): 70-75,99,1-2.

庄东辰, 茆诗松, 2013. 退化数据统计分析[M]. 北京: 中国统计出版社.

ABRAMOWITZ M, STEGUN I A, 1972. Handbook of Mathematical Functions with For-
　　mulas, Graphs, and Mathematical Tables[M]. New York: Dover: 374-377.

ANDREWS D F, MALLOWS C L, 1974. Scale mixtures of normal distributions[J]. Journal
　　of the Royal Statistical Society: Series B (Methodological), 36(1): 99-102.

BAGDONAVIČIUS V, NIKULIN M S, 2001. Estimation in degradation models with explanatory variables[J]. Lifetime Data Analysis, 7(1): 85-103.

BARNDORFF-NIELSEN O, HALGREEN C, 1977. Infinite divisibility of the hyperbolic and generalized inverse Gaussian distributions[J]. Zeitschrift für Wahrscheinlichkeitstheorie und Verwandte Gebiete, 38(4): 309-311.

BARNDORFF-NIELSEN O, JØRGENSEN B, 1991. Some parametric models on the simplex[J]. Journal of Multivariate Analysis, 39(1): 106-116.

BARNDORFF-NIELSEN O E, 1997. Processes of normal inverse Gaussian type[J]. Finance and Stochastics, 2(1): 41-68.

BERNARDO J, BAYARRI M, BERGER J, et al, 2003. The variational Bayesian EM algorithm for incomplete data: With application to scoring graphical model structures[J]. Bayesian Statistics, 7: 453-464.

BIAN L, GEBRAEEL N, 2014. Stochastic framework for partially degradation systems with continuous component degradation-rate-interactions[J]. Naval Research Logistics (NRL), 61(4): 286-303.

BISHOP C M, 2006. Pattern Recognition and Machine Learning[M]. Singpore: Springer: 461-485.

BOULANGER M, ESCOBAR L A, 1994. Experimental design for a class of accelerated degradation tests[J]. Technometrics, 36(3): 260-272.

CHEN P, YE Z S, 2018. Uncertainty quantification for monotone stochastic degradation models[J]. Journal of Quality Technology, 50(2): 207-219.

CHEN Z, XIA T, LI Y, et al, 2022. Random-effect models for degradation analysis based on nonlinear tweedie exponential-dispersion processes[J]. IEEE Transactions on Reliability, 71(1): 47-62.

DENG Y, BARROS A, GRALL A, 2016. Degradation modeling based on a time-dependent Ornstein-Uhlenbeck process and residual useful lifetime estimation[J]. IEEE Transactions on Reliability, 65(1): 126-140.

DICICCIO T J, EFRON B, 1996. Bootstrap confidence intervals[J]. Statistical Science, 11 (3): 189-212.

DING Y, ZHU R, PENG W, et al, 2022. Degradation analysis with nonlinear exponential-dispersion process: Bayesian offline and online perspectives[J]. Quality and Reliability Engineering International, 38(7): 3844-3866.

DONG Q, CUI L, SI S, 2020. Reliability and availability analysis of stochastic degradation systems based on bivariate Wiener processes[J]. Applied Mathematical Modelling, 79: 414-433.

DUAN F, WANG G, 2018a. Exponential-dispersion degradation process models with random effects and covariates[J]. IEEE Transactions on Reliability, 67(3): 1128-1142.

DUAN F, WANG G, 2018b. Optimal step-stress accelerated degradation test plans for inverse Gaussian process based on proportional degradation rate model[J]. Journal of Statistical Computation and Simulation, 88(2): 305-328.

DUAN F, WANG G, WANG H, 2018c. Inverse Gaussian process models for bivariate degradation analysis: A bayesian perspective[J]. Communications in Statistics - Simulation and Computation, 47(1): 166-186.

EFRON B, HINKLEY D V, 1978. Assessing the accuracy of the maximum likelihood estimator: Observed versus expected fisher information[J]. Biometrika, 65(3): 457-482.

EL-MIKKAWY M, KARAWIA A, 2006. Inversion of general tridiagonal matrices[J]. Applied Mathematics Letters, 19(8): 712-720.

FANG G, PAN R, WANG Y, 2022. Inverse Gaussian processes with correlated random effects for multivariate degradation modeling[J]. European Journal of Operational Research, 300 (3): 1177-1193.

FREITAS M A, DE TOLEDO M L G, COLOSIMO E A, et al, 2009. Using degradation data to assess reliability: A case study on train wheel degradation[J]. Quality and Reliability Engineering International, 25(5): 607-629.

GE R, ZHAI Q, WANG H, et al, 2022. Wiener degradation models with scale-mixture normal distributed measurement errors for RUL prediction[J]. Mechanical Systems and Signal Processing, 173: 109029.

GIORGIO M, GUIDA M, PULCINI G, 2018. The transformed gamma process for degradation phenomena in presence of unexplained forms of unit-to-unit variability[J]. Quality and Reliability Engineering International, 34(4): 543-562.

GOLUB G H, LOAN C F V, 2013. Matrix Computations[M]. 4th ed. Baltimore: The Johns Hopkins University Press.

GU X, STANLEY D, BYRD W E, et al, 2009. Linking accelerated laboratory test with outdoor performance results for a model epoxy coating system[C]. Service Life Prediction of Polymeric Materials. Boston, Springer: 3-28.

GUAN Q, TANG Y, XU A, 2019. Reference bayesian analysis of inverse Gaussian degradation process[J]. Applied Mathematical Modelling, 74: 496-511.

GUIDA M, POSTIGLIONE F, PULCINI G, 2015. A random-effects model for long-term degradation analysis of solid oxide fuel cells[J]. Reliability Engineering & System Safety, 140: 88-98.

GUO J, HUANG H Z, PENG W, et al, 2019. Bayesian information fusion for degradation analysis of deteriorating products with individual heterogeneity[J]. Proceedings of the Institution of Mechanical Engineers, Part O: Journal of Risk and Reliability, 233(4): 615-622.

HAO S, YANG J, BERENGUER C, 2019. Degradation analysis based on an extended inverse Gaussian process model with skew-normal random effects and measurement errors [J]. Reliability Engineering and System Safety, 189: 261-270.

HAZRA I, PANDEY M D, MANZANA N, 2020. Approximate bayesian computation (abc) method for estimating parameters of the gamma process using noisy data[J]. Reliability Engineering and System Safety, 198: 106780.

HONG L, YE Z S, SARI J K, 2018. Interval estimation for Wiener processes based on accelerated degradation test data[J]. IISE Transactions, 50(12): 1043-1057.

HONG Y, DUAN Y, MEEKER W Q, et al, 2015. Statistical methods for degradation data with dynamic covariates information and an application to outdoor weathering data[J]. Technometrics, 57(2): 180-193.

HU C H, SI X S, CHEN M Y, et al, 2011. An adaptive Wiener-maximum-process-based model for remaining useful life estimation[C].2011 Prognostics and System Health Managment Confernece. IEEE: 1-5.

HUANG Z, XU Z, WANG W, et al, 2015. Remaining useful life prediction for a nonlinear heterogeneous Wiener process model with an adaptive drift[J]. IEEE Transactions on Reliability, 64(2): 687-700.

IES I E S, 2008. Ies lm-80-08: Approved method for lumen maintenance testing of led light sources[R]. Illuminating Engineering Society of North America, New York.

IMAMURA T, YAMAMOTO K, 2005. Degradation testing and lifetime predictions for GMR heads under mechanically and thermally accelerated conditions[J]. IEEE Transactions on Magnetics, 41(10): 3037-3039.

JIANG P, WANG B, WANG X, et al, 2022. Inverse Gaussian process based reliability analysis for constant-stress accelerated degradation data[J]. Applied Mathematical Modelling, 105: 137-148.

JIANG R, JARDINE A K, 2008. Health state evaluation of an item: A general framework and graphical representation[J]. Reliability Engineering & System Safety, 93(1): 89-99.

JIN G, MATTHEWS D, 2014. Measurement plan optimization for degradation test design based on the bivariate Wiener process[J]. Quality and Reliability Engineering International, 30(8): 1215-1231.

JØRGENSEN B, 1982. Statistical Properties of the Generalized Inverse Gaussian Distribution[M]. New York: Springer.

KALLEN M, VAN NOORTWIJK J, et al, 2005. Optimal maintenance decisions under imperfect inspection[J]. Reliability Engineering & System Safety, 90(2-3): 177-185.

LAWLESS J, CROWDER M, 2004. Covariates and random effects in a gamma process model with application to degradation and failure[J]. Lifetime Data Analysis, 10(3): 213-227.

LE SON K, FOULADIRAD M, BARROS A, 2016. Remaining useful lifetime estimation and noisy gamma deterioration process[J]. Reliability Engineering and System Safety, 149: 76-87.

LI C Y, XU M Q, GUO S, et al, 2009. Real-time reliability assessment based on gamma process and bayesian estimation[J]. Journal of Astronautics, 30(4): 1722-1726.

LIM H, YUM B J, 2011. Optimal design of accelerated degradation tests based on Wiener process models[J]. Journal of Applied Statistics, 38(2): 309-325.

LIMON S, REZAEI E, YADAV O P, 2020. Designing an accelerated degradation test plan considering the gamma degradation process with multi-stress factors and interaction effects[J]. Quality Technology and Quantitative Management, 17(5): 544-560.

LIU C, 1997. Ml estimation of the multivariate t distribution and the em algorithm[J]. Journal of Multivariate Analysis, 63(2): 296-312.

LIU C, RUBIN D B, 1994. The ECME algorithm: A simple extension of em and ecm with faster monotone convergence[J]. Biometrika, 81(4): 633-648.

LIU T, PAN Z, SUN Q, et al, 2017. Residual useful life estimation for products with two performance characteristics based on a bivariate Wiener process[J]. Proceedings of the Institution of Mechanical Engineers, Part O: Journal of Risk and Reliability, 231(1): 69-80.

LOUIS T A, 1982. Finding the observed information matrix when using the em algorithm [J]. Journal of the Royal Statistical Society. Series B (Methodological), 44(2): 226-233.

LU C J, MEEKER W Q, 1993. Using degradation measures to estimate a time-to-failure distribution[J]. Technometrics, 35(2): 161-174.

LU J C, PARK J, YANG Q, 1997. Statistical inference of a time-to-failure distribution derived from linear degradation data[J]. Technometrics, 39(4): 391-400.

LU L, WANG B, HONG Y, et al, 2021. General path models for degradation data with multiple characteristics and covariates[J]. Technometrics, 63(3): 354-369.

MEEKER W Q, ESCOBAR L A, 1998a. Statistical Methods for Reliability Data[M]. New York: John Wiley & Sons.

MEEKER W Q, ESCOBAR L A, LU C J, 1998b. Accelerated degradation tests: modeling and analysis[J]. Technometrics, 40(2): 89-99.

NELSEN R B, 2006. An Introduction to Copulas[M]. 2nd ed. New York: Springer.

NELSON W, 1980. Accelerated life testing-step-stress models and data analyses[J]. IEEE Transactions on Reliability, R-29(2): 103-108.

NEWBY M, 1988. Accelerated failure time models for reliability data analysis[J]. Reliability Engineering & System Safety, 20(3): 187-197.

OLIVEIRA R P B, LOSCHI R H, FREITAS M A, 2018. Skew-heavy-tailed degradation models: An application to train wheel degradation[J]. IEEE Transactions on Reliability, 67(1): 129-141.

PAN D, LIU J B, HUANG F, et al, 2017. A Wiener process model with truncated normal distribution for reliability analysis[J]. Applied Mathematical Modelling, 50: 333-346.

PAN Z, BALAKRISHNAN N, 2010. Multiple-steps step-stress accelerated degradation modeling based on Wiener and gamma processes[J]. Communications in Statistics: Simulation and Computation, 39(7): 1384-1402.

PAN Z, SUN Q, 2014. Optimal design for step-stress accelerated degradation test with multiple performance characteristics based on gamma processes[J]. Communications in Statistics - Simulation and Computation, 43(2): 298-314.

PAN Z, BALAKRISHNAN N, SUN Q, et al, 2013. Bivariate degradation analysis of products based on Wiener processes and copulas[J]. Journal of Statistical Computation and Simulation, 83(7): 1316-1329.

PARK C, PADGETT W J, 2006. Stochastic degradation models with several accelerating variables[J]. IEEE Transactions on Reliability, 55(2): 379-390.

PARK C, PADGETT W, 2005. Accelerated degradation models for failure based on geometric brownian motion and gamma processes[J]. Lifetime Data Analysis, 11: 511-527.

PENG C Y, TSENG S T, 2013. Statistical lifetime inference with skew-Wiener linear degradation models[J]. IEEE Transactions on Reliability, 62(2): 338-350.

PENG W, LI Y F, YANG Y J, et al, 2016a. Bivariate analysis of incomplete degradation observations based on inverse Gaussian processes and copulas[J]. IEEE Transactions on Reliability, 65(2): 624-639.

PENG W, LI Y F, YANG Y J, et al, 2017. Bayesian degradation analysis with inverse Gaussian process models under time-varying degradation rates[J]. IEEE Transactions on Reliability, 66(1): 84-96.

PENG W, LI Y F, MI J, et al, 2016b. Reliability of complex systems under dynamic conditions: A bayesian multivariate degradation perspective[J]. Reliability Engineering & System Safety, 153: 75-87.

RENCHER A C, 2002. Multivariate analysis of variance[M]//Alvin C R.Methods of Multivariate Analysis. New York: Wiley-Blackwell: 156-247.

RODRÍGUEZ-PICÓN L A, 2017. Reliability assessment for systems with two performance characteristics based on gamma processes with marginal heterogeneous random effects[J]. Eksploatacja i Niezawodnosc, 19(1): 8-18.

RODRÍGUEZ-PICÓN L A, FLORES-OCHOA V H, MÉNDEZ-GONZÁLEZ L C, et al, 2017. Bivariate degradation modelling with marginal heterogeneous stochastic processes [J]. Journal of Statistical Computation and Simulation, 87(11): 2207-2226.

RODRÍGUEZ-PICÓN L A, RODRíGUEZ-PICóN A P, MéNDEZ-GONZáLEZ L C, et al, 2018. Degradation modeling based on gamma process models with random effects[J]. Communications in Statistics: Simulation and Computation, 47(6): 1796-1810.

ROSS S, 2014. Introduction to probability models[M]. 11th ed. New York: Academic Press.

SAHA B, GOEBEL K, 2007. Battery data set[J]. NASA Ames Prognostics Data Repository.

SALEM M B, FOULADIRAD M, DELOUX E, 2022. Variance gamma process as degradation model for prognosis and imperfect maintenance of centrifugal pumps[J]. Reliability Engineering & System Safety, 223: 108417.

SARKKA S, NUMMENMAA A, 2009. Recursive noise adaptive kalman filtering by variational bayesian approximations[J]. IEEE Transactions on Automatic Control, 54(3): 596-600.

SELF S G, LIANG K Y, 1987. Asymptotic properties of maximum likelihood estimators and likelihood ratio tests under nonstandard conditions[J]. Journal of the American Statistical Association, 82(398): 605-610.

SHEN Y, SHEN L, XU W, 2018. A Wiener-based degradation model with logistic distributed measurement errors and remaining useful life estimation[J]. Quality and Reliability Engineering International, 34(6): 1289-1303.

SI X S, 2015. An adaptive prognostic approach via nonlinear degradation modeling: Application to battery data[J]. IEEE Transactions on Industrial Electronics, 62(8): 5082-5096.

SI X S, CHEN M Y, WANG W, et al, 2013. Specifying measurement errors for required lifetime estimation performance[J]. European Journal of Operational Research, 231(3): 631-644.

SI X S, WANG W, HU C H, et al, 2014. Estimating remaining useful life with three-source variability in degradation modeling[J]. IEEE Transactions on Reliability, 63(1): 167-190.

SUN F, LIU J, LI X, et al, 2016. Reliability analysis with multiple dependent features from a vibration-based accelerated degradation test[J]. Shock and Vibration, 2016(5): Article ID 2315916.

SUN Q, YE Z S, HONG Y, 2020. Statistical modeling of multivariate destructive degradation tests with blocking[J]. Technometrics, 62(4): 536-548.

TANG S, YU C, WANG X, et al, 2014. Remaining useful life prediction of lithium-ion batteries based on the wiener process with measurement error[J]. Energies, 7(2): 520-547.

TSAI C C, TSENG S T, BALAKRISHNAN N, 2011. Optimal burn-in policy for highly reliable products using gamma degradation process[J]. IEEE Transactions on Reliability, 60(1): 234-245.

WANG H, ZHAO Y, MA X, et al, 2017. Optimal design of constant-stress accelerated degradation tests using the m-optimality criterion[J]. Reliability Engineering and System Safety, 164: 45-54.

WANG H, WANG G J, DUAN F J, 2016. Planning of step-stress accelerated degradation test based on the inverse Gaussian process[J]. Reliability Engineering and System Safety, 154: 97-105.

WANG W, CARR M, XU W, et al, 2011. A model for residual life prediction based on brownian motion with an adaptive drift[J]. Microelectronics Reliability, 51(2): 285-293.

WANG X, 2008. A pseudo-likelihood estimation method for nonhomogeneous gamma process model with random effects[J]. Statistica Sinica, 18(3): 1153-1163.

WANG X, 2009a. Nonparametric estimation of the shape function in a gamma process for degradation data[J]. Canadian Journal of Statistics, 37(1): 102-118.

WANG X, 2009b. Semiparametric inference on a class of Wiener processes[J]. Journal of Time Series Analysis, 30(2): 179-207.

WANG X, 2010. Wiener processes with random effects for degradation data[J]. Journal of Multivariate Analysis, 101(2): 340-351.

WANG X, XU D, 2010. An inverse Gaussian process model for degradation data[J]. Technometrics, 52(2): 188-197.

WANG X, WANG B X, JIANG P H, et al, 2020. Accurate reliability inference based on Wiener process with random effects for degradation data[J]. Reliability Engineering & System Safety, 193: 106631.

WANG X, WANG B X, HONG Y, et al, 2021a. Degradation data analysis based on gamma process with random effects[J]. European Journal of Operational Research, 292(3): 1200-

1208.

WANG X, GUO B, CHENG Z, 2014. Residual life estimation based on bivariate Wiener degradation process with time-scale transformations[J]. Journal of Statistical Computation and Simulation, 84(3): 545-563.

WANG X, BALAKRISHNAN N, GUO B, et al, 2015. Residual life estimation based on bivariate non-stationary gamma degradation process[J]. Journal of Statistical Computation and Simulation, 85(2): 405-421.

WANG Z, ZHAI Q, CHEN P, 2021b. Degradation modeling considering unit-to-unit heterogeneity-a general model and comparative study[J]. Reliability Engineering & System Safety, 216: 107897.

WHITMORE G, 1995. Estimating degradation by a Wiener diffusion process subject to measurement error[J]. Lifetime Data Analysis, 1(3): 307-319.

WHITMORE G, SCHENKELBERG F, 1997. Modelling accelerated degradation data using Wiener diffusion with a time scale transformation[J]. Lifetime Data Analysis, 3(1): 27-45.

XU D, WEI Q, ELSAYED E A, et al, 2017. Multivariate degradation modeling of smart electricity meter with multiple performance characteristics via vine copulas[J]. Quality and Reliability Engineering International, 33(4): 803-821.

XU Z, HONG Y, JIN R, 2016. Nonlinear general path models for degradation data with dynamic covariates[J]. Applied Stochastic Models in Business and Industry, 32(2): 153-167.

YANG G, 2007. Life cycle reliability engineering[M]. New Jersey: John Wiley & Sons.

YE Z S, CHEN N, 2014a. The inverse Gaussian process as a degradation model[J]. Technometrics, 56(3): 302-311.

YE Z S, WANG Y, TSUI K L, et al, 2013. Degradation data analysis using Wiener processes with measurement errors[J]. IEEE Transactions on Reliability, 62(4): 772-780.

YE Z S, CHEN L P, TANG L C, et al, 2014b. Accelerated degradation test planning using the inverse Gaussian process[J]. IEEE Transactions on Reliability, 63(3): 750-763.

YE Z S, XIE M, TANG L C, et al, 2014c. Semiparametric estimation of gamma processes for deteriorating products[J]. Technometrics, 56(4): 504-513.

YE Z S, CHEN N, SHEN Y, 2015. A new class of Wiener process models for degradation analysis[J]. Reliability Engineering & System Safety, 139: 58-67.

YU H F, 2006. Designing an accelerated degradation experiment with a reciprocal weibull degradation rate[J]. Journal of Statistical Planning and Inference, 136(1): 282-297.

YUAN T, JI Y, 2015. A hierarchical bayesian degradation model for heterogeneous data[J]. IEEE Transactions on Reliability, 64(1): 63-70.

YUAN X X, PANDEY M, 2009. A nonlinear mixed-effects model for degradation data obtained from in-service inspections[J]. Reliability Engineering & System Safety, 94(2): 509-519.

ZHAI Q, YE Z S, 2017. Robust degradation analysis with non-Gaussian measurement errors [J]. IEEE Transactions on Instrumentation and Measurement, 66(11): 2803-2812.

ZHAI Q, YE Z S, 2018a. Degradation in common dynamic environments[J]. Technometrics, 60(4): 461-471.

ZHAI Q, YE Z S, 2023. A multivariate stochastic degradation model for dependent performance characteristics[J]. Technometrics, 65(3): 315-327.

ZHAI Q, YE Z S, YANG J, et al, 2016. Measurement errors in degradation-based burn-in [J]. Reliability Engineering & System Safety, 150: 126-135.

ZHAI Q, CHEN P, HONG L, et al, 2018b. A random-effects Wiener degradation model based on accelerated failure time[J]. Reliability Engineering & System Safety, 180: 94-103.

ZHANG H, ZHOU D, CHEN M, et al, 2019. Predicting remaining useful life based on a generalized degradation with fractional brownian motion[J]. Mechanical Systems and Signal Processing, 115: 736-752.

ZHANG S, ZHAI Q, LI Y, 2023. Degradation modeling and RUL prediction with Wiener process considering measurable and unobservable external impacts[J]. Reliability Engineering & System Safety, 231: 109021.

ZHANG Z X, SI X S, HU C H, 2015. An age- and state-dependent nonlinear prognostic model for degrading systems[J]. IEEE Transactions on Reliability, 64(4): 1214-1228.

ZHAO D, WEI X, LIU B, et al, 2013. Thermal asperity sensor application to hard disk drive operational shock[J]. IEEE Transactions on Magnetics, 49(2): 699-702.

ZHOU R, SERBAN N, GEBRAEEL N, 2014. Degradation-based residual life prediction under different environments[J]. The Annals of Applied Statistics: 1671-1689.

ZHOU S, XU A, 2019. Exponential dispersion process for degradation analysis[J]. IEEE Transactions on Reliability, 68(2): 398-409.

附录 A   退化实例数据

表 A.1   电缆电阻加速退化数据

时间/小时 \ 试样编号	1	2	3	4	5
试验温度：200°C					
496	−0.120682	−0.118779	−0.123600	−0.126501	−0.124359
688	−0.112403	−0.109853	−0.115186	−0.118941	−0.111966
856	−0.103608	−0.101593	−0.105657	−0.110288	−0.107869
1024	−0.096047	−0.094567	−0.098569	−0.103419	−0.100304
1192	−0.085673	−0.084698	−0.088613	−0.095465	−0.085916
1360	−0.077677	−0.076070	−0.079332	−0.084769	−0.077947
2008	−0.045218	−0.040623	−0.045835	−0.052268	−0.045597
2992	0.000526	0.004237	0.000533	−0.008265	0.000524
4456	0.059261	0.063742	0.061032	0.051139	0.059544
5608	0.093394	0.095117	0.093612	0.082414	0.084912
试验温度：240°C					
160	−0.005152	−0.019888	−0.045961	−0.023188	−0.044267
328	0.056930	0.046278	0.015198	0.040737	0.018173
496	0.112631	0.101628	0.067119	0.095504	0.072214
688	0.173202	0.162705	0.128670	0.156129	0.131555
856	0.214266	0.202604	0.168271	0.196349	0.171394
1024	0.272668	0.257563	0.221611	0.250900	0.225281
1192	0.311422	0.297875	0.260910	0.291937	0.266314
1360	0.351988	0.338902	0.302126	0.332887	0.306105
2.008	0.489847	0.461855	0.440738	0.473130	0.443941
2992	0.656780	0.629991	0.606275	0.638651	0.611724
4456	0.851985	0.798431	0.834114	0.798457	\
试验温度：260°C					
160	0.123360	0.127605	0.120759	0.105206	0.120115
328	0.251084	0.254944	0.247156	0.232389	0.247949
496	0.393107	0.394496	0.391516	0.375789	0.388406
688	0.517137	0.518485	0.513872	0.500556	0.511850
856	0.598797	0.599265	0.595704	0.583362	0.595220
1024	0.693925	0.694445	0.688930	0.679117	0.690324
1192	0.774347	0.774428	0.770313	0.758314	0.770782

数据来源：Whitmore 等 (1997)。

注：共三个温度水平，每一水平下 5 个试样。

表 A.2 激光器退化数据

时间/小时 \ 试样编号	1	2	3	4	5	6	7	8	9	10	11	12	13	14	15
250	0.47	0.71	0.71	0.36	0.27	0.36	0.36	0.46	0.51	0.41	0.44	0.39	0.30	0.44	0.51
500	0.93	1.22	1.17	0.62	0.61	1.39	0.92	1.07	0.93	1.49	1.00	0.80	0.74	0.70	0.83
750	2.11	1.90	1.73	1.36	1.11	1.95	1.21	1.42	1.57	2.38	1.57	1.35	1.52	1.05	1.29
1000	2.72	2.30	1.99	1.95	1.77	2.86	1.46	1.77	1.96	3.00	1.96	1.74	1.85	1.35	1.52
1250	3.51	2.87	2.53	2.30	2.06	3.46	1.93	2.11	2.59	3.84	2.51	2.98	2.39	1.80	1.91
1500	4.34	3.75	2.97	2.95	2.58	3.81	2.39	2.40	3.29	4.50	2.84	3.59	2.95	2.55	2.27
1750	4.91	4.42	3.30	3.39	2.99	4.53	2.68	2.78	3.61	5.25	3.47	4.03	3.51	2.83	2.78
2000	5.48	4.99	3.94	3.79	3.38	5.35	2.94	3.02	4.11	6.26	4.01	4.44	3.92	3.39	3.42
2250	5.99	5.51	4.16	4.11	4.05	5.92	3.42	3.29	4.60	7.05	4.51	4.79	5.03	3.72	3.78
2500	6.72	6.07	4.45	4.50	4.63	6.71	4.09	3.75	4.91	7.80	4.80	5.22	5.47	4.09	4.11
2750	7.13	6.64	4.89	4.72	5.24	7.70	4.58	4.16	5.34	8.32	5.20	5.48	5.84	4.83	4.38
3000	8.00	7.16	5.27	4.98	5.62	8.61	4.84	4.76	5.84	8.93	5.66	5.96	6.50	5.41	4.63
3250	8.92	7.78	5.69	5.28	6.04	9.15	5.11	5.16	6.40	9.55	6.20	6.23	6.94	5.76	5.38
3500	9.49	8.42	6.02	5.61	6.32	9.95	5.57	5.46	6.84	10.45	6.54	6.99	7.39	6.14	5.84
3750	9.87	8.91	6.45	5.95	7.10	10.49	6.11	5.81	7.20	11.28	6.96	7.37	7.85	6.51	6.16
4000	10.94	9.28	6.88	6.14	7.59	11.01	7.17	6.24	7.88	12.21	7.42	7.88	8.09	6.88	6.62

数据来源: Meeker 等 (1998a) 中表 C.17。

表 A.3 红外 LED 加速退化数据-170mA

试样编号 \ 时间/小时	24	48	96	155	368	768	1130	1536	1905	2263	2550
1	0.1	0.3	0.7	1.2	3.0	6.6	12.1	16.0	22.5	25.3	30.0
2	2.0	2.3	4.7	5.9	8.2	9.3	12.6	12.9	17.5	16.4	16.3
3	0.3	0.5	0.9	1.3	2.2	3.8	5.5	5.7	8.5	9.8	10.7
4	0.3	0.5	0.8	1.1	1.5	2.4	3.2	5.1	4.7	6.5	6.0
5	0.2	0.4	0.9	1.6	3.9	8.2	11.8	19.5	26.1	29.5	32.0
6	0.6	1.0	1.6	2.2	4.6	6.2	10.5	10.2	11.2	11.6	14.6
7	0.2	0.4	0.7	1.1	2.4	4.9	7.1	10.4	10.8	13.7	18.0
8	0.5	0.9	1.8	2.7	6.5	10.2	13.4	22.4	23.0	32.2	25.0
9	1.4	1.9	2.6	3.4	6.1	7.9	9.9	10.2	11.1	12.2	13.1
10	0.7	0.8	1.4	1.8	2.6	5.2	5.7	7.1	7.6	9.0	9.6
11	0.2	0.5	0.8	1.1	2.5	5.6	7.0	9.8	11.5	12.2	14.2
12	0.2	0.3	0.6	0.9	1.6	2.9	3.5	5.3	6.4	6.6	9.2
13	2.1	3.4	4.1	4.9	7.2	8.6	10.8	13.7	13.2	17.0	13.9
14	0.1	0.2	0.5	0.7	1.2	2.3	3.0	4.3	5.4	5.5	6.1
15	0.7	0.9	1.5	1.9	4.0	4.7	7.1	7.4	10.1	11.0	10.5
16	1.8	2.3	3.7	4.7	6.1	9.4	11.4	14.4	16.2	15.6	16.6
17	0.1	0.2	0.5	0.8	1.6	3.2	3.7	5.9	7.2	6.1	8.8
18	0.1	0.1	0.2	0.3	0.7	1.7	2.2	3.0	3.5	4.2	4.6
19	0.5	0.7	1.3	1.9	4.8	7.7	9.1	12.8	12.9	15.5	19.3
20	1.9	2.3	3.3	4.1	5.2	8.9	11.8	13.8	14.1	16.2	17.1
21	3.7	4.8	7.3	8.3	9.0	10.9	11.5	12.2	13.5	12.4	13.8
22	1.5	2.2	3.0	3.7	5.1	5.9	8.1	7.8	9.2	8.8	11.1
23	1.2	1.7	2.0	2.5	4.5	6.9	7.5	9.2	8.5	12.7	11.6
24	3.2	4.2	5.1	6.2	8.3	10.6	14.9	17.5	16.6	18.4	15.8
25	1.0	1.6	3.4	4.7	7.4	10.7	15.9	16.7	17.4	28.7	25.9

数据来源：Yang (2007) 中表 8.9。

表 A.4 红外 LED 加速退化数据-320mA

试样编号 \ 时间/小时	6	12	24	48	96	156	230	324	479	635
1	4.3	5.8	9.5	10.2	13.8	20.6	19.7	25.3	33.4	27.9
2	0.5	0.9	1.4	3.3	5.0	6.1	9.9	13.2	17.0	20.7
3	2.6	3.6	4.6	6.9	9.5	13.0	15.3	13.5	19.0	19.5
4	0.2	0.4	0.9	2.4	4.5	7.1	13.4	21.2	30.7	41.7
5	3.7	5.6	8.0	12.8	16.0	23.7	26.7	38.4	49.2	47.2
6	3.2	4.3	5.8	9.9	15.2	20.3	26.2	33.6	39.5	53.2
7	0.8	1.7	2.8	4.6	7.9	12.4	20.2	24.8	32.5	45.4
8	4.3	6.5	7.8	13.0	21.7	33.0	42.1	49.9	59.9	78.6
9	1.4	2.7	5.0	7.8	14.5	23.3	29.0	43.3	59.8	77.4
10	3.4	4.6	7.8	13.0	16.8	26.8	34.1	41.5	67.0	65.5
11	3.6	4.7	6.2	9.1	11.7	13.8	14.5	15.5	23.1	24.0
12	2.3	3.7	5.6	8.8	13.7	17.2	24.8	29.1	42.9	45.3
13	0.5	0.9	1.9	3.5	5.9	10.0	14.4	22.0	26.0	31.8
14	2.6	4.4	6.0	8.7	14.6	16.8	17.9	23.2	27.0	31.3
15	0.1	0.4	0.7	2.0	3.5	6.6	12.2	18.8	32.3	47.0

数据来源：Yang (2007) 中表 8.10。

表 A.5 硬盘磁头退化数据

试样编号 \ 时间/小时	1	2	3	4	5	6	7
1	0.163	0.178	0.185	0.192	0.195	0.198	0.201
2	0.026	0.025	0.032	0.111	0.108	0.077	0.182
3	0.036	0.156	0.170	0.178	0.172	0.187	0.200
4	0.036	0.182	0.219	0.212	0.214	0.237	0.235
5	0.001	0.001	0.002	0.009	0.010	0.116	0.111
6	0.056	0.173	0.182	0.191	0.195	0.201	0.206
7	0.041	0.068	0.097	0.117	0.131	0.142	0.152
8	0.072	0.160	0.171	0.181	0.189	0.194	0.196
9	0.032	0.043	0.057	0.094	0.115	0.117	0.130
10	0.082	0.124	0.147	0.159	0.166	0.173	0.192

数据来源：Ye 等 (2013)。

表 A.6　涂层材料室外退化数据

时间/天 ＼ 试样编号	1	2	3	4
2.53	2.4	2.4	2.6	2.4
5.17	4.5	4.6	5.1	4.5
6.99	6.1	6.2	6.9	6.2
9.29	6.8	6.9	7.7	6.9
10.95	7.1	7.1	8.1	7.1
13.09	7.4	7.4	8.7	7.4
15.17	8.1	8.2	9.3	8.2
16.69	9.5	9.8	10.8	9.6
18.19	11.1	11.5	12.9	11.3
20.15	11.3	11.7	13.1	11.4
21.60	11.3	11.7	13.0	11.3
23.51	11.9	12.5	13.8	11.9
24.92	12.5	13.0	13.8	12.4
26.78	13.5	14.6	\	13.9
28.15	14.6	17.2	\	16.1
29.97	16.3	19.4	\	18.2
31.32	16.9	20.2	\	19.1

数据来源：Hong 等 (2015)。

表 A.7　LED 成组退化数据

试样编号 时间/小时	25.25	72.25	169.75	192.75	243.25	339.25	357.25	409.25	500.25	600.25	697.25	835.25	925.25
1	0.008	0.022	0.058	0.067	0.083	0.117	0.111	0.104	0.150	0.170	0.199	0.220	0.238
2	0.012	0.035	0.025	0.046	0.066	0.090	0.104	0.115	0.140	0.150	0.171	0.202	0.199
3	0.009	0.028	0.047	0.056	0.075	0.102	0.099	0.121	0.140	0.155	0.180	0.199	0.219
4	0.015	0.026	0.049	0.063	0.077	0.118	0.114	0.135	0.154	0.175	0.203	0.218	0.238
5	0.010	0.027	0.056	0.071	0.085	0.119	0.113	0.140	0.156	0.180	0.207	0.226	0.242
6	0.011	0.023	0.056	0.069	0.083	0.118	0.113	0.138	0.154	0.177	0.204	0.220	0.241
7	0.010	0.024	0.056	0.065	0.085	0.114	0.108	0.132	0.147	0.169	0.193	0.203	0.226
8	0.016	0.024	0.053	0.060	0.080	0.111	0.107	0.129	0.146	0.171	0.199	0.213	0.237
9	0.009	0.025	0.052	0.066	0.083	0.115	0.112	0.140	0.152	0.175	0.202	0.230	0.242
10	0.005	0.026	0.050	0.059	0.075	0.117	0.109	0.146	0.150	0.174	0.195	0.229	0.237
11	0.010	0.027	0.051	0.059	0.080	0.116	0.108	0.135	0.146	0.169	0.195	0.223	0.232
12	0.011	0.034	0.064	0.072	0.097	0.129	0.126	0.156	0.162	0.188	0.215	0.246	0.249
13	0.011	0.029	0.055	0.061	0.087	0.119	0.115	0.141	0.155	0.179	0.204	0.234	0.243
14	0.012	0.031	0.060	0.069	0.091	0.128	0.125	0.150	0.162	0.186	0.214	0.244	0.254
15	0.008	0.026	0.060	0.066	0.088	0.130	0.128	0.151	0.168	0.187	0.215	0.246	0.245
16	0.008	0.019	0.043	0.052	0.071	0.101	0.096	0.118	0.135	0.153	0.180	0.203	0.211

注：编号 1~8 试样为第一组，9~16 为第二组。

表 A.8　涂层材料实验室退化数据

时间/小时	试样编号 1	2	3	4	1	2	3	4	1	2	3	4
	1250cm^{-1}				1510cm^{-1}				2925cm^{-1}			
3.06	0.001	0.001	0.002	0.002	0.002	0.001	0.012	0.010	0.001	0.001	0.001	0.001
5.75	0.002	0.004	0.004	0.004	0.003	0.003	0.024	0.020	0.001	0.002	0.001	0.001
9.58	0.005	0.005	0.006	0.005	0.005	0.002	0.027	0.020	0.003	0.003	0.001	0.001
12.24	0.008	0.007	0.007	0.007	0.008	0.003	0.027	0.020	0.004	0.005	0.002	0.003
15.96	0.008	0.008	0.009	0.009	0.006	0.007	0.028	0.021	0.006	0.006	0.003	0.003
18.70	0.011	0.011	0.011	0.011	0.009	0.009	0.031	0.023	0.007	0.007	0.004	0.004
20.42	0.013	0.013	0.012	0.012	0.014	0.014	0.031	0.026	0.008	0.009	0.005	0.005
26.09	0.015	0.015	0.014	0.014	0.016	0.014	0.031	0.025	0.009	0.010	0.006	0.006
32.09	0.018	0.018	0.016	0.016	0.019	0.019	0.037	0.030	0.011	0.012	0.008	0.008
37.25	0.021	0.021	0.019	0.020	0.022	0.023	0.041	0.035	0.013	0.014	0.010	0.010
43.94	0.024	0.024	0.023	0.024	0.024	0.023	0.040	0.036	0.015	0.016	0.011	0.011
50.67	0.027	0.026	0.028	0.028	0.026	0.026	0.046	0.040	0.017	0.018	0.014	0.014
55.38	0.030	0.029	0.030	0.030	0.028	0.028	0.049	0.041	0.018	0.020	0.016	0.015
57.41	0.031	0.031	0.031	0.031	0.028	0.028	0.047	0.038	0.019	0.020	0.016	0.015
64.14	0.034	0.033	0.033	0.033	0.030	0.030	0.048	0.041	0.020	0.022	0.017	0.017
67.69	0.036	0.036	0.035	0.036	0.033	0.033	0.052	0.047	0.023	0.024	0.020	0.019
72.42	0.037	0.037	0.035	0.036	0.036	0.036	0.047	0.040	0.026	0.027	0.021	0.021
77.05	0.041	0.039	0.038	0.038	0.039	0.038	0.048	0.041	0.027	0.029	0.023	0.022
84.70	0.045	0.043	0.043	0.044	0.044	0.042	0.061	0.054	0.029	0.031	0.025	0.025
90.49	0.049	0.047	0.047	0.047	0.046	0.044	0.066	0.058	0.032	0.033	0.027	0.027
96.48	0.053	0.051	0.050	0.051	0.049	0.048	0.073	0.065	0.034	0.034	0.029	0.029
104.44	0.057	0.055	0.054	0.055	0.055	0.054	0.077	0.069	0.036	0.037	0.032	0.031
104.56	0.060	0.057	0.056	0.057	0.056	0.054	0.077	0.067	0.038	0.038	0.033	0.033
107.23	0.060	0.058	0.057	0.058	0.056	0.054	0.076	0.066	0.038	0.039	0.033	0.034
114.59	0.064	0.060	0.061	0.064	0.058	0.055	0.082	0.086	0.040	0.040	0.035	0.036
115.59	0.066	0.063	0.064	0.069	0.060	0.056	0.089	0.108	0.042	0.042	0.036	0.037
122.03	0.068	0.065	0.065	0.069	0.060	0.058	0.084	0.093	0.043	0.043	0.037	0.037
123.05	0.070	0.068	0.065	0.067	0.059	0.059	0.077	0.072	0.043	0.044	0.038	0.038
128.93	0.072	0.069	0.068	0.070	0.064	0.062	0.084	0.076	0.046	0.046	0.040	0.040
131.85	0.075	0.072	0.073	0.075	0.070	0.067	0.092	0.085	0.049	0.049	0.043	0.043
139.72	0.081	0.077	0.077	0.079	0.075	0.071	0.093	0.087	0.052	0.052	0.045	0.045
151.45	0.089	0.084	0.084	0.086	0.082	0.078	0.098	0.092	0.057	0.057	0.050	0.050
159.18	0.094	0.091	0.090	0.092	0.090	0.086	0.103	0.097	0.063	0.062	0.055	0.055
159.21	0.097	0.093	0.091	0.094	0.095	0.090	0.105	0.099	0.065	0.065	0.057	0.057
170.88	0.101	0.098	0.093	0.097	0.101	0.095	0.107	0.102	0.069	0.069	0.061	0.060
176.41	0.111	0.107	0.101	0.105	0.112	0.105	0.114	0.110	0.076	0.075	0.067	0.065
177.36	0.118	0.113	0.107	0.111	0.118	0.111	0.121	0.116	0.078	0.078	0.069	0.067
181.99	0.123	0.118	0.110	0.115	0.121	0.114	0.124	0.120	0.080	0.081	0.071	0.070
183.01	0.128	0.122	0.113	0.118	0.124	0.117	0.127	0.124	0.083	0.083	0.073	0.072
183.63	0.129	0.124	0.113	0.119	0.125	0.117	0.128	0.126	0.084	0.084	0.074	0.073
186.72	0.131	0.126	0.116	0.121	0.128	0.119	0.131	0.128	0.085	0.085	0.075	0.074
186.92	0.134	0.128	0.119	0.124	0.132	0.122	0.135	0.131	0.088	0.087	0.077	0.076
188.98	0.136	0.130	0.121	0.126	0.134	0.123	0.138	0.133	0.089	0.089	0.079	0.077

续表

时间/小时 \ 试样编号	1	2	3	4	1	2	3	4	1	2	3	4
	$1250cm^{-1}$				$1510cm^{-1}$				$2925cm^{-1}$			
192.72	0.140	0.134	0.125	0.130	0.138	0.127	0.140	0.135	0.092	0.091	0.081	0.080
192.87	0.143	0.137	0.127	0.132	0.141	0.130	0.141	0.136	0.094	0.093	0.082	0.081
199.93	0.148	0.142	0.131	0.136	0.145	0.135	0.142	0.139	0.098	0.096	0.084	0.083
202.93	0.155	0.149	0.137	0.142	0.153	0.143	0.148	0.145	0.104	0.102	0.089	0.088
203.59	0.157	0.151	0.138	0.144	0.156	0.145	0.152	0.149	0.106	0.104	0.091	0.090
209.48	0.161	0.155	0.140	0.145	0.162	0.151	0.155	0.152	0.110	0.108	0.094	0.093
211.71	0.167	0.160	0.143	0.148	0.170	0.159	0.160	0.157	0.115	0.112	0.098	0.097
214.56	0.170	0.163	0.146	0.152	0.176	0.163	0.165	0.162	0.118	0.115	0.101	0.099
216.73	0.173	0.166	0.150	0.156	0.181	0.168	0.169	0.166	0.121	0.118	0.103	0.102
227.58	0.177	0.171	0.159	0.165	0.191	0.178	0.178	0.175	0.129	0.125	0.109	0.107
238.28	0.190	0.183	0.170	0.176	0.207	0.194	0.192	0.187	0.139	0.135	0.117	0.116
241.06	0.202	0.195	0.174	0.180	0.216	0.203	0.200	0.193	0.143	0.140	0.123	0.121
247.66	0.209	0.201	0.179	0.186	0.223	0.209	0.207	0.201	0.147	0.143	0.126	0.124
261.73	0.221	0.214	0.192	0.200	0.236	0.222	0.221	0.221	0.154	0.151	0.134	0.131
264.75	0.232	0.225	0.203	0.211	0.247	0.232	0.233	0.238	0.160	0.157	0.140	0.136
284.44	0.234	0.227	0.218	0.227	0.249	0.234	0.249	0.260	0.161	0.158	0.148	0.144
292.20	\	\	0.236	0.246	\	\	0.269	0.288	\	\	0.158	0.153
292.95	\	\	0.241	0.251	\	\	0.274	0.294	\	\	0.160	0.155
299.37	\	\	0.241	0.252	\	\	0.275	0.295	\	\	0.160	0.155

数据来源：Lu 等（2021）。